"十四五"国家重点出版物出版规划项目·重大出版工程

中国学科及前沿领域2035发展战略丛书

学术引领系列

国家科学思想库

中国地球科学 2035发展战略

"中国学科及前沿领域发展战略研究（2021—2035）"项目组

科学出版社

北　京

内 容 简 介

地球科学是认识地球形成和演化的自然科学。当前地球科学正在进入建立"地球系统"理论知识和方法技术体系的新时代，国内外的地球科学研究正在朝该方向发生深刻变革。本书阐述地球科学各分支学科的科学意义与战略价值、发展规律与研究特点，凝练地球科学各分支学科的关键科学问题、发展思路、目标及方向，探讨了2035年前我国地球科学的学科发展布局、优先发展方向和学科交叉的重大科学问题等，以期为国家发展地球科学提出政策建议。

本书为相关领域战略与管理专家、科技工作者、企业研发人员及高校师生提供了研究指引，为科研管理部门提供了决策参考，也是社会公众了解地球科学发展现状及趋势的重要读本。

图书在版编目（CIP）数据

中国地球科学 2035 发展战略 /"中国学科及前沿领域发展战略研究（2021—2035）"项目组编 . —北京：科学出版社，2023.5
（中国学科及前沿领域 2035 发展战略丛书）
ISBN 978-7-03-075068-6

I. ①中… II. ①中… III. ①地球科学－发展战略－研究－中国 IV. ①P

中国国家版本馆 CIP 数据核字（2023）第 039652 号

丛书策划：侯俊琳　朱萍萍
责任编辑：石　卉　吴春花 / 责任校对：何艳萍
责任印制：师艳茹 / 封面设计：有道文化

科学出版社 出版
北京东黄城根北街 16 号
邮政编码：100717
http://www.sciencep.com
中国科学院印刷厂 印刷
科学出版社发行　各地新华书店经销
*
2023 年 5 月第 一 版　开本：720×1000　1/16
2023 年 5 月第一次印刷　印张：24 1/2
字数：414 000
定价：198.00 元
（如有印装质量问题，我社负责调换）

"中国学科及前沿领域发展战略研究（2021—2035）"

联合领导小组

组　长　常　进　李静海

副组长　包信和　韩　宇

成　员　高鸿钧　张　涛　裴　钢　朱日祥　郭　雷

杨　卫　王笃金　杨永峰　王　岩　姚玉鹏

董国轩　杨俊林　徐岩英　于　晟　王岐东

刘　克　刘作仪　孙瑞娟　陈拥军

联合工作组

组　长　杨永峰　姚玉鹏

成　员　范英杰　孙　粒　刘益宏　王佳佳　马　强

马新勇　王　勇　缪　航　彭晴晴

《中国地球科学 2035 发展战略》

研 究 组

组　长　朱日祥

副组长　王成善　王会军　徐义刚

成　员（以姓氏汉语拼音为序）

　　　　陈发虎　樊　杰　高　锐　胡永云　李献华

　　　　潘永信　沈树忠　吴福元　张培震　张人禾

　　　　张铁龙　郑永飞

秘 书 组

组　长　万　博

副组长　张朝林

成　员（以姓氏汉语拼音为序）

　　　　董云鹏　胡修棉　姜大膀　李　新　王　强

　　　　魏　勇　赵　亮

总　序

　　党的二十大胜利召开，吹响了以中国式现代化全面推进中华民族伟大复兴的前进号角。习近平总书记强调"教育、科技、人才是全面建设社会主义现代化国家的基础性、战略性支撑"[①]，明确要求到 2035 年要建成教育强国、科技强国、人才强国。新时代新征程对科技界提出了更高的要求。当前，世界科学技术发展日新月异，不断开辟新的认知疆域，并成为带动经济社会发展的核心变量，新一轮科技革命和产业变革正处于蓄势跃迁、快速迭代的关键阶段。开展面向 2035 年的中国学科及前沿领域发展战略研究，紧扣国家战略需求，研判科技发展大势，擘画战略、锚定方向，找准学科发展路径与方向，找准科技创新的主攻方向和突破口，对于实现全面建成社会主义现代化"两步走"战略目标具有重要意义。

　　当前，应对全球性重大挑战和转变科学研究范式是当代科学的时代特征之一。为此，各国政府不断调整和完善科技创新战略与政策，强化战略科技力量部署，支持科技前沿态势研判，加强重点领域研发投入，并积极培育战略新兴产业，从而保证国际竞争实力。

　　擘画战略、锚定方向是抢抓科技革命先机的必然之策。当前，新一轮科技革命蓬勃兴起，科学发展呈现相互渗透和重新会聚的趋

[①] 习近平. 高举中国特色社会主义伟大旗帜 为全面建设社会主义现代化国家而团结奋斗——在中国共产党第二十次全国代表大会上的报告. 北京：人民出版社，2022：33.

势，在科学逐渐分化与系统持续整合的反复过程中，新的学科增长点不断产生，并且衍生出一系列新兴交叉学科和前沿领域。随着知识生产的不断积累和新兴交叉学科的相继涌现，学科体系和布局也在动态调整，构建符合知识体系逻辑结构并促进知识与应用融通的协调可持续发展的学科体系尤为重要。

擘画战略、锚定方向是我国科技事业不断取得历史性成就的成功经验。科技创新一直是党和国家治国理政的核心内容。特别是党的十八大以来，以习近平同志为核心的党中央明确了我国建成世界科技强国的"三步走"路线图，实施了《国家创新驱动发展战略纲要》，持续加强原始创新，并将着力点放在解决关键核心技术背后的科学问题上。习近平总书记深刻指出："基础研究是整个科学体系的源头。要瞄准世界科技前沿，抓住大趋势，下好'先手棋'，打好基础、储备长远，甘于坐冷板凳，勇于做栽树人、挖井人，实现前瞻性基础研究、引领性原创成果重大突破，夯实世界科技强国建设的根基。"[①]

作为国家在科学技术方面最高咨询机构的中国科学院（简称中科院）和国家支持基础研究主渠道的国家自然科学基金委员会（简称自然科学基金委），在夯实学科基础、加强学科建设、引领科学研究发展方面担负着重要的责任。早在新中国成立初期，中科院学部即组织全国有关专家研究编制了《1956—1967年科学技术发展远景规划》。该规划的实施，实现了"两弹一星"研制等一系列重大突破，为新中国逐步形成科学技术研究体系奠定了基础。自然科学基金委自成立以来，通过学科发展战略研究，服务于科学基金的资助与管理，不断夯实国家知识基础，增进基础研究面向国家需求的能力。2009年，自然科学基金委和中科院联合启动了"2011—2020年中国学科发展

---

① 习近平. 努力成为世界主要科学中心和创新高地 [EB/OL]. (2021-03-15). http://www.qstheory.cn/dukan/qs/2021-03/15/c_1127209130.htm[2022-03-22].

战略研究"。2012 年，双方形成联合开展学科发展战略研究的常态化机制，持续研判科技发展态势，为我国科技创新领域的方向选择提供科学思想、路径选择和跨越的蓝图。

联合开展"中国学科及前沿领域发展战略研究（2021—2035）"，是中科院和自然科学基金委落实新时代"两步走"战略的具体实践。我们面向 2035 年国家发展目标，结合科技发展新特征，进行了系统设计，从三个方面组织研究工作：一是总论研究，对面向 2035 年的中国学科及前沿领域发展进行了概括和论述，内容包括学科的历史演进及其发展的驱动力、前沿领域的发展特征及其与社会的关联、学科与前沿领域的区别和联系、世界科学发展的整体态势，并汇总了各个学科及前沿领域的发展趋势、关键科学问题和重点方向；二是自然科学基础学科研究，主要针对科学基金资助体系中的重点学科开展战略研究，内容包括学科的科学意义与战略价值、发展规律与研究特点、发展现状与发展态势、发展思路与发展方向、资助机制与政策建议等；三是前沿领域研究，针对尚未形成学科规模、不具备明确学科属性的前沿交叉、新兴和关键核心技术领域开展战略研究，内容包括相关领域的战略价值、关键科学问题与核心技术问题、我国在相关领域的研究基础与条件、我国在相关领域的发展思路与政策建议等。

三年多来，400 多位院士、3000 多位专家，围绕总论、数学等18 个学科和量子物质与应用等 19 个前沿领域问题，坚持突出前瞻布局、补齐发展短板、坚定创新自信、统筹分工协作的原则，开展了深入全面的战略研究工作，取得了一批重要成果，也形成了共识性结论。一是国家战略需求和技术要素成为当前学科及前沿领域发展的主要驱动力之一。有组织的科学研究及源于技术的广泛带动效应，实质化地推动了学科前沿的演进，夯实了科技发展的基础，促进了人才的培养，并衍生出更多新的学科生长点。二是学科及前沿领域的发展促进深层次交叉融通。学科及前沿领域的发展越来越呈现出多学科相互渗透的发展态势。某一类学科领域采用的研究策略和技术体系所产生的基础理论与方法论成果，可以作为共同的知识基础适用于不同学科领域的多个研究方向。三是科研范式正在经历深刻变革。解决系统性复杂问题成为当前科学发展的主要目标，导致相应的研究内容、方法和范畴等的改变，形成科学研究的多层次、多尺度、动态化的基本特征。数据驱动的科研模式有力地推动了新时代科研范式的变革。四是科学与社会的互动更加密切。发展学科及前沿领域愈加重要，与此同时，"互联网＋"正在改变科学交流生态，并且重塑了科学的边界，开放获取、开放科学、公众科学等都使得越来越多的非专业人士有机会参与到科学活动中来。

"中国学科及前沿领域发展战略研究（2021—2035）"系列成果以"中国学科及前沿领域2035发展战略丛书"的形式出版，纳入"国家科学思想库－学术引领系列"陆续出版。希望本丛书的出版，能够为科技界、产业界的专家学者和技术人员提供研究指引，为科研管理部门提供决策参考，为科学基金深化改革、"十四五"发展规划实施、国家科学政策制定提供有力支撑。

在本丛书即将付梓之际，我们衷心感谢为学科及前沿领域发展战略研究付出心血的院士专家，感谢在咨询、审读和管理支撑服务方面付出辛劳的同志，感谢参与项目组织和管理工作的中科院学部的丁仲礼、秦大河、王恩哥、朱道本、陈宜瑜、傅伯杰、李树深、李婷、苏荣辉、石兵、李鹏飞、钱莹洁、薛淮、冯霞，自然科学基金委的王长锐、韩智勇、邹立尧、冯雪莲、黎明、张兆田、杨列勋、高阵雨。学科及前沿领域发展战略研究是一项长期、系统的工作，对学科及前沿领域发展趋势的研判，对关键科学问题的凝练，对发展思路及方向的把握，对战略布局的谋划等，都需要一个不断深化、积累、完善的过程。我们由衷地希望更多院士专家参与到未来的学科及前沿领域发展战略研究中来，汇聚专家智慧，不断提升凝练科学问题的能力，为推动科研范式变革，促进基础研究高质量发展，把科技的命脉牢牢掌握在自己手中，服务支撑我国高水平科技自立自强和建设世界科技强国夯实根基做出更大贡献。

"中国学科及前沿领域发展战略研究（2021—2035）"
联合领导小组
2023 年 3 月

前　言

　　地球科学是认识地球形成和演化的自然科学，研究对象涵盖地球内部固体圈层（地壳、地幔、地核）、地球表层流体圈层（水圈、生物圈、冰冻圈等）和地球表面的气体圈层（大气圈、电离层等），研究时间为自地球诞生直至今天。地球科学以地球各圈层的结构、组成及其演化，以及地球各圈层相互作用的过程、变化、机理及它们的相互关系为主要研究内容，目标是提高对地球的认知水平，并利用获取的知识体系为解决人类宜居的资源和能源供给、生态环境保护、自然灾害防治等重大问题提供科学依据、技术支撑与解决方案。地球科学正在发生深刻的变革，从专注于地球本身，转向越来越注重向行星科学方向拓展，将对地球的研究积累借鉴在研究太阳系内与系外行星、卫星、彗星等天体，行星系的基本特征，以及它们的形成和演化规律上。

　　当今，地球科学理念更加强调以解决复杂的经济社会问题、满足不断变化的人类需求为导向。在发展过程中越来越强调交叉融合，期望以地球系统的理论来整合不同圈层之间的相互关系和内在演化。随着技术的进步，强调使用新观测、新方法来整合已有数据，构建合理的理论模型来认识和理解人类赖以生存的地球与行星空间；同时，面向地球利用与管理，回答人类宜居且持续发展的相关科学问题，尤其是对人类生存和发展面临的资源、生态、环境、灾害和气候变化等的挑战，制订地球科学研究战略的优先目标和行动计划，为国家和社会公众服务。

2035年前或更长的一段时间内，中国地球科学将面临更加严峻的形势。过去，中国地球科学经历了快速发展，实现了从追赶到并行的飞跃。未来，中国地球科学要实现超越和引领，必须走出有中国特色的地球科学研究之路，需要有全球思维和宇宙视野，需要在研究思考中国问题的同时走出国门去研究具有全球挑战性的科学前沿，需要完成基础研究与实际应用全面结合、野外观测与室内模拟紧密结合、宏观与微观相结合、跨学科交叉融通，从而向定量化、智能化方向不断前进。

为了落实"中国学科及前沿领域发展战略研究（2021—2035）"对基础研究的战略定位，从学科发展、科学前沿和国家紧迫需求等方面加强基础研究，国家自然科学基金委员会与中国科学院联合开展学科发展战略研究，旨在筹划未来，推动我国学科均衡协调发展，促进原创性成果和理论的诞生。希望通过充分研讨和广泛的咨询审议，提出2035年前我国地球科学的学科发展布局、优先发展方向和学科交叉的重大科学问题等，以期为国家发展基础研究提出政策建议，为相关基础研究的战略发展规划提供决策依据。

根据中国科学院和国家自然科学基金委员会地球科学部的统一部署，2020年4月中旬，地球科学发展战略研究组召开了第一次网络会议，决定按照地球科学主要涉及的地理科学、地质学、地球化学、地球物理学、大气科学和行星科学六个学科研究组开展地球科学学科发展战略研究工作，并确定了各学科研究组的负责人员名单以及责任秘书名单。虽然资源与环境科学、海洋科学与空间科学都属于地球科学研究范畴，但在上述领域单独开展战略研究，本书不再涉及。

根据学科发展战略研究整体工作计划的部署，地球科学发展战略研究组先后召开了四次会议，布置战略研究报告的撰写工作，根据进展进行交流和讨论，落实院士的意见和建议，从而完善了战略研究并完成了本书。其间，各学科研究组也进行了频繁交流和研讨，分析国内外发展现状、趋势和国家发展的紧迫需求，研究不同学科的特点、发展规律与战略地位，提出和建议本学科的发展布局、优先领域与重大交叉领域、国际合作与交流的方向和举措等。

总之，本书提出了2035年前我国地球科学学科发展战略，旨在推动地球科学及各分支学科的均衡布局和协调发展，强化我国地球科学的优势领域，促进我国相对薄弱但属国际主流的分支学科和领域的发展，鼓励学科间的渗透融合和新交叉学科的成长，扶持与实验、观测、数据集成和模拟相关的分支学科的发展，重视地球科学与数学、物理学、化学和生物学等学科的交叉融通，加速学科创新型成果和理论的诞生。

在本书撰写过程中除了战略研究组和秘书组外，参与地理科学学科发展战略研究讨论和撰写的专家有陈利顶、陈莹莹、邓祥征、董治宝、方修琦、黄河清、黄昕、康世昌、李双成、李小雁、刘广、刘国彬、刘鸿雁、刘建宝、鹿化昱、欧阳竹、裴涛、秦伯强、冉有华、汤秋鸿、王琛、王根绪、王静爱、王旭峰、吴绍洪、杨晓燕、袁林旺、张国友、赵鹏军、郑东海、郑景云、周尚意；参与地质学学科发展战略研究讨论和撰写的专家有李长冬、刘传周、刘俊来、鲁安怀、彭建兵、彭澎、王焰新、肖举乐、谢先军、杨江海、杨志明、翟明国、张培震、朱茂炎、朱敏；参与地球化学学科发展战略研究讨论和撰写的专家有安芷生、陈玖斌、陈骏、陈曦、陈伊翔、陈振宇、关平、郭正堂、郝芳、贺怀宇、侯增谦、胡瑞忠、胡兆初、黄方、李高军、李建威、李曙光、李元、刘丛强、刘勇胜、刘耘、欧阳自远、彭平安、秦礼萍、汤艳杰、田辉、王强、王云鹏、韦刚健、吴春明、谢树成、许成、杨进辉、张宏福、赵子福、朱祥坤；参与地球物理学学科发展战略研究讨论和撰写的专家有陈晓非、邓成龙、底青云、符励耘、韩江涛、黄清华、蒋长胜、雷兴林、李宁、廖杰、林君、刘财、卢占武、吕庆田、马胜利、沈旭章、孙道远、孙和平、田小波、王华、王尚旭、王赟、吴宗庆、徐涛、杨宏峰、杨挺、姚华建、叶玲玲、殷长春、曾祥方、周宇；参与大气科学学科发展战略研究讨论和撰写的专家有陈海山、陈活泼、丁爱军、段明铿、段晚锁、李锐、刘长征、陆春松、陆日宇、罗勇、孟智勇、苗世光、聂绩、任宏利、苏京志、孙建奇、田文寿、汪君、汪名怀、王开存、王林、王涛、王雪梅、武炳义、徐邦琪、杨军、袁文平、袁星、张强、张洋、赵海坤、周波涛；参与行星科学学科发展战略研究讨论和撰写的专家有崔峻、法文哲、葛亚松、耿言、贺怀宇、胡森、惠鹤九、孔大力、李雄耀、林巍、凌宗成、刘尚飞、泮燕红、綦超、秦礼萍、戎昭金、孙伟家、王华沛、王英、魏勇、肖智勇、徐晓军、杨军、杨石岭、杨蔚、尧中华、张贤国、张晓静、祝梦华。

　　人类在面对未知病毒时，更加深刻地体会到认识自然、研究自然的重要性，同时也意识到现有的知识体系还不足以保证人类与宜居地球的和谐发展。新冠疫情期间，地球科学领域许多著名科学家、科研一线的青年学者、国家自然科学基金委员会和中国科学院的相关领导积极参加本书研究组召开的大大小小的网络研讨，在共同参与抗疫的同时仍然关心中国地球科学未来的发展，时刻保持对地球科学发展的热情。未知病毒的光顾，使我们进一步认识到地球与生命健康对人类的重要性，以及地球科学家所肩负的重大责任。在此，我们谨向指导、关心和参加本项工作的专家与科学管理工作者表示衷心的感谢。

朱日祥

《中国地球科学 2035 发展战略》研究组组长

2020 年 10 月

摘　要

一、地球科学特点、发展规律与战略定位

　　地球科学是认识地球形成和演化的自然科学，但由于地球只是浩瀚宇宙中的一员，且有 46 亿年的形成历史，因此地球科学研究的时空尺度与其他学科有很大差别。地球科学研究对象涵盖地球各个圈层，研究时间为自地球诞生直至今天。研究内容包括圈层的结构、组成及其演化，以及地球各圈层相互作用的过程、变化、机理及它们的相互关系。研究目标为提高对地球的认知水平，并利用获取的知识体系为解决人类宜居的资源和能源供给、生态环境保护、自然灾害防治等重大问题提供科学依据、技术支撑与解决方案。当今，地球科学理念更加强调以解决复杂的经济社会问题、满足不断变化的人类需求为导向。在发展过程中越来越强调交叉融合，期望以地球系统的理论来整合不同圈层之间的相互关系和内在演化。随着技术的进步，强调使用新观测、新方法来整合已有数据，构建合理模型来认识和理解人类赖以生存的地球与行星空间。同时，面向地球的管理，回答人类如何宜居且持续发展的相关科学问题，尤其是对人类生存和发展面临的资源、生态、环境、灾害和气候变化等的挑战，制订地球科学研究战略的优先目标和行动计划，为国家和社会公众服务。

本书提到的地球科学主要涉及地理科学、地质学、地球化学、地球物理学、大气科学和行星科学六个分支学科。

地理科学是研究表层地球系统的基础科学，以人类环境、人地关系、空间关联为核心，利用不同的时空尺度和地理单元来解读地理要素或者地理综合体的空间分布规律、时间演变过程和区域特征。地理科学的研究对象和研究内容是动态的、开放的和综合的，这也是地理科学的特色所在。研究对象是表层地球系统，其由岩石圈、水圈、大气圈、生物圈、冰冻圈、人类圈相互作用、相互渗透而形成。这一界面是地球上最复杂的一个界面，是物质"三态"相互作用、有机与无机相互转化的场所，又是地球内外营力相互作用的场所。从地理科学的发展历程来看，地理科学是地球科学的本源之一。

地质学是研究地球（主要是岩石圈）的物质组成、内部构造、外部特征、各圈层间相互作用和演变历史的学科。本书仅对地层学、古生物学、沉积学、矿物学、岩石学、矿床学、构造地质与大地构造学、第四纪地质学、前寒武纪地质学、水文地质学、工程地质学等分支学科进行发展战略研究。地质学的研究内容涉及资源、能源、环境、地质灾害和地球信息等，在现代经济和社会的可持续发展中占有举足轻重的地位。

地球化学是研究地球和其他宇宙天体乃至星际尘埃的各种元素及其同位素和有机质组成的分布、聚散、迁移和演化规律的一门学科。它主要采用元素和同位素分析、宏观和微观结构观测、分子和微生物示踪、同位素的理论与方法，着重研究地球和其他宇宙天体的演化过程，各内外圈层的物质组成、演化和相互作用与循环，以及人类活动对地球表层系统中物质的来源、分布、迁移、转化、循环和归趋及生态和环境系统的影响机制，并用于研究行星地球和生命起源、板块构造、宜居环境的形成和演化、大陆动力学等地球系统前沿科学理论，以及解决资源、能源、环境、防灾减灾等重要实际问题。地球化学作为固体地球科学的重要支柱学科之一，有力地促进了地球科学研究范式的变革，在推动地球科学理论的革命中发挥了关键作用，在满足国家重大需求方面发挥了重要支撑作用。

地球物理学研究地球内部物质组分、状态、结构，以及地球内部各圈层相互作用和演化过程，是观测、实验和理论三位一体的现代学科。地球物理学基于物理学原理，利用仪器开展多物理场观测，发展和应用地球物理正反演技术，揭示地球内部物质物性的三维分布信息。地球物理学涵盖的领域非常广泛，主要包括以地球深部探测与动力学机制研究为重点的固体地球物理学与地球动力学、以地震孕育发生物理过程研究为重点的地震物理学、以矿产资源和油气资源勘探开发研究为重点的勘探地球物理学、以对地观测理论和技术研究为重点的大地测量学、以高温高压实验研究为重点的岩石地球物理学，以及地球物理观测仪器研制等。

大气科学是研究地球或行星大气组成、结构及其演变规律，物理和化学等过程及动力学机制，以及大气圈与其他圈层相互作用并通过模式实现定量化模拟和预测的一门学科。大气科学是地球科学的一个核心组成部分，与地理科学、地质学、地球化学、地球物理学、行星科学等其他分支学科紧密相连，并与物理、化学、数学、生态、农业、社会等学科交叉，共同促进和推动了相关自然与社会科学的发展。大气科学的重要目标是通过规律的认识来提高对天气、气候及极端天气气候灾害事件、空气质量的模拟能力，从而为防灾减灾、生态文明建设以及应对气候变化等国家重大需求服务。

行星科学是研究太阳系内与系外恒星、行星、卫星、彗星等天体和行星系的基本特征，以及它们的形成和演化的新兴交叉学科，成长于天文学和地球科学的交叉融合。行星科学主要聚焦于太阳系天体的研究，旨在认识它们的基本物理化学性质（如组成、结构及动力学）及其演化。行星科学研究包括但不局限于：揭示行星的地表特征、岩浆活动、大气、海洋、物理场和内部动力学过程；通过比较研究，理解地球的形成与工作机制；探寻地外是否存在生命，回答我们是否孤独等终极问题；研究行星和小天体的极端环境，发现新的物理和化学法则；等等。行星科学可进一步划分为行星物理学、行星地质学和行星化学。

二、地球科学发展现状、发展趋势、战略目标

地球科学正在进入地球科学各分支整合阶段，即建立"地球系统"理论知识和方法技术体系的新时代，国际、国内的地球科学研究都在朝该方向发生深刻的变革。简言之，研究范畴更加综合，研究技术方法更加先进，基础研究与应用结合得更为紧密，研究对象的时空尺度不断拓展且更强调多学科、多部门的协同发展。发达国家或地区对于地球科学的发展更是高度重视，美国、英国、德国、欧盟等近年来也在不断推出大型科学计划，如地球透镜计划（EarthScope）、量化并理解地球系统（Quantifying and Understanding the Earth System，QUEST）、地球工程（Geotechnology）、全球变化、未来地球计划等。显然，地球不仅是我们人类生存的场所，更为我们提供了基本的生活物质（包括空气、水和粮食），从而决定了地球科学是一门应用性极强的学科。它的发展需要长期大量的观测、探测、分析、实验与模拟等方面的工作，更需要建制化力量的长期介入。地球科学的早期发展与人类社会的工业化关系密切，但近年来更多地关注人地和谐和行星地球问题，需要将地球置于整个太阳系甚至宇宙中来考虑，同时传统的地球科学即将进入"地球系统科学"新时代，基础研究与应用研究结合得更加紧密，为地球的资源、生态、环境和抗灾减灾服务；技术的高速发展对地球科学的促进作用愈发重要。我国地球科学的发展应当抓住历史机遇，为推动建设"人类命运共同体"和实现"全球治理"

的中国方案提供地球科学依据。

对于地理科学领域，近十几年来国际地理科学在研究主题、应用实践、研究范式、基础平台等方面都呈现出一些新的发展态势，主要表现在以下几个方面：观测与测试手段的革新加速推进地理科学的创新；陆地表层系统综合研究成为核心主题；可持续性成为地理科学研究的新热点；模型与数据驱动的地理科学研究范式并驾齐驱；信息基础设施成为驱动地理科学快速发展的新引擎；地理科学中的部门地理学的快速发展促生了新兴学科领域。在新形势下，中国地理科学面临新的问题与挑战：创新性基础研究的环境依然有待改善；国际号召力有待进一步提升；综合集成方法论还需要持续加强；长期定位观测体系需要进一步完善。2035 年前的发展目标为：服务国家需求，立足经世致用，紧紧抓住国家转型发展的历史机遇，在服务社会经济与资源环境协调可持续发展等重大问题中做出新的重要贡献；加强基础研究，优化学科体系，加大对地理科学基础研究中全球共性问题和前沿研究的投入，推动原创性、基础性、引领性研究；坚持中国特色，引领学科发展；加强地理科学教育，孕育高层次学科带头人。

地质学从传统地质学向以现代地球系统科学为核心的现代地质学转变，即向"大地质""大地学"方向转变。从地质学的发展来看，我国与国外的差距主要表现在以下四个方面：一是学科质量上的差距，我国地质学发展规模"大而不强"；二是地质思维上的差距，我国地质学家在新理论和新方法上缺乏建树；三是地质观测、探测和分析技术上的差距，我国现有地质观测、探测和分析技术装备基本上从国外引进，一些核心技术和装备仍然落后于西方发达国家；四是地质学领军人物上的差距，近年来，我国地质学领域已经涌现出一些具有国际声誉的科学家，但整体而言仍偏少。2035 年前，地质学学科应从分析学科现状出发，按照瞄准世界科技前沿、围绕国家重大关切、着力源头创新的总体指导思想，优化学科布局，抓住学科发展机遇，力争实现如下发展目标：在若干学科分支方向和研究领域引领国际前沿；全面提升解决区域地质问题的能力，提高区域地质研究领域的国际影响力；完善服务宜居地球和美丽中国的学科体系；培育多个新的分支生长点，实现引领性原创成果的突破；培养一批在不同分支具有广泛国际影响力的领军人才，整体提升学科影响力。

地球化学作为固体地球科学的重要支柱学科之一，是地球科学开展定量化研究的核心学科。与国际地球化学发展相比，我国地球化学的发展还存在以下不足：论文数量显著增多，原创成果少；地球化学各分支学科发展不平衡；学科交叉深度不够，大数据应用落伍；地球化学核心仪器对外依赖程度大，自主研发能力薄弱。2035年前，地球化学学科的发展在保持地球化学优势分支学科（如化学地球动力学、元素地球化学、岩石地球化学、矿床地球化学、有机地球化学和同位素地球化学等）的同时，进一步加强各分支学科（如宇宙化学和行星化学、实验与计算地球化学等）的均衡发展；聚焦国际前沿［如板块构造、大陆动力学、"三深"（深地、深海和深空）科学、地球系统科学、宜居星球演化］，探索未知领域，产出一批原创性成果，带动地球化学学科向前发展；面向国家和社会需求，为解决资源、能源、环境、人类健康乃至社会经济问题提供科学支撑；加强跨学科交叉融合，发挥地球化学大数据的优势，促进定量地球科学向前发展；加强平台建设和人才队伍建设，致力于核心分析技术和仪器研发，造就一批具有国际视野的创新领军人才和研究团队。

地球物理学是一门具有国家重大需求且面向国际科学前沿的战略学科，目前我国地球物理学研究仍存在明显不足，主要表现为：尚未提出过指导某一领域或分支学科发展的重要理论，前瞻性方法和技术的集成应用略显不足，地球物理学各个分支方向之间以及与其他学科的深度交叉融合还需加强，对其他学科影响和辐射力不足，尚未在国内外地球科学界形成引领地位。2035 年前的主要战略目标应包括下列方面：瞄准国际前沿，在加强观测的基础上，开展原创性、前瞻性和战略性研究，发现新现象，发展新方法，提出新理论，在若干领域形成一大批有国际影响力的学术成果，通过十几年的努力，实现地球物理学从"跟跑"到"并跑"，且在一些领域"领跑"的战略目标；紧扣国家需求，围绕资源开发、环境保护和灾害防治领域的重大科学问题，解决应用科学和产业发展所面临的具有共性的基础科学问题，研制新方法，开发新技术，解决困扰产业发展的"卡脖子"问题，为国家重大技术创新提供基础研究支撑；坚持以人为本，造就国际一流的地球物理人才队伍。

大气科学作为地球科学的一个核心组成部分，其发展已进入了一个全新的阶段，研究重点从气候系统拓展至地球系统，未来的发展趋势必将是多学科之间的交叉融合，以加强认识和理解地球系统各子系统之间的相互作用与机制。随着大气科学的发展，需要建立更加精细的观测网络以及更高分辨率的地球/气候系统数值模式，改进和提高天气、气候和空气质量的预报、预测准确度。大气科学的主要分支学科包括天气学、大气动力学、大气物理学、大气化学、气候系统与气候变化。我国大气科学 2035 年前的发展目标为：显著提高大气科学已有优势领域的国际竞争力，加速大气科学新兴分支学科及相关交叉学科的发展，培养更多适应国际大气科学发展趋势的高层次人才，力争在国际大气科学基础研究和前沿技术领域产出一批有重大影响力的创新成果，全方位提高中国大气科学的国际影响力和国际话语权，将中国发展成为大气科学研究强国。

行星科学领域在地球科学中的主要特色体现在以深空探测为主要研究手段，由地球科学、空间科学、天文学等学科交叉产生。行星科学和深空探测相辅相成，密不可分，深空探测催生了行星科学，行星科学牵引了深空探测。我国的行星科学已经深度融入国际学界，并形成了良好的发展态势：高水平的行星科学人才团队已经初具规模，行星科学人才培养体系已经萌芽，行星科学相关专业组织陆续成立，行星科学相关期刊影响力不断扩大。认识行星的形成和演化是行星科学研究的主要目标。未来，行星科学研究仍将借助于深空探测工程、地球科学及天文学的发展，聚焦于揭示太阳系行星的空间、表面和内部特征，理解过去和现在发生的各种物理与化学过程，理解行星的起源、运行机制和演化，同时聚焦地外生命及其宜居环境要素研究，深入理解地球和地外行星宜居环境建立和发展，认识生命的起源和演化。

三、地球科学发展布局、优先发展领域、重大交叉领域

2035 年前，地球科学从面向学科发展和国家重大需求两个层面来均衡布局和协调发展，强化我国地球科学的优势学科和领域，促进我国相对薄弱但属国际主流的分支学科的发展，鼓励学科之间的交叉研究和渗透融合，推动各学科的创新型研究和新兴学科的发展。加强前沿性、基础性的分支学科的发展；扶持与实验、观测、数据集成和模拟相关的分支学科；重视地球科学、地球系统科学与其他学科的交叉，以获得原创性的成果并提出新的理论，同时为社会可持续发展和环境质量的改善提供科学依据。

（一）各分支学科发展布局、优先发展领域、重大交叉领域

1. 地理科学

地理科学学科的战略布局以"需求导向，服务国家；突出优势，立足前沿；统筹规划，科学布局；强调交叉，追求创新"为原则。中国自然地理研究将仍对综合自然地理学、部门自然地理学、人类生存环境研究三个方面的布局进行深入研究。人文地理学按照四个

分支学科群进行战略布局，即以人类活动空间过程和格局集成研究为主要任务的综合人文地理学、以产业经济活动为主要研究对象的经济地理学、以人类生活空间为主要研究对象的城市与乡村地理学，以及以人类非物质活动为主要研究对象的社会文化地理学。信息地理学按照地理遥感科学、地理信息科学、地理数据科学三个分支学科群进行战略布局。

地理科学优先发展领域：综合自然地理学研究；部门自然地理学研究；人类生存环境学研究；综合人文地理学研究；经济地理学研究；城市与乡村地理学研究；社会文化地理学研究与政治地理学研究；信息地理学基础理论和原理方法；地理遥感科学研究；地理信息科学研究；地理数据科学研究。

地理科学交叉研究领域：典型生态水文过程和模拟；东亚人类生存环境变化与智人兴起；自然－人文－生态交叉融合模式构建；地域功能演变与区域可持续发展模式；人类活动物质空间与文化空间耦合；区域一体化与城乡协调发展的机制与路径；智慧城市与智能服务；重点区域地球表层系统综合观测与模拟；地球大数据。

2. 地质学

在"聚焦前沿，发挥优势；立足区位，瞄准全球；加强应用，服务国家；补齐短板，前瞻布局"布局原则的指导下，地质学各分支学科应围绕地球物质、生命、环境和构造演化的基础科学问题，立足国际学科前沿，加强学科交叉，发挥地域优势，拓展全球视野，加强平台建设，补齐研究短板，面向国家和社会需求，促进研究范式变革，产出一批原创性成果，全面提升学科国际影响力。

地质学优先发展领域：主要生物类群起源与演化过程及其整合的生物学机制；不同时间尺度的重大气候、环境演变；地球深部与表面地质过程中的矿物演化与响应机制；主要成矿系统的结构、成因和演化；特提斯和东亚岩石圈构造、演化与深部地球动力学；大陆构造变形与人类宜居的地球系统；气候系统古增温与气候系统突变；全球变化下地球多圈层相互作用和青藏高原地质、资源与生态环境效应；地球关键带的水文生物地球化学过程与江河流域生态水文地质工程地质生态安全。

地质学交叉研究领域：生物宏演化及其地质背景；打造国际通用的高精度地质时间标尺；面向大数据的精时、活动古地理重建；俯冲带壳幔相互作用；前寒武纪构造体制及其资源－环境－生命效应；环境变化与人类活动；深部水文地质工程地质与城市地下空间开发利用。

3. 地球化学

地球化学分支学科的发展是地球科学发展的核心之一，地球化学学科布局的原则是：对地球化学发展具有带动作用，具有良好基础，能迅速提升我国地球化学的国际地位；解决制约我国经济与社会可持续发展的若干关键科学问题，以满足国家重大需求；突出学科交叉和融合，通过多学科联合攻关实现地球化学基础研究的重大突破。根据上述原则，在充分吸纳有关战略研究成果的基础上，加强综合分析与归纳，认真分析国际科学前沿和国家社会经济发展战略需求中的科学问题，结合我国地球化学的优势和面临的挑战，确定优先发展方向和交叉学科。

地球化学优先发展领域：新的地球化学示踪体系和高精度年代学；早期地球构造范式与地幔温度；深地过程与地球气候恒温机制；地球内部状态与物质循环；板块构造过程与大陆形成和演化；地球内外系统的联动机制。

地球化学交叉研究领域：地球内部运行机制及其浅表地质、资源环境效应；造山带与俯冲带的形成和演化；超大陆旋回的岩石圈、水圈、大气圈和生物圈效应；关键地质时期生命－环境协同演化；亚洲新生代构造过程、环境演化历史及其与全球环境变化的联系；跨学科与跨学部交叉研究。

4. 地球物理学

在"保持优势，均衡发展；立足前沿，鼓励交叉；需求导向，突出重点；重视观测，发展技术"布局原则的指导下，地球物理学学科发展布局主要由以下七个学科方向组成：深部探测，震源物理与强震机制，地震活动与地震灾害，重、磁、电、热学科，地壳变形与地球动力学，勘探地球物理，地球物理仪器研发。在总体发展战略布局体系下，以国家重大需求为导向，以国际科学前沿为目标，确定各分支学科的优先发展方向。

地球物理学优先发展领域：地球物理新理论、新技术和新方法；地球深部结构与圈层相互作用；大陆强震机理与灾害评价；深层油气藏与绿色能源勘探开发；战略性关键矿产核心勘探技术；关键地球物理装备研发；人类活动诱发地震的特征、机理与防控；全球一体化重力场信息获取的关键技术与理论方法。

地球物理学交叉研究领域：青藏高原深部动力过程及其资源环境灾害响应；全球板块俯冲带和主要造山带的深部结构与性质；空间物理与行星物理新方法和新技术；复杂深层资源能源探查的新理论与新技术。

5. 大气科学

从当前中国大气科学研究水平的实际出发，突出气候学和大气化学等优势领域，结合国际大气科学发展动向和国家经济建设需求，打造大气科学新兴分支学科及相关交叉学科生长点；始终坚持基础研究，根据国际大气科学研究的发展态势，积极探索前沿技术；加强国际合作，重视人才建设；强化原始创新，注重从0到1的开创性研究，力争重大突破；服务国家重大需求，紧密围绕重大科学问题，建成大气科学强国。未来，大气科学研究将以四个基础分支学科展开：天气学和天气动力学、气候学和气候动力学、大气物理学、大气化学。

大气科学优先发展领域："天－地－空"一体化气象观测网络；

极端天气气候事件变化及机理；大气环境污染及影响；高分辨率地球系统数值研发与应用；多尺度无缝隙集合预报；城市和城市群的天气、气候、环境效应与可持续发展。

大气科学交叉研究领域：气候、大气环境、生态系统的相互作用；气象－水文－地质综合灾害研究与预警预测；人工智能、大数据科学与天气预报及气候预测。

6. 行星科学

我国行星科学发展战略布局的关键在于"高起点、快发展、广交叉、深融合"。行星科学的主要研究目标演变为行星的起源与演化，主要研究内容为行星物质成分与多圈层结构及其动力学过程，绝大部分研究方法与思路也在地球科学范畴。地球科学是我国最具国际影响力的基础学科之一，学科门类齐全，基础雄厚。另外，得益于国际深空探测数据的开放政策和国家对人才引进的强力支持，我国的行星科学已经深度融入国际学界，并形成了良好的发展态势。"中国天眼"，即500米口径球面射电望远镜（five-hundred-meter aperture spherical radio telescope，FAST）等重大基础设施的完成，也为行星科学的发展提供了重要平台。我国的行星科学通过广交叉和深融合吸取营养，实现高起点和快发展。

行星科学优先发展领域及交叉研究领域：太阳系原始物质与行星形成；撞击和表面地质过程；行星的内部结构；行星的岩浆活动与行星幔的演化；行星的大气、海洋；行星的磁场；行星宜居环境的起源和演化；行星的有机物与生命探测；太阳系外行星探测；行星资源开发利用。

（二）我国地球科学的重大交叉领域

1. 地球与行星观测的新理论、新技术和新方法

地球与行星物质物理化学性质和过程的观测技术、实验方法与

计算模拟技术；深空、深地、深时、深海和宜居地球探测技术集成；地球科学大数据的分析、同化、融合和共享技术；地球观测和多源数据融合平台构建及关键技术；纳米地球科学与行星地球科学新技术、新方法及相关仪器设备；多尺度、多参数和跨维度综合分析平台。

2. 行星宜居性及演化

宇宙、太阳系起源与演化；日地相互作用；行星大气同位素特征；行星大气及其对宜居性的影响；行星电离层同位素组成与大气逃逸机制；宜居行星物质来源及挥发分演化；地质历史时期地球大气同位素组成；行星固体圈层中气体同位素的组成；行星宜居性演变的关键地质过程制约；地表环境灾变及其与太阳及行星活动的关系。

3. 地球深部过程与动力学

全球及典型区域深部物质、结构和运动特征；板块物质运动的时间和空间轨迹的精确描述技术与方法；地球深部与表层过程的相互作用；地幔柱的起源、演化及其环境效应；地球深部过程及演变对资源环境的控制机制；板块俯冲起始的关键条件和驱动力；俯冲界面岩石圈流变性质的变化；地球内 / 外核的结构与成分；地核的形成与演化；地球发动机动力学；核幔边界结构与成分；地幔柱的结构与成分；地幔柱动力学。

4. 海洋过程与极地环境

海洋动力学及其与生物地球化学、生态过程的耦合作用；极地环境快速变化与多圈层相互作用；深海多圈层物质能量循环及资源效应；高 - 低纬海洋过程对全球变化的驱动和响应；近海多界面耦合过程；海洋多尺度动力过程与海 - 气相互作用；深海极端环境下的生命特征、生存极限及适应策略的遗传、生理与生化机制及其结构基础；微生物驱动黑暗深海物质循环、能量流动和生态系统平衡的过程与机制；生命起源及深海生命与地球的协同演化机制；洋 -

陆边界深部过程及资源效应。

5. 地球系统过程与全球变化

地球多圈层相互作用过程与环境效应；生物与环境协同演化机制；典型地理单元生物地球化学循环与生态、社会和健康效应；地球系统碳转化速率与影响；多尺度气候–水文–土壤–植被耦合机制与模拟；碳循环关键过程对升温和大气二氧化碳浓度的敏感性；人类社会排放、土地利用变化和物质循环等对气候系统的反馈；地表系统对生命支撑要素的承载力；海–陆–气相互作用与数值模拟；陆面模式与碳氮循环过程；新一代气候系统与地球系统模式；地球形变与地壳运动、陆海基准、近地空间天气效应及地球内部质量迁移的综合观测和融合分析。

6. 天气与气候系统的可持续发展

大气物理、大气化学过程及相互影响机制；大气能量和物质循环及圈层相互作用对天气气候和大气环境的影响；天文因素对地球气候变化的影响；天气气候和大气环境变化的机制及预报预测理论和技术；气候系统中云和大尺度大气环流及其之间的相互作用；天气气候数据均一化、同化、再分析技术与系统；气候变化与水循环时空变异及机理；天气和气候极端事件；气候变化的区域响应与适应；气候系统监测平台；大气模式与气候系统。

7. 人类活动与环境

环境污染过程、调控与修复；环境质量演变、预测与管理；污染物的环境风险与健康效应；城镇化与资源环境承载力；人类活动与城乡融合过程、效应及调控；人类活动与资源环境耦合调控；地表环境变化与生态服务；世界政治经济格局重塑的资源环境制衡与风险预警；地表过程致灾机理与链式灾害演化机制；地质与工程灾害的致灾机理、识别预警与防控；地理实体与虚拟空间映射下重大突发公共安全事件的过程推演；环境变化与人畜共患传染病风险。

8. 资源能源形成理论及供给潜力

资源形成与富集机理；深层油气勘探理论与技术；天然气水合物开发理论与技术；地球内部有机－无机相互作用及资源效应；圈层物质循环与成矿；全球典型沉积盆地火山热液、缺氧事件和全球性快速气候变化与富有机质沉积体的关系。

9. 空间天气过程和行星空间环境

太阳爆发活动及其行星际传输和太阳周行为；空间天气、空间气候和日地联系的基本物理过程；行星系统与太阳风的耦合；中高层大气、电离层与低层大气以及磁层的耦合和多尺度过程；行星空间环境中的物质和能量输运；行星空间环境中高能带电粒子的加速和逃逸机制；行星及其卫星的地质活动和对空间环境的影响；空间天气预报和灾害性空间天气预警的模式和方法；空间天气对航空航天、通信导航、精密定位等的影响。

10. "两洋一海"综合观测及集成研究

多圈层耦合的海洋系统模拟器和智能预报预测技术与系统研发；海洋地球系统理论、大数据与信息服务；海洋固－水－气演变过程和灾害机理；深海全天候原位实时观测体系；洋盆间的水体、物质、能量交换及全球效应；洋－陆边界深部结构、流变特征对比；洋－陆边界深部－表生耦合作用；洋－陆边界深部物质、能量运移过程与机制及资源效应；空天地与海底基准统一，水下定位、导航与授时（positioning, navigation and timing，PNT）体系。

11. 重大地质-环境-生物事件的全球对比

地球早期地质－环境背景演变与生命演化；重大气候转折期的环境与生命演变；生物大灭绝与复苏及其环境背景；深时高精度地质年代格架；地理实体与虚拟空间映射下重大突发公共安全事件

的过程推演；全球典型沉积盆地火山热液、缺氧事件和全球性快速气候变化与富有机质沉积体的关系；全球俯冲带演化及其环境、生物演化响应；生物演化、水体环境、大气化学组成突变的成因联系。

12. 城市群可持续发展

基于可持续发展目标的城市群典型要素与监测机理；城市群要素的综合表达与集成分析；人文－自然复合空间演化过程及模拟；城市群区域发展与空间重构；城市群产业转型、发展、演化与调控；城市群典型过程及生态环境效应；区域经济发展与环境质量相互作用；城市社会城乡统筹与城乡一体化作用机理；人地耦合视角的城市群空间治理路径；城市社会公平性、宜居性及其调控原理；城镇化与资源环境承载力；人类活动与城乡融合过程、效应及调控；城市群可持续发展路径及定量评估。

13. "一带一路"区域固体-表生地球科学综合研究

"一带一路"沿线构造－气候因素对地表物质循环和环境演化的影响机制，地表环境对地球深部过程的响应；"一带一路"沿线富有机质沉积体形成的机制、分布规律及产烃潜力评价；"一带一路"沿线气候变化与水安全；"一带一路"区域生态系统结构、功能与服务；"一带一路"区域资源利用与生态保护；全球气候变化和人类活动对"一带一路"区域生态环境的影响与适应；"一带一路"生态系统多重压力的缓解策略；"一带一路"人类文明演化与生存环境；"一带一路"区域环境变化与全球可持续发展目标。

四、地球科学发展保障措施

为推动我国地球科学学科的自身发展和更好地服务国家经济社会发展需要，圆满完成"十四五"规划和至2035年的中长期科技发展任务，从根本上解决我国一些领域的"卡脖子"问题，实现创新型国家建设的目标，地球科学学科的发展需要从能力建设、队伍建设、制度建设、法规建设、国际合作、学科交叉和公众科普等方面采取有力措施，调整和完善国家基金资助机制，具体如下。

1. 加强长期的监测观测能力建设

随着人类对地球认识和研究需求的变化，以及研究技术手段的不断升级和新方法、新设施的不断引入，地球科学研究的时空尺度加速扩大。研究对象既可以是小到纳米级的岩石物质结构，又可以是大到数万千米直径的空间行星天体。研究时间尺度既可以是瞬时，又可以是数亿年。近年来，继"深地""深海""深空"研究之后，"深时"研究得到高度重视。2020年，美国国家科学研究委员会（National Research Council，NRC）发布报告提出了"时域地球"（Earth in Time）的概念。所有这一切均超出人类自身的能力范畴，需要借助仪器设施等"工具"来实现。实验室、野外观测台站、航空飞行器、对地观测卫星等是地球科学观测检测和获取原始数据资料开展创新性研究的重要途径。以解决地球科学重大科学问题以及地理科学、地质学、地球化学、地球物理学、大气科学和行星科学科技创新为导向，加强国家资助和宏观管理的国家层面基础平台建设，建立和完善地球科学"地（地下深部）-陆（地表浅层）-海-空-天"一体化立体监测观测体系，从地球内部到地外天体对地球开展长期持续性观测和监测。同时，建设与体系配套的数据采集、存储和分析的设施和能力，制订数据共享和服务机制，为地球科学的创新和发展提供基础保障。同时，基于地球科学自身研究对象的特点，重视野外天然气实验室建设，遴选一些具备特殊地质、地貌或气象的区域，设立国家地球科学研究保护区，配备相关仪器设施支出开展长期原位（in stiu）研究。以此缩短我国在地球科学重大基础理论研究领域与国外的差距，提升我国地球科学研究水平。

2. 加强以培养新一代地球科学家为目标的人才队伍建设

在所有制约地球科学发展的决定性因素中，人的因素是最为关键，也是最难提升的制约因素。拥有人才就拥有未来，用好人才就能获得发展。全面建成小康社会和实现社会主义现代化，需要大力实施人才强国战略。应该着眼于地球科学未来的学科发展需要，不断完善自主创新型人才培养、引进、选拔机制，实施激励自主创新的评价奖励制度，健全不同类型人才的考核标准，做好对自主创新型人才的服务保障工作，最大限度地调动各类人才的创造性，做到"人尽其才、才尽其用"，提升我国地球科学研究的创新能力。地球科学研究主要为基础研究和应用基础研究，重大突破的获得主要依赖于长期不断的研究积累，这就需要相对稳定的研究队伍作为保障。因此，在进行面向未来的新一代人才队伍培养方面，应注重不同功能型人才的比例，既要有能把握国际学科前沿的战略型科学家，又要有能扎根基层探索科学前沿和解决具体问题的战术科学家，更要有大量从事观测实验和数据分析的技术型人才与服务于整个科研过程的组织管理人才。同时，还应采取相关措施激励团队内或团队间的合作和有序竞争。

3. 完善国家基金和相关项目资助制度建设

地球科学是一门与自然环境演化和社会经济发展密切相关的基础学科，与其他基础学科一样，具有周期长、回报慢和厚积薄发的特点，其发展是一个需要长期投入的过程，持续和稳定的设施、经费、人员、政策等的支持是地球科学可持续发展的最基本保障。因此，需要结合学科特色，完善国家基金和相关项目资助制度建设，突出竞争择优和稳定支持相结合，在已有资助基础上适当增加新的模式。制订学科发展战略和设立大科学计划是保障基础研究获得稳定资助的重要手段。国内外实践表明，大科学计划在探索未知知识、促进学科发展和解决重大科学问题方面发挥着重要作用。近年来，美国、欧盟、加拿大、澳大利亚等围绕地球关键带、人类世、地下－地表耦合过程、地震和火山等地质灾害等地球科学关键领域持续提出国际性大科学研究计划，或者对重点研发项目进行长期大额度稳定经费资助，引领国际地球科学的创新性研究，并取得多项重要研究成果。目前，我国已具备围绕地球科学的一些重大热点领域，牵头组织全球或区域尺度大科学计划和大科学工程的条件。如设计得当，必将极大地提升我国地球科学的研究水平。同时，在科学研究过程中，总会存在一些可能具有颠覆性效果的变革性研究不能得到共识，错失获得项目资助的机会。除了已有的"重大非共识项目"外，对一些小型、探索性的可能会在某个领域产生突破的想法或项目也建议给予适当的资助机会。此外，基于大数据的新的科研范式已经形成，"公民"科学、大数据科学等已经成为科学研究的重要补充，但目前在一些国家项目的设立和经费的使用管理上还未就这一变化制订相应的措施，建议今后进行完善。

4. 完善地球科学研究相关法规建设

随着地球科学研究领域的不断拓展，以及研究过程一些新问题的产生，已有的一些法律法规已经不能完全涵盖。例如，随着人类技术的进步，对太空其他行星开展科学研究和资源探测已经不再是科学幻想。2017 年 7 月，卢森堡通过了《太空资源勘探与利用法（草案）》，明确了太空资源可以被占有，并规定了空间勘探任务的授权和监督程序，成为第一个为太空采矿提供法律框架的欧盟国家。目前国际上对太空矿产资源的开发还没有公认的法规或条约，如果我国能尽快开展相关研究并前瞻性地制定相关法规或政策，必将对未来我国开展太空矿产资源勘探开发提供法律保障，并在国际太空矿产资源开发法律制定中掌握话语权。从全面依法治国出发，很有必要建立健全与地球科学研究相关的法律法规体系，规范地球科学研究行为，并规避地球科学研究中可能出现的风险。2021年《中华人民共和国民法典》的出台为制定细化的地球科学研究的相关法律法规带来了曙光。

5. 建立以我为主互惠共赢的国际合作模式

随着人类对地球和地外行星认识的不断深入，跨领域、跨国别合作已成为当今地球科学研究的主要方式。我国复杂的大陆物质组成与地质结构、广阔的国土面积和独特的阶梯状地形、特有的北半球季风－干旱气候环境、丰富的古生物化石埋藏等，为我国地球科学的发展提供了独特的研究对象、科学问题和天然的研究实验室，但仅靠我国地球科学家自身的力量是无法完全解决这些重大科学问题的。中国是地球的一个区域，中国地球科学问题的研究需要全球的背景支撑。因此，一些重大基础研究需要来自不同国家、不同机构和不同学科领域科学家的共同参与，以全球的视野和国际化的方案合作来完成。基于此，建议在地球科学未来国际合作中，应本着互惠共赢的原则开展双边和多边合作，在我国具有优势的项目上要突出以我为主的原则，利用经费杠杆等手段引导国际合作人员与我国科研人员一起解决我方提出的我国特殊的地球科学问题和全球性问题，在一些相对薄弱的环节则可以通过合作学习及引进和吸收国际先进理论、技术和方法，扩大我国地球科学研究队伍，逐步提升我国在国际学术界的影响力。

6. 推动地球科学学科交叉研究

地球科学研究领域的广泛性和研究对象的复杂性，使得一些科学问题具有综合性，需要组织具有不同学科知识背景的研究人员共同参与和解决。加强各学科之间的交叉研究已经成为全球科学界的共识，2017 年国际科学理事会（International Council for Science, ICSU）和国际社会科学理事会（International Social Science Council, ISSC）通过全体参会代表投票表决的方式形成合并决议，在 2018 年组建成新的国际科学理事会（International Science Council，ISC）。地球深部、人类世、气候系统等地球科学问题的研究和解决都需要多方面的人才配合来完成。建议在国家项目设立中适当增加交叉领域的项目数量和强度，鼓励组织跨领域研究团队来开展研究。

7. 加强科普，提高公众对地球科学的认知度和参与度

　　加强地球科学专业教育并向公众传播和普及地球科学知识是地球科学研究机构和研究人员的重要历史使命与社会责任。只有更多的人通过学习地球科学知识，了解地球科学在资源、环境和灾害方面的作用，更好地认识我们共同赖以生存的这个星球，人类才能更好地管理和利用地球，实现真正的人地和谐发展。针对不同的群体应采取不同的策略，对在校学生应开展较系统的地球科学知识课程，重点是吸引和培养未来能从事地球科学研究的后备人才；而对普通大众，则宜采取喜闻乐见和寓教于乐的方式，增强公众对地球科学及其分支学科研究对象、方法和技术手段的了解与兴趣，营造能支撑地球科学研究的良好社会氛围。

Abstract

The Research Group on Development Strategy of Earth Science in China for 2035 was led by Professor Rixiang Zhu since April in 2020. Prof. Rixiang Zhu is an academician of the Chinese Academy of Sciences, a fellow of the American Geophysical Union, and was awarded the Petrus Peregrinus Medal by the European Union of Geosciences. Prof. Zhu invited 15 leading scientists with different area of expertise in Earth science from various institutions in China. The Research Group held regular workshops, with members presenting brief overviews of topics related to their research specialties and discussed frontiers and needs in Earth science before 2035. Draft chapters were edited by Profs. Chengshan Wang, Huijun Wang, Yigang Xu, Xianhua Li, Fuyuan Wu, Shuzhong Shen, Renhe Zhang, Tielong Zhang, Peizhen Zhang, Fahu Chen, Yongfei Zheng, Yongyun Hu, Rui Gao, Jie Fan, and Yongxin Pan with helps from secretaries Bo Wan, Chaolin Zhang, Qiang Wang, Xiumian Hu, Liang Zhao, Dabang Jiang, Yunpeng Dong, Yong Wei and Xin Li. Edited versions were circulated amongst the whole group, and the final document was collated and edited by Rixiang Zhu.

1. Scientific Significance and Strategic value of Earth Science

Earth science is the natural science that explains the Earth's formation and evolution. Earth science is a highly applicable field of study due to the fact that the planet not only serves as our home but also provides us with essential life-sustaining resources. The scope of Earth science research includes the structure, composition, and evolution of Earth's layer, as well as the process, change, mechanism, and interaction between layers. The objective of Earth science research is to increase the level of understanding of the planet and to use the acquired knowledge system to provide scientific basis, technical support, and solutions for resolving major issues such as human livable resources and energy supply, ecological environmental protection, and natural disaster prevention and control.

The Earth is only a member of the vast universe, and it is approximately 4.6 billion years old. The spatio-temporal scale of Earth science research differs greatly from that of other disciplines. The objects of Earth science research include the Earth's interior layers (crust, mantle, and core) and the Earth surface system (biosphere, soil sphere, hydrosphere, cryosphere, geosphere, anthroposphere, and atmosphere）. The research period spans from Earth's formation to the present. With the advancement of modern Earth science concepts, there is a greater emphasis on resolving complex economic and social problems and meeting the evolving needs of humans. Increasing emphasis is placed on interdisciplinary development, and it is anticipated that the interrelationships and internal evolution of different spheres will be incorporated into the theory of the Earth system. It emphasizes the use of new observations and new methods to integrate existing data, build reasonable models to recognize and understand the Earth and planetary space on which humans live, answer scientific questions about how humans can be habitable and sustainable, and serve the country and the public as technology advances.

This book proposes a strategy for the development of China's Earth science disciplines to 2035, with the goals of promoting the balanced layout and coordinated development of Earth science and their various sub-disciplines; strengthening the advantageous areas of China's Earth science; promoting the development of China's relatively weak sub-disciplines and fields; encouraging the growth of interdisciplinary research; promoting the development of sub-disciplines associated with experimentation, observation, data integration, and simulation; prioritizing the cross-integration of Earth sciences and mathematics, physics, chemistry, and biology; and hastening the emergence of creative achievements and theories in disciplines.

2. Research characteristics and development trends in the field of Earth science

Earth science is entering the integration stage of various branches of science, that is, the establishment of a new era of theoretical knowledge and methodological technology system of "Earth system". China's domestic and international earth science research is undergoing profound changes in this direction. In general, the scope of Earth science's research is becoming more comprehensive. Meanwhile research technology methods are becoming more advanced. Basic research and application are becoming more closely integrated. The spatio-temporal scale of research objects in Earth science is constantly expanding, and more emphasis is placed on the coordinated development of interdisciplinary studies. The advancement of Earth science is a priority for developed countries, and in recent years, countries like the United States, the United Kingdom, Germany, the European Union, and others have launched numerous large-scale scientific initiatives like the Earth Lens Plan and the Future Earth Plan. The advancement of earth science necessarily requires long-term and extensive observation, detection, analysis, experimentation, and simulation, and even requires long-term intervention of organizational systems forces.

The early-stage development of Earth science is closely related to the industrialization of human society. In recent years, however, more attention has been given to the harmony between human beings and Earth and the scientific research on planet earth. It is necessary to place the Earth in the entire solar system and even the universe to understand how Earth works. In the meanwhile, the traditional Earth science is about to enter a new era of "Earth System Science", and the combination of basic research and applied research is increasingly closer, serving the resources utilization, ecology and environment protection, and disaster resistance and reduction. The rapid development of technology is becoming more and more important in support of Earth science. By seizing the historical opportunity, Chinese Earth science community should provide their scientific support to a shared future for mankind and solutions to global governance.

Future Earth science will be balanced and coordinated development at two levels of disciplinary development and major national needs, will strengthen the dominant disciplines and fields of Earth science in China. Future Earth science should also strengthen the development of cutting-edge and basic sub-disciplines; support sub-disciplines related to experimentation, observation, data integration, and simulation; emphasize the merging of Earth science, Earth system science, and other disciplines to obtain original results and propose new theories, as well as provide a scientific basis for sustainable social development and improvement of environmental quality.

3. Key scientific issues, development goals and important research directions in the field of Earth science

The following is a list of the priority development areas in China for the various branches of Earth science to 2035.

Geographical science include: integrated geography (theoretical geography, applied geography, regional geography, and historical geography); physical geography (integrated physical geography, sectoral physical geography, and human living environment); human geography (integrated human geography, economic geography, urban geography, rural geography, sociocultural and political geography); and information geography (geographic remote sensing science, geographic information science, geographic data science).

Geology: the origin and evolution of major biological taxa and their integrative biological mechanisms; major climatic and environmental evolutions on different time scales; mineral evolution and response mechanisms in deep and surface geological processes of the Earth; structure, genesis and evolution of major metallogenic systems; tectonics, evolution and deep geodynamics of Tethys and East Asian lithosphere; continental tectonic deformation and human habitability as a system; warming of the paleo-climate system and abrupt changes in the climate system; interaction of the Earth's multi-sphere under the background of global change, and the effects of Qinghai-Xizang Plateau on the geology, resource and ecological environment; hydro-biogeochemical processes in Earth Critical Zone, and ecological hydrogeology safety and ecological safety of engineering geology in river basins.

Geochemistry: innovative geochemical tracing systems and precise chronology; tectonic paradigms and mantle temperatures of the early Earth; deep-Earth processes and the temperature-maintaining mechanism of the planet's climate; the interior state of the Earth and the matter cycle; plate tectonic processes and the formation and evolution of continents; mechanism connecting the internal and external systems of the planet.

Geophysics: new theories, new technologies and new methods of geophysics; the deep structure of the Earth and the interactions between different Earth's spheres; strong seismic mechanism of continents and disaster evaluation; deep oil and gas reservoirs and the exploration and development of green energy; core exploration technologies for strategic key minerals; research and development of key geophysical equipment; characteristics, mechanisms and, prevention and control of earthquakes induced by human activities; key technologies and theoretical methods for global integrated gravity field information acquisition.

Atmospheric science: space-air-ground integrated observation network; changes and mechanisms of extreme weather and climate events; atmospheric environmental pollution and impacts; research, development and application of high-resolution Earth system numerical value; multi-scale ensemble forecasting; weather, climate, environmental effects and sustainable development of cities and urban agglomerations.

Planetary Science: primordial matter and planet formation in the Solar System; impacts and surface geological processes; internal structure of the planet; planetary magmatic activity and evolution of planetary mantles; planetary atmospheres, oceans; magnetic field of the planet; origin and evolution of planetary habitable environments; planetary organic matter and life detection; exploration of extrasolar planets; development and utilization of planetary resources.

目　　录

第一章

地 理 科 学

第一节 战 略 地 位

一、地理科学：研究地球表层系统的基础科学

地理科学是研究地球表层中人类生存环境的空间格局、时间演化以及人类与环境相互作用的科学（陈发虎等，2019；傅伯杰，2017）。黄秉维（1996）认为，地理科学是基础学科，它的研究范围是地表上下与人类生存和活动有密切关系的一个薄层，一个自然与社会开放的复杂系统，并提出了地球表层系统科学的概念。鉴于地理科学在科学体系和社会发展中的重要地位与独特作用，钱学森（1994）曾指出"地理科学是与自然科学、社会科学等相并列的科学部门"，充当自然科学与社会科学之间桥梁的角色，而地球表层系统是一个"开放的复杂巨系统"，是系统中"最为困难的一种"。在遥感科学、地理信息科学、空间社会理论、全球变化等变革性技术与新的研究领域出现后（National Academies of Sciences，Engineering，Medicine，2019），新时代的地理学发生了深刻的改变——正在从地理学向地理科学进行华丽转

身，研究主题更加强调地球表层系统的综合研究，研究范式经历着从地理学知识描述、格局与过程耦合，向复杂人地系统的模拟和预测转变（陈发虎等，2019；傅伯杰，2017）。从地理学的发展历程来看，地理学是地球科学的本源之一，地球科学中许多其他学科最初都属于地理学内部的分支学科，在发展完善后从地理学中独立出来形成新的学科。地理学从传统的定性描述向语言表达的定量化、分析手段和实验方法的科学化、过程表达的模型化、时间表达的可预测化转变，实现了传统地理学向现代地理科学的成功转型，进一步凸显了地理科学思想的综合性、面对客体的区域性（到全球性）、多学科性质的交叉性和面向社会发展的实用性特点。

地理科学的研究对象是地球表层系统，它由岩石圈、水圈、大气圈、生物圈、冰冻圈、人类圈相互作用、相互渗透而形成，这一界面是地球上最复杂的一个界面，是物质三态相互作用、有机与无机相互转化的场所，又是地球内外营力相互作用的场所。地理科学研究必须把地球表层系统，又称"水－土－气－生－人"综合体（程国栋和李新，2015）当作一个整体来看待。地球表层是人类社会赖以生存的环境，维持人类的可持续发展必须要保护地球表层系统，尤其是受人类活动影响最为深刻的陆地表层系统（傅伯杰，2017）。地理科学以人类环境、人地关系、空间关联为核心，以不同的时空尺度和地理单元来解读地理要素或者地理综合体的空间分布规律、时间演变过程和区域特征。地理科学的研究对象和研究内容具有动态、开放、综合的特点，这也是地理科学的特色所在。地理科学不仅研究地球表层系统的自然性，还研究它的社会性和经济性。地理科学具有区域性、综合性和文理工交叉的属性（陈发虎等，2019）。综合性是地理科学存在的依据，是地理科学最大的特色，也是地理科学最大的困难，综合地研究地理环境是辩证认识地理环境形成与发展的根本途径（黄秉维，1960）。地理科学综合性的另外一个体现就是研究主题从"单一"走向"多元"，再走向"系统"，强调以地球表层系统研究，尤其是陆地表层系统研究为重点，运用地理科学的系统视角与科学工具，分析和理解当今人类社会面临的重大问题。对地观测、定量建模、大数据、物联网、虚拟现实等新技术也进一步推动了地理科学的综合集成。地理科学通过综合各种最新的技术手段和知识理论，探索和揭示地球表层系统中地理要素与地理综合体的发展演变规律，进而为人与自然和谐发展服务，因此地理科学是研究地球表层的基础科学。目前，地理科学作为基础科学所面临的最大挑战是缺乏系统的理论体系来支撑地球表层系统中各要素的有机集成。

二、地理科学：从知识到决策的经世致用之学

地理科学研究与人类生存环境密切相关（陈发虎等，2019），无论是在服务国民经济社会发展和国家战略需求方面，还是在服务全球协作与倡议中，地理科学都发挥着举足轻重的作用，地理科学正日益成为全球、地区、国家、城市治理体系现代化的核心驱动力（傅伯杰，2017；樊杰，2019）。

地理科学在服务国家发展和建设方面扮演着不可或缺的角色。地理科学是我国社会主义生态环境建设、物质文明建设、精神文明建设和政治文明建设的重要依靠（钱学森，1994）。随着社会经济和科学技术的快速发展，地理科学在支撑经济社会发展和国家发展战略决策方面呈现出如下总体趋势，即国家服务需求越来越多，服务的能力越来越强。我国的基本国情是人口总量大，人均资源占有量少，资源利用率低；同时，我国生态环境比较脆弱，环境压力很大，特别是近几十年来快速的城镇化发展，导致了一系列人与自然系统的复合问题，如城市病、土地荒漠化、冰川快速消融、冻土退化等。应对我国社会经济发展带来的资源和环境问题，亟须地理科学理论和方法的指引。地理科学在国民经济建设和社会发展中发挥了重要作用（陈发虎等，2020），在"一带一路"建设、国家生态文明建设、美丽中国建设、长江经济带建设、黄河流域生态保护和高质量发展、新型城镇化推进、精准扶贫、乡村振兴、城乡一体化、国土空间规划、智慧城市建设等方面发挥的作用进一步凸显。我国地理科学正面临前所未有的机遇，需要紧紧围绕国家重大需求，创新发展综合性的理论、方法和技术，逐步形成具有鲜明中国特色、深远国际影响的地理科学体系，为我国社会发展服务（傅伯杰，2017）。

地理科学为全球协作与倡议提供重要支撑。地理科学在未来地球计划、联合国可持续发展目标、应对全球变化等方面扮演着重要角色。随着地球进入人类世，地球载荷不断加重，如何通过"人地协同"、"适度改造自然"、创新发展、协调发展、绿色发展等手段提高地球的承载力，实现世界的可持续

发展（史培军等，2019），一直是人类发展所追求的目标。地理科学可为全球可持续发展提供必要的理论知识、研究手段和方法，能够有效应对可持续发展目标给学术界带来的挑战，地理科学作为一门学科，已经与可持续发展紧密结合（Liu et al.，2019）。地理科学也在地缘政治博弈与区域稳定中发挥着重要作用。例如，"亚洲水塔"自然环境变化与周边社会经济政治因素相叠加，这些自然与人文变化的耦合不仅影响"亚洲水塔"周边地区的水力资源开发计划与基础设施安全，而且影响地缘政治的复杂性及地缘战略竞争的强度。

地理科学研究的"水-土-气-生-人"五大要素中既有自然要素又有社会要素，这就决定了地理科学具有自然属性与社会属性相结合的特点，而经世致用正是这一特点的体现。然而，受限于当前地理科学的理论体系和地理要素定量表达水平，地理科学在支撑国家、地区乃至全球发展战略中仍有许多乏力之处，因此地理科学在从知识向决策支撑的转化中仍有很大的发展空间。

三、地理科学对实施《国家中长期科学和技术发展规划纲要（2021—2035 年）》的支撑作用

《国家中长期科学和技术发展规划纲要（2021—2035 年）》是促进我国科学技术创新发展的指导性文件，而地理科学发展规划是其中的重要组成部分。地理科学发展规划系统梳理了过去十几年间所取得的主要进展，分析了国内外研究热点和存在的问题，提炼了新时期地理科学发展的生长点和发展机遇，为地理科学未来的发展指明了方向，为国家推动地理科学发展提供了抓手。

此外，地理科学与《国家中长期科学和技术发展规划纲要（2021—2035 年）》中多个领域的基础研究和前沿技术都有密切的联系。其中，对《资源与环境科学发展战略报告》的支撑作用是：地理科学综合研究范式、多元化和精细化的地理数据以及不断完善的地理分析方法，在支撑资源管理与配置、环境监测与评估、灾害预测与控制中发挥着重要作用。对《地球系统科学（能源、环境和气候）发展战略报告》的支撑作用是：地理科学的理论和方法在能源生产与消费结构优化、产业结构调整、应对气候变化等方面发挥着重要作用。对《信息科学发展战略报告》的支撑作用是：地球大数据理论

与方法丰富了信息科学的研究对象和内容，地理信息和地理数据的组织与管理、时空大数据的传输与处理等需求对信息科学提出了更高的要求，推动了信息科学与地理科学的交叉和发展。

第二节 发展规律与发展态势

一、基本定义与内涵

地理科学是研究地球表层中人类生存环境的空间格局、时间演化以及人类与环境相互作用的科学（陈发虎等，2019；傅伯杰，2017）。地理科学的研究对象涵盖地球表层系统空间中的自然、人文和信息要素，分别对应自然地理学、人文地理学和信息地理学（图 1-1），并最终形成综合地理学、自然地理学、人文地理学和信息地理学四大分支学科（图 1-2）。

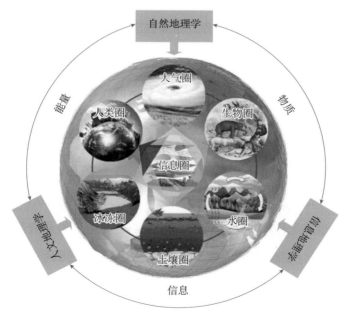

图 1-1 地理科学的研究对象——地球表层系统

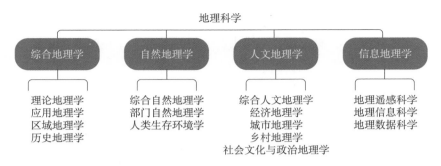

图 1-2 地理科学的学科体系

综合地理学是地理科学其他分支学科的支点。这是因为，综合性是地理科学存在的依据，是地理科学最大的特色，也是地理科学最大的困难，综合地研究地理环境是辩证认识地理环境形成与发展的根本途径（黄秉维，1960）。综合地理学主要包括理论地理学、应用地理学、区域地理学和历史地理学（图1-2）。理论地理学的重新构建将为地理科学的整体发展提供系统的方法体系和理论支点。应用地理学以地理科学的方法和理论为指引，解决各类自然与人类社会经济发展息息相关的实际应用问题。区域地理学以区域地理考察为基础，服务各种地理区划和区域规划。历史地理学则以地理环境随时间的变易为核心，利用中国悠久且丰富的文献记载资料，在时空交织的体系下研究历史时期的人地关系及其地域分异。

自然地理学是研究地球表层自然环境的空间特征、演变过程及其地域分异规律的一门自然科学，以自然科学属性为主。自然地理学研究人类生存环境中的地球表层自然环境系统，或者称为自然地理环境系统，涵盖气候、地貌、水文、土壤、生物等自然地理要素。传统的自然地理学可以分为部门自然地理学和综合自然地理学（图1-2），其中部门自然地理学开展以单一自然地理要素为主的研究，综合自然地理学研究景观、土地等自然地理综合体。近年来，针对沙漠和湖泊湿地等特定地表单元、冰川和冻土等特殊自然地理要素的研究，以及针对流域系统乃至整个地球表层系统的多要素或全要素研究得到了发展。此外，针对过去人与环境的相互作用，自然地理学还开展了史前人群扩散、社会发展和文明演化的人类生存环境研究，构成了自然地理学与考古学、人类学等交叉的新领域——人类生存环境学（图1-2）。自然地理学是地理科学的基础学科，也是地理科学与地球科学其他学科联系的纽带

（陈发虎等，2019；蔡运龙等，2009；傅伯杰，2018；郑度等，2015）。

人文地理学是研究人类活动的空间差异和空间组织以及人类利用自然环境的学科，具有社会科学与自然科学交叉的属性。人文地理学以人地关系为研究核心（吴传钧，1991），以人类活动的地域空间分布规律为研究对象（樊杰，2019），形成了综合人文地理学、经济地理学、城市地理学、乡村地理学、社会文化与政治地理学等主要分支（图1-2）。经济全球化与地方化、区域可持续发展、城市化与城乡统筹、土地利用和空间治理等是人文地理学的研究重点，同时，社会、文化、政治、制度等要素也是人地关系综合研究的命题（冷疏影等，2016）。由于研究对象是人类活动，而人类活动的分布规律是自然环境因素和社会文化经济因素共同作用的结果，人文地理学就表现出两大独特的学科属性：一是学科具有自然与人文学科综合交叉的属性，在地球科学体系中，是非常有限的研究地球圈层中人文与自然圈层相互作用的一门分支学科；二是具有学术研究与决策应用耦合互动的属性，是服务国土空间格局优化配置和城乡区域发展战略政策最直接的一门学科（陆大道，2017；中国科学技术协会，2012）。

信息时代的到来极大地促进了地理科学的发展，地理科学的研究已从传统的自然地理空间、人文地理空间拓展到了信息地理空间，构成了地理科学的第三类研究对象。"天-空-地"一体化遥感立体观测、物联网和社会感知体系的建立与发展，实现了对自然、人文各类要素信息的实时动态采集与接入。各类地理数据融合集成技术、地理系统集成模型与决策支持系统的发展，使得对地球表层系统的理解以及现实世界中的各类决策，都愈发依赖于信息空间中的综合分析模型和情景预估。虚拟现实、增强现实和数字孪生等技术的发展日渐模糊了物理世界和现实世界的界限，实现了自然地理空间、人文社会空间和信息空间的多重互动。信息技术，特别是遥感和地理信息技术强烈地驱动了地理科学的革新（National Academies of Sciences，Engineering，Medicine，2019），但也出现了过度技术导向，越来越与信息科学亲缘，而疏离地理科学。因此，亟须重新审视信息地理学，强化以人类生存环境为研究对象的地理科学，促进地理科学的科学化和现代化，大力推动地理科学的整体发展。

信息地理学是以信息技术为主要手段，研究地球表层系统中自然、人文、地理信息要素的分布特征、空间分异、空间联系，以及地理空间数据、信息的采集、传输、表达、分析和应用的地理科学的分支学科。信息地理学是一门自然地理、人文地理与信息科学技术深度融合的新兴交叉的地理科学二级学科，主要包括地理遥感科学、地理信息科学和地理数据科学（图 1-2），具有很强的技术科学属性，已成为地理科学中独特和不可或缺的组成部分。这主要体现在：完善地理科学的学科体系，通过信息手段有机联系地理科学众多分支研究领域，深化地理科学各分支领域的定量化和科学化研究，实现地理科学从过去和现状的定量描述到对未来定量预测的转变；吸收和引进信息科学等相关学科和领域的最新进展，如大数据、人工智能、物联网等，提高数据和知识的综合与集成水平，为解决复杂地理科学问题，更加深入地理解和模拟地球表层系统提供关键手段；作为自然地理、人文地理与社会服务的媒介，将地理科学研究成果输出到其他领域，产生知识溢出，促进区域协调与人类可持续发展。

二、发展规律和研究特点

（一）发展规律

1. 人类发展和国家战略驱动地理科学顺势前行

全球发展战略和国家重大需求对地理科学发展的推动作用巨大。地理科学的根本任务是在认识地球表层系统自然、人文过程基本规律的基础上服务社会（宋长青等，2018）。未来地球计划等国际计划的推进对地理科学提出了新的挑战（Seitzinger et al.，2015）；国家战略方针的制订与贯彻也以熟知我国地理国情为前提（陆大道，2020）。新时期，随着联合国可持续发展目标的提出和《巴黎协定》的生效，中国需要履行更多的国际责任；同时，全球地缘政治结构发生变化，如逆全球化趋势和美国"亚太再平衡"战略等对我国贸易与"一带一路"建设产生很多不确定性影响。国内生态文明与美丽中国建设、新型城镇化、精准扶贫、国土空间规划等可持续发展战略也面临着一系列严峻挑战。这些国际、国内重大需求都需要地理科学的理论、方法和技术顺势发展，提供科学支撑。

2. 技术进步推动地理科学重大革新

技术进步不断拓展着地理科学研究的观测能力、时空范畴和研究手段，从而推动地理科学深入发展，带来更多令人振奋的科学发现。遥感、传感器技术、高性能计算、实验技术（如分子生物学和测年技术）的进步，正在迅速提高我们探寻地球表层系统的能力（National Academies of Sciences，Engineering，Medicine，2020）。定位自动观测技术、遥感技术和网络技术的迅速发展，使得地理科学的研究数据呈指数增长，为开展地理系统研究、地理复杂特征研究提供了丰富的数据基础，为揭示地理区域综合本质特征提供了可能（宋长青等，2020）。计算机模拟越来越快速、准确地表征地球表层系统的多尺度复杂性。物联网技术与自动观测技术的结合能快速、实时地收集地理要素的观测数据，带动地理科学进入大数据时代。大数据正在为地理科学创造新的机遇，对方法论和思维模式的创新产生革命性的影响（Guo et al.，2016；National Academies of Sciences，Engineering，Medicine，2019）。深度学习和人工智能等数据驱动的大数据方法可能会具备比传统物理模型更强的预报能力，极有可能在大数据时代调和模型和观测中扮演重要角色，为破译复杂的地理系统提供新的途径。

3. 自由探索推动地理科学创新发展

地理科学学者在好奇心驱动下的自由探索对地理科学的推动作用也尤为重要。在地理科学发展史上，此类例子不胜枚举。例如，我国科学家提出的"水－土－气－生－人""综合集成研讨厅"等影响深远的概念，国际上近年来出现的行星边界、远程耦合、计算社会学等，都是自由探索的结果。基础科学难题的突破，除了依靠国家需求牵引和技术推动以外，科学家个人或小团队历经多年的自由探索，也是地理科学前行的重要引擎。

（二）研究特点

1. 兼具自然科学、社会科学和技术科学属性是地理科学的学科特性

地理科学研究的"人－地"双重对象，决定了它既不是自然科学向社会科学边界的简单扩张，又不是社会科学对自然科学方法论的简单依赖，而是自然科学和社会科学共同面对人地复杂系统的深度融合。地理科学兼用自然

科学和社会科学的研究方法，并行地研究自然和社会系统。在未来地球计划等研究计划中，地理科学的这种角色更加突出，即以系统科学思维和可持续性为导向，注重自然与人文要素的相互耦合和作用。

地理科学是一个集基础理论－技术科学－应用技术为一体的完整体系。近年来，地理科学在研究方法和实践应用等领域中技术倾向趋于强化。地理科学与计算科学和信息科学交叉融合，协同解析人地系统的复杂问题，从而推动了信息地理学的诞生和发展，使地理科学具备了技术科学属性。大数据和人工智能分析等新技术为进一步全面、准确、实时、全域地感知和认知地理科学问题提供了新的机遇。地理科学的实践应用也从战略策略、规划编制、决策建议向行业技术标准、地理工程技术等发展（李吉均，1995）。

2. 综合集成的地球表层系统科学是地理科学的研究特性

地理科学是研究地球表层系统的科学。地球表层系统科学研究的重点是各圈层、各要素以及自然和人文现象之间的相互作用关系，地球表层系统概念的提出标志着地理科学向综合集成方向发展。地理科学在研究地球表层系统过程中，把与人类密切关联的水圈、土壤圈、大气圈、生物圈和人类本身作为有机联系的综合系统，进而综合地解决全球和区域性的资源环境问题。

面向地球表层系统科学研究，地理科学已逐渐形成了以整体观为统领，兼顾硬集成和软集成，既考虑自然系统又考虑"人"的方法体系。"从定性到定量的综合集成方法论"及其具体操作方法"综合集成研讨厅"（钱学森等，1990）是对地球表层系统复杂非结构化问题的解决方案。尤其是对于与"人"密切相关的行为、活动、影响、社会机理等的定性和定量研究，使得地理科学在地球表层系统科学研究中具备其他地球学科所不具备的独特优势。

3. 复杂性是地理科学的新焦点

地理科学对于"人地"关系的认知正在从系统性向复杂性发展。地理科学的复杂性集中体现在地球表层系统的多个方面：首先表现为空间尺度多样，从个人、家庭、社区、城市、城市群，到区域，最后到全球。其次表现为涉及要素多，以及它们之间复杂的相互作用关系，"水－土－气－生－人"（程国栋等，2014）只是一个高度概括，但每一个要素中都包含了大量具体要素，它们之间以及和系统外的相关要素之间相互作用，而人类活动更增加了其复杂性。再次表现为时间尺度多样，地理要素或地理综合体演化过程的时间尺度跨度大，如气温变化可以从小时尺度衡量，也可以从季节到万年等不同时间尺度衡量，地貌演化则需要很长的时间跨度。地理要素在相互作用过程中表现出时间滞后性，如基础设施的修建，对于经济分布、土地利用变化和人口集聚等存在预期、过程期、后期等不同阶段的影响。最后表现为不确定性，不同空间尺度研究过程的异质性不同，一些在全球尺度中被忽略、简化的过程，在区域尺度上却凸显出来，异质性被放大，由此带来的不确定性成为空前的挑战（宋长青等，2018）。地理要素变化过程存在非线性、偶然性、突变性等特征，如人类的地缘政治、战争、传染病疫情等。注重复杂性是地理科学对于"人地"关系在认知论和方法论上的升级，是地理科学的新焦点。复杂性的研究将深刻影响地理科学的发展与走向，汲取复杂性科学研究理论和随机系统动力学方法，实现自组织复杂系统行为模拟，是地理科学新的生长点。地理模拟为复杂地理现象的模拟、预测、优化提供了有效手段（黎夏等，2007），使地理科学成为可以预测未来变化的科学。

第三节　发展现状

一、我国地理科学发展现状

（一）自然地理学

中国自然地理学发展历史悠久，20 世纪二三十年代现代自然地理学研究起步，50 年代系统、科学、全面的自然地理学逐步发展起来，以自然环境和自然资源摸底为目标，实施大规模区域综合科学考察，为地理区域划分、国家与地区有计划地建设发展，提供了可靠的科学依据，在此过程中获取了第一手研究资料，奠定了中国自然地理学研究的基础（陈发虎等，2020）。随着科学技术的快速发展，中国自然地理学逐步应用各种新技术和新方法，取得了长足的进展，研究由定性描述向定量实验推进，同时由单一过程向综合研究深化。在具有区域特色的青藏高原隆升与内陆干旱化、青藏高原冰冻圈环境（冰川、冻土）、季风与西风气候变化等领域开展了多时间尺度的系统研究，在全球变化区域响应方面也取得了突出成就。针对湖泊污染与水土流失，开展了卓有成效的机理与应对措施研究。在区域自然地理环境的特征、类型、分布、过程方面取得了重大进展，推动了对中国自然地理地带性规律的认知。中国的自然地理学研究特别关注人与环境相互作用这一体现地理学核心思想的研究，跨越旧石器时代、新石器时代等历史时期的长时间尺度，探讨了人与环境关系的演化规律，逐步形成了综合自然地理学、部门自然地理学和前沿学科——人类生存环境学研究三个部分（图 1-3）。

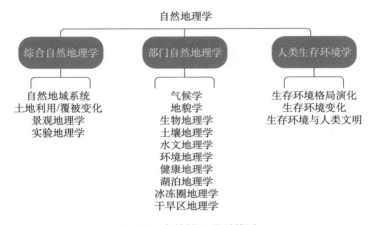

图 1-3　自然地理学科体系

1. 综合自然地理学研究

随着人类活动和气候变化影响陆地表层系统的强度日益加剧，自然与人文要素以及自然 - 社会经济复合系统的脆弱性发生变化，自然地理学综合研究的理论和方法不断拓展与深化（刘纪远等，2014；刘昌明，2014）。在研究对象上，从自然要素与过程综合向自然和人文要素与过程综合发展，并通过学科交叉拓展到地球关键带。在综合研究范式上，非线性耦合反馈方法论逐渐取代单向线性方法论，分析工具和数据来源也日益增多。在研究方向上，从自然地域系统研究以静态刻画为主向动态演变深化（吴绍洪等，2015），土地系统科学研究从结构和驱动力向近远程耦合与服务形成机制深化，典型区域地表过程研究向格局 - 过程耦合研究深化，人地耦合系统从概念框架到演变机制深化。

近十几年来，中国的综合自然地理学整体保持国际先进水平。①在自然地域系统研究方面，自然区划发生"生态"转向，生态地理地域系统研究取得重要突破，制订了中国生态地理区划和生态区划方案；从自然要素区划走向功能性的综合区划，形成了统筹考虑人文与自然的主体功能区划。②在土地利用 / 覆被变化和景观地理学研究方面，从格局与过程研究向生态系统服务及其权衡决策和优化调控研究方向发展，包括定量化研究、驱动机制研究、模型研究、效应研究、土地可持续利用与国土生态安全研究。③在实验地理学方面，开展典型地域研究，建立了以黄土高原为代表的自然地理格局－过程－服务的耦合研究模式；以流域为单元，建立了黑河生态－水文－经济系统模型，形成了集观测－模型－决策为一体的流域科学集成研究范式。④在研究技术与方法论方面，遥感（remote sensing，RS）、地理信息系统（geographic information system，GIS）、地理数据库、机理模型等现代观测分析技术，支撑了从对地理环境变化现象的文字描述和定性分析转向抽象概括、机制诊断、定性与定量相结合的发展，促进了因果联系与相互作用过程研究和未来趋势模拟预估。整体来看，形成了具有中国特色的自然地理学综合研究模式（图 1-4）（Fu and Pan，2016）。

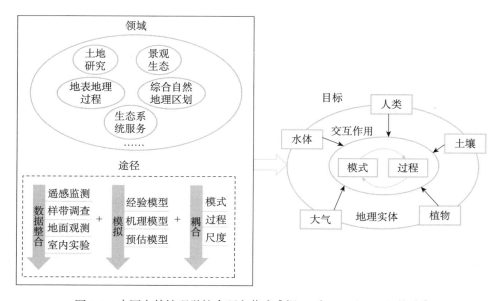

图 1-4　中国自然地理学综合研究范式［据 Fu 和 Pan（2016）修改］

2. 部门自然地理学研究

经过半个多世纪的发展，我国部门自然地理学研究整体处于国际前列。近十几年来，在若干前沿领域保持了与国际同步，部分关键领域的研究处于国际领先。①气候学研究紧密结合地理学科的独特性，在历史气候、年至百年尺度的气候变化，气候时空分异特征及资源利用与灾害防范，气候变化、极端气候及其影响、风险评估与适应的时空差异，陆-气相互作用与区域气候模拟诊断等方面开展了大量独具特色的研究工作，从经典的气候特征与成因研究发展成为气候系统科学研究，研究外延不断拓展，与其他学科的交叉、融合特征越来越显著。②地貌学主要在构造地貌、流水地貌、风沙地貌、冰川地貌、河口与海岸地貌、喀斯特地貌、全国地貌类型区划、数字地貌特征信息获取等研究方面取得显著进展。③水文地理学研究在地表水文过程的研究方向逐渐追赶并进入第一研究方阵，研发了中国的代表性径流模型（夏军等，2004）、蒸散发模型（Zhang et al.，2019）和遥感降水数据产品（He et al.，2020），发展了针对全球变化下地表水文过程的系统集成模拟模式（汤秋鸿等，2019）。④土壤地理学研究建立了土壤系统分类系统，开展了数字土壤制图并建立了中国土壤数据库，拓展了土壤地理研究内容并将土壤地理学融入现代地球表层系统科学和地表关键带的研究（张甘霖等，2008，2018；Shangguan et al.，2013；Shi et al.，2006）。⑤生物地理学研究紧密围绕全球变化和生物多样性两个主题，开展了关键区域（如林线、林草过渡带等）和关键类群（如土壤微生物、大型哺乳动物等）的研究，从物种编目和生物区系、物种和群落多样性等角度全面摸清了生物多样性资源的家底，在若干前沿领域（如全球变化的生物地理响应、生物多样性的大尺度格局）与国际保持同步。

沙漠、湖泊湿地、冰川冻土和生态水文的研究则紧密围绕国家需求，立足学科前沿，实现了系统性的突破。①中国风成过程和沙漠环境研究与国外相比晚了半个多世纪，始于 20 世纪 50 年代后期，目前达到了与国际并行、部分领先的水平，在沙丘移动规律、风沙地貌区域综合研究、中国独特风沙地貌发育演变过程、戈壁地貌学研究、沙丘二次流以及地外星球的探索研究方面具有国际影响力。②湖泊湿地的研究重点转移到湖泊与湿地生态环境退化和修复的理论及实践研究方面，在入湖污染物调查与控制、湖泊与湿地环境变化规律、湖泊富营养化形成机理、富营养化湖泊藻华控制与治理、湖泊退化生态系统修复、湖泊沉积与全球变化等方面开展了大量研究工作，积累了大量的数据和资料，极大地丰富了湖泊与湿地科学理论（陈发虎等，2019）。③冰川冻土研究从冰川、冻土、积雪等单要素的相对独立研究向多要素和多圈层的综合研究发展，创新性地构建了冰冻圈科学体系，重点解析了冰冻圈服务功能，并在理论系统化、知识教材化方面迈出实质性步伐；建立覆盖中国西部的冰冻圈监测网络，领衔"亚洲冰冻圈网络计划"（Asia CryoNet），并作为中低纬地区的示范在国际山地冰冻圈变化及其影响综合研究方面居国际前沿。④生态水文研究以"黑河流域生态－水文过程集成研究"重大研究计划为代表，从系统思路出发，构建了国际领先的联结观测、实验、模拟、情景分析以及决策支持等环节的流域观测系统与数据平台，建立了黑河流域生态水文精准模拟与预测系统，创建了流域生态－水文－经济集成研究的方法论，揭示了植物个体、群落、生态系统、景观、流域等尺度的生态－水文过程相互作用规律，刻画了气候变化和人类活动影响下内陆河流域生态－水文过程机理，提升了对内陆河流域水资源形成及其转化机制的认知水平和可持续性的调控能力，使我国流域生态水文研究进入国际先进行列（程国栋等，2020）。

3. 人类生存环境学研究

人类生存环境学是地理科学中专门针对人类生存环境的时间变化及其过去人－环境相互作用研究的自然地理学与人文地理学、人类学、考古学等的特色交叉学科。它涉及"人"及其生存的"环境"两个核心要素，包括生存环境格局演化、过去人类社会发展与自然环境的相互作用，以及现代人与环境相互作用的实验模拟。例如，对青藏高原隆起的研究阐明高原隆起产生了强烈的动力作用和巨大的热力作用，冬季为冷源，夏季为热源，极大地改变了亚洲乃至全球的生存环境。高原动力与热力作用的相互交织，使冬季控制亚洲地区的地面冷高压中心从30°N移至了45°N西伯利亚地区，加深了冬季控制亚洲的东亚大槽，形成了高原季风。夏季，高原对气流有直接的阻挡作用，使得其北侧的新疆、甘肃和内蒙古西部等地得不到夏季风的惠顾，直接导致了炎热与干燥。冬季，高原为北方冷空气南侵和中低层西风气流东移的巨大屏障，迫使南侵的冷空气移动路径明显东移，使高原南面的南亚地区，东南侧的中国云南、贵州、四川，特别是四川盆地较同纬度其他地区温暖，并使中国除此之外的多数地区成为世界上同纬度地区冬季最冷的地方。从大尺度大气环流系统的角度来讲，亚洲大陆大致可以划分为以季风环流控制的"季风亚洲"（以中国东部湿润地区为代表）和常年受西风环流控制的"西风亚洲"（以亚洲内陆干旱区为代表）（Chen et al.，2008），在全新世－千年－百年－年代际尺度，主要受西风环流影响的亚洲内陆干旱区的湿度变化与"季风亚洲"的气候演变格局存在显著差异，表现出"错位相"或"反位相"的特征（Chen et al.，2019）。

我国的人类生存环境研究目前处于国际前列，关于中纬度亚洲内陆干旱区全新世气候变化的"西风模态"、青藏高原极端环境研究、亚洲干旱环境格局演化、沙漠－沙地扩张与收缩及其环境效应，无论是在技术方法方面，还是在理论发展方面，我国都处在先进地位（鹿化煜，2018），尤其是在亚洲季风气候及其环境影响方面，我国的发文数量、期刊质量和学术影响力都处于领先地位。目前，中国的相关研究都处于快速上升阶段。以碳循环和人类起源演化牵引的生存环境格局变化，国际前沿包括：通过对土壤、植被、海洋等碳库动态的全面系统研究，揭示全球碳库／碳汇的作用和效率，探索大气 CO_2 变化与全球温度变化的联系。结合高精度的测年技术和基因测序技术，揭示自然地理要素的时空变化规律及人类行为的适应和影响。数值模拟技术的发展，以及产出的实验大数据，正在推动这一领域的快速发展（Lu，2015）。气候环境重建的地质载体及代用指标趋向多样化，更侧重定量、学科交叉、综合集成的研究。但是受研究积累限制，我国在全球尺度以及亚洲以外的生存环境格局演化领域的研究工作仍然偏少，水平低，影响力小。在影响人类生存环境格局并且与人类环境密切相关的南极、北极、海洋研究，以及人类起源地的非洲早期人类生存环境变化研究方面，还相当薄弱。

20 世纪初，美国地理学家开始通过考古遗址研究过去人与环境的关系，至 70 年代后半段，人们意识到两者的关系是相互的（图 1-5），提出"以人类为中心的古生态学"（anthropocentric paleoecology）的概念（Dincauze，2000）。在这一发展过程中，对人－环境关系的认识从简单的线性到以人为中心的古生态学系统，反映了从现象描述到机制性研究的学科发展过程。相应地，研究内容也从单一遗址的环境重建，扩展到人类起源、农业起源、文明起源、人类世等全球人类社会发展重大里程碑事件与其所处的生态系统的动态关系研究上。测年技术、遥感技术、植物遗存分析、动物遗存分析、同位素分析、大数据集成等方法和理论被引入这一领域的研究，传统学科获得新生，形成了新的学科增长点，并迎来新的发展机遇。近十几年来，古 DNA、古环境 DNA、古蛋白质等分子生物学技术的介入，以及基于新技术、新方法的高分辨率生存环境研究，则使从生态系统，甚至地球系统的角度讨论人－环境关系，以及人类社会发展与地球各圈层的相互影响成为可能（图 1-5）。目前，这一研究已是自然地理学中的一个重要新兴研究方向，重点探索不同时期、不同空间尺度人类生存环境的宜居性，服务人类及其社会的可持续发展。

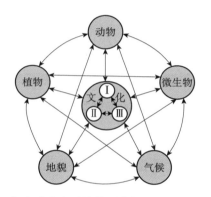

图 1-5　一般人类生态系统模型［据 Fedele（1976）改绘］
图中的文化专指考古学使用的文化概念，Ⅰ、Ⅱ、Ⅲ表示多个考古学文化
（如仰韶文化、龙山文化、夏文化等）

对于人－环境相互作用现代过程的实验模拟，为深入揭示地理动态过程并给出定量结果，黄秉维于 20 世纪 50 年代提出在地理学中引入数学、物理、化学、生物等学科知识和新技术，开展地表实验研究，研究陆地表层系统的物理过程、化学过程、生物过程，揭示地表能量转换、物质迁移的规律性。基于此，中国自然地理学界开始重视野外定位实验研究，兴办了野外实验站，推动了地理科学由单一区域性到点、片、面相结合，由以定性为主到定性定量相结合的重要转变（杨勤业和郑度，2010），并逐步形成了以定位观测分析手段揭示人类生存环境时空差异的实验地理学。1988 年，中国科学院组建了中国生态系统研究网络（Chinese Ecosystem Research Network，CERN），系统

规范了野外站点生物、气候、土壤等共同的观测指标，通过一定的技术流程、规范和设备实现观测指标与数据的统一，同时对生态系统结构与功能、格局与过程的动态变化进行连续追踪和比较，探索生态系统管理优化模式（孙鸿烈，2006）。21世纪初，在中国科学院中国生态系统研究网络基础上，启动了国家生态系统观测研究网络台站的建设任务，目前已经建成了一个国家尺度的生态系统野外监测体系与数据共享系统，制定了监测指标体系及其技术规范，涵盖了全国主要生态系统类型与关键区域，由18个国家农田生态站、17个国家森林生态站、9个国家草地与荒漠生态站、7个国家水体与湿地生态站等共同组成。全国不同类型的野外台站系统通过建立示范区，研发现代高效生态农业、草地保护利用、生态恢复、退化湖泊治理等生态系统管理模式，为自然生态保护、生态恢复、现代农业生产等生态文明建设提供了科技支撑，提高了中国生态建设和农业生产科技水平，推进了区域产业发展（于贵瑞和于秀波，2013）。

（二）人文地理学

中国人文地理学是在服务国家需求过程中发展起来的，具有鲜明的学术特色，在全球人文地理学发展中产生越来越重要的影响，形成了中国特色的人文地理学学科体系（图1-6）。长期以来，中国人文地理学在国家战略需求的强力驱动下，坚持以人地关系地域系统为核心理论的交叉科学定位，形成了经济地理学科群与狭义人文地理学科群并重的学科布局。其中，产业经济分布格局、城乡地域空间、区域可持续发展模式、基础设施体系布局等分支

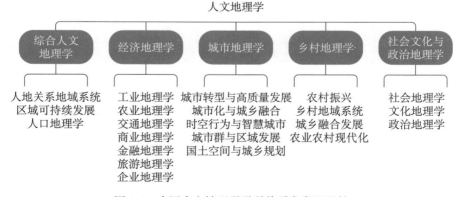

图1-6　中国人文地理学学科体系和发展现状

学科研究基础雄厚，以旅游、金融等现代服务业为研究对象的部门地理学成长迅速，社会文化和政治地理学研究已成为新的学科增长点（樊杰，2019）。中国人文地理学研究基本遵循了在现实需求中凝练关键科学命题，在解决问题中实现创新和推进学科发展，在学科建设的支撑下提升服务国家需求质量水平的范式。人地耦合系统的综合研究、同世界学术前沿接轨中聚焦发展中国家独特的地理问题、科学研究与服务国家战略需求的紧密互动，成为中国人文地理学发展现状的基本特征（陆大道，2017）。

中国现代人文地理学始于20世纪二三十年代，一批欧美留学归国的地理学者全面开启了中国现代人文地理学的科研和教育事业，人地关系、人口分布和聚落地理、工农业和交通布局、政治和文化地理、流域与边疆区域考察研究等选题几乎覆盖了人文地理学的所有分支学科，填补了中国现代人文地理学研究的众多空白领域。中华人民共和国成立后，中国人文地理学效仿苏联学科设置，摒弃了社会文化地理和聚落地理（张同铸，1959），经济地理学一枝独秀，在工农业和交通地理学领域拥有了强大的研究团队和丰富的成果积累，其中农业区划、土地利用、工业基地和企业布局、陆路和水运交通体系的研究成果在国民经济建设中发挥了重要作用，学习苏联的技术经济分析方法显著提升了中国经济地理学研究的定量化水平（吴传钧，1960；李文彦，2008），这种状态一直持续到1978年。改革开放后，中国人文地理学与世界发达国家人文地理学接轨，包括城市地理学、旅游地理学、社会文化地理学等得到全面复兴（张文奎，1988；杨开忠，1991），逐步形成了新兴的人文地理学分支学科与经典的经济地理学并重的学科新格局，在人才培养规模、研究队伍体量、成果产出综合能力以及分支学科覆盖面等方面都走在了全球前列。由于人地关系地域系统理论始终是中国人文地理学学科发展的基石（陆大道和郭来喜，1998），遵循人与自然和谐，突出因地制宜，统筹保护和发展的关系，这些学术理念、研究重点、理论方法与社会发展规律和时代需求一致，在我国改革开放以来的每个重要发展阶段，中国人文地理学在满足国家战略需求方面都取得了标志性科研成就，为科学制定重大地域开发战略做出了重要贡献（中国科学技术协会，2012）。其中，在改革开放前20年中，全球化和外向型经济，点轴理论与国土空间开发"T"字形结构，乡镇企业和公司地理，旅游地理和城镇体系规划，人口、资源、环境、发展（population、 resources、environment、development，PRED）理论与可持续发展等研究的进展显著，为我国塑造国土空间开发格局和适应全球化战略提供了科学依据。进入21世纪以来，围绕主体功能区划和国土空间规划理论方法、"一带一路"共享发展模式和地缘政治关系、城市群与乡村振兴、创新空间和金融等，现代服务业地理、社会文化和行为地理、行政区划和空间治理等研究不断取得创新性科研成果，为生态文明和美丽中国建设提供了系统解决问题的科学方案。

中国人文地理学发展现状可以概括为：①聚焦区域研究，开展全球、国家和地方不同空间尺度的区域可持续发展综合研究。这类研究在中国特色人文地理学形成中具有标志性和统领性作用，也是中国人文地理学对全球同学科发展创新性贡献最集中和最显著的领域（樊杰，2019）。②形成了现代中国人文地理学的三大支柱，即以人类生活空间为主要研究对象的城市和乡村地理研究、以产业经济活动为主要研究对象的经济地理研究、以游憩活动和游憩产业为主要研究对象的旅游地理研究。③社会文化地理与政治地理正在蓬勃兴起，随着政治社会文化因素在人文地理格局形成与演化中的作用越来越强，其学科建设将越来越有助于准确地揭示人类活动空间过程的基本规律（顾朝林，2009），社会发展需求强劲，而且在丰富和完善中国人文地理学方面具有关键作用和良好前景（图1-6）。此外，中国人文地理学的研究方法也发生了根本转变，从依靠实地调研对局地的研究、通过统计数据的简单分析对整体和历史过程的研究，以及运用基本原理与经验积累开展的定性研究，开始转向在地理学、经济学、社会学等基本理论和机理模型指引下，大量运用遥感数据、社交大数据、现代计算机技术支撑的分析模拟方法，综合典型区、样带，持续跟踪调研，开展不同时空尺度的系统研究（柴彦威等，2014；甄峰和王波，2015）。中国人文地理学在以下三个方面取得了重要进展：一是基于自然与人文复合驱动力研究，形成了城乡和区域发展地学要素、格局与过程综合集成分析的技术方法；二是基于多源、多尺度数据，开发了不同类型地域空间多要素相互作用的空间分析与可视化技术方法；三是基于遥感和地理信息系统技术以及大数据技术，拓展了部门人文地理关于个人-社区-企业微观主体的空间过程、空间活动、组织效率、空间结构和区域效应等分析方法。

对学科发展现状进行归纳，中国人文地理学已形成的学科体系由四个领域构成，即综合人文地理学、经济地理学、城市与乡村地理学、社会文化与政治地理学。

1. 综合人文地理学研究

综合人文地理学发展的关键是建立了人地关系地域系统理论，揭示了人地系统中人与自然的相互作用规律，重点研究人地关系的地域功能性、系统结构化、时空变异有序过程，以及效应的差异性与可调控性，在全球范围内始终秉承以人地关系为核心的研究传统，有效地规避了发达国家一度由人文化和社会化导致的人文地理学空心化（吴传钧，1991；朱竑等，2017）。人地关系地域系统理论从空间结构、时间过程、组织序变、整体效应、协同互补等方面，为全球、国家和地方可持续发展提供理论基础（陆大道和郭来喜，1998）。区域可持续发展研究在认识全球、全国或区域人地关系系统的整体优化、综合平衡及有效调控机理与途径方面形成了重大的科学成果产出，如PRED研究主题的凝练与应用、地域功能理论与主体功能区划应用、城市群资源环境基础与效应等，秉持区域综合研究，为全球人文地理学的区域研究回归树立了榜样（樊杰等，2013）。在从自然承载力延伸到综合承载力、地理环境与经济社会发展的综合、从地域分异到区域发展模式、从区域发展机理到空间治理体系等方面，区域可持续发展研究取得了系统性成果，在主体功能区划规划和国土空间规划，西部大开发、东北振兴等重大区域发展战略规划及京津冀、长江经济带和长江三角洲等战略区域规划，"一带一路"愿景的形成和实施中，发挥了科技支撑的主体作用，受到国际同行和国家决策层的认可（Fan and Li，2009；陆大道等，2011；刘卫东等，2018）。近年来，我国人口地理学在人口迁移流动和人口城镇化等问题的研究中做出了重要贡献，先后经历了从以人口宏观空间格局分析为主导，到注重微观个体人口学过程的转变，这一转变很大程度上得益于与人口学的交叉融合，但同时也使其越来越脱离地理学的范畴。

2. 经济地理学研究

经济地理学是在我国发展历史悠久且特色鲜明的地理学分支，旅游地理学是改革开放后发展最快的新兴分支学科之一。经济地理学的特色是综合运用经济学价值规律、自然科学生态平衡法则及物质能量流动原理、社会科学的社会公平理念、历史演变逻辑与数量分析等理论方法，结合地理学的综合观和时空分异，阐释区域发展规律。同时，针对新经济地理现象和机制开展创新研究，从不同影响因素进行集成探索，形成了产业创新空间、金融地理、信息化体系布局，针对典型区域如海岸带、山地、资源枯竭型城市等开展经济地理学研究。因为中国经济地理学强调人地关系及可持续性，基于地区比较优势注重差异化发展，强调国际前沿与中国特色相结合，所以经济地理学在 21 世纪以来我国空间治理和区域规划中发挥了重要的作用。经济地理学当前的发展现状具有以下特点：研究对象实现了以企业活动为主的全链条纵向拓展和以企业与地理关系为焦点的横向拓展，理论经济地理学、部门经济地理学、公司（企业）地理学、区域经济地理学等各个分支学科发展迅速，区域与地方发展、全球化和国际劳动地域分工、产业集群、国家和地方创新体系、金融地理、交通地理等研究成果产生了国际影响力。旅游地理研究则建立了基于"过程－结构－机制"的中国本土化的旅游地理学理论体系，聚焦旅游资源、旅游地域系统、旅游空间结构、旅游流、生态旅游、旅游产业、旅游规划和旅游影响等问题，开拓乡村旅游、城市旅游、全域旅游等新功能地域的旅游研究领域。

3. 城市与乡村地理学研究

城市与乡村地理学是探讨城乡地区的经济、社会、人口、聚落、文化、资源利用及环境问题的空间变化的学科，包括城市地理学和乡村地理学，与之紧密联系的人口地理学另立门户，成为人口学发展最快的分支学科之一。国际城市地理学以个人兴趣为导向，具有自由化的特征，而中国城市地理学注重面向国家战略需求，更具规范性和战略性（林初昇，2020），其研究内容与中国城市化进程中的热点、难点问题基本一致，在中国城市化、郊区化动力机制以及中国城市群、都市连绵区研究等方面形成了具有中国特色的理论，并极具实践指导性，为中国城镇体系规划编制和发展做出了重要贡献（樊杰，2019；于涛方等，2011）。进入 21 世纪后，在坚持城市化和城镇体系的研究作为中国城市地理研究的核心内容，并继续为城市规划和城镇体系规划提供科技支撑的同时，日益关注对城市居民行为、城市历史与文化、生态与环境以及城市全球化和国际化的研究,城市管理也被提上日程,"文化转向"(沈江平,2017)和"环境转向"初露端倪,其作用也在被反思(Barnett,1998),注重分析复杂多元的城市社会,城市犯罪、城市公平、流动人口对城市的影响等多维度研究越来越受到关注(吕拉昌等,2010;薛德升和王立,2014;Lin and Kao,2020)。乡村地理学的传统研究内容是乡村聚落地理(或称村落地理)以及农业地理。随着研究的深入,其研究领域已经扩大到乡村地区的发展和建设,乡村人口变化、乡村环境、乡村产业结构、劳动、职业、农村社会结构的变化,以及乡村的居住、交通、服务供应、文化教育等方面。乡村地理的研究经历了改革开放前成为中国人文地理学的重点优势学科,改革开放后学科研究力量显著削弱,进入 21 世纪后得以逐步复兴的一个发展历程。在复兴过程中,开拓新的研究领域,聚焦具有现实应用和学科前沿时代感的研究命题(樊杰,2019),包括农业与乡村地理学的综合研究、农村空心化与空心村整治并向地理工程拓展的乡村发展问题研究、乡村聚落空间特征及其演化研究、乡村生态和乡村景观研究、新农村建设并服务新农村规划与城乡协调发展的相关研究(Argent,2019;龙花楼等,2014)。

4. 社会文化与政治地理学研究

社会地理学、文化地理学和政治地理学是改革开放后人文地理学的新兴方向,统称为社会文化与政治地理学。该学科群基本延续了改革开放以来的态势、特点和范畴,对中国人文地理学面貌的整体改观具有显著作用。社会地理学研究相对薄弱,主要探讨社会集团的空间活动及其社会文化、社会生态和社会问题,社区、犯罪现象、贫困等社会问题也已起步研究(张小林和曾文,2014)。文化地理学成果更多,主要集中在文化扩散、文化生态、文化整合、文化景观、传统文化区等主题,文化地理学在挖掘文化景观背后的多重意义中发展学科基础理论,在解读地方文化特征中揭示文化地理分布规律,通过小尺度文化空间及文化生产的研究,探索文化地理现象的生成机制,通过地方文化认同与区域尺度转换的研究,彰显文化地理学独特的研究方向(周尚意和戴俊骋,2014;白凯等,2014)。政治地理学一直侧重于行政区划地理学的研究,近年来在地缘政治研究、地缘政治经济研究、以多尺度/跨尺度为特色的新政治地理学研究等领域不断开辟新方向,特别是地缘政治研究逐步成为具有影响力的一个分支领域，重点探讨热点地区和全球政治格局、中国和平崛起的地缘战略、全球资源地缘格局与中国资源安全战略，并组织开展中国周边地缘环境与地缘经济合作研究（刘云刚等，2018；安宁和梁邦兴，2017）。

（三）信息地理学

近十几年来，遥感、地理信息、物联网、大数据与人工智能等技术的快速发展强烈地驱动了地理科学的革新，推动了信息地理学的形成和发展，并逐渐形成地理遥感科学、地理信息科学和地理数据科学三个分支学科（图 1-7）。

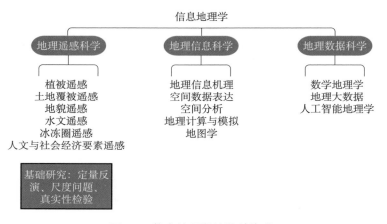

图 1-7　信息地理学的学科体系

1. 地理遥感科学研究

遥感科学与技术被广泛应用于地球系统科学的各个分支学科以及生态、环境、农业、林业、交通、城市等众多领域。本学科发展战略从地理遥感科学的角度总结遥感和地理科学相互交叉所产生的基础科学问题以及遥感在地理科学各分支学科中的应用，并提出未来发展布局。

遥感的迅猛发展为自然地理、人文地理、可持续发展与人地系统研究提供了重要信息来源和科技支撑，并促进了定量反演、真实性检验和尺度转换等遥感基础性研究的发展。近十几年来，遥感辐射传输建模和基于先验知识的定量遥感反演理论不断完善，多源遥感协同反演理论和方法不断深入，以全球陆表定量遥感产品和多源协同定量遥感生产系统为标志，我国具备了全球长时间序列定量遥感产品的生产能力。定量遥感产品的真实性检验在理论方法体系构建方面取得了长足进展，发展了异质性地表优化采样方法、遥感像元尺度地面真值获取方法，提升了陆表遥感产品真实性的检验能力，构建了遥感产品真实性检验网。与此同时，提出了"自下而上的归纳方法和自上而下的演绎方法"的遥感尺度问题研究思路（李小文和王祎婷，2013），解决了像元尺度相对真值获取的难题，并通过开展黑河生态水文遥感试验获取了大量的不同时空尺度的观测数据，推动了遥感尺度转换理论和试验方法的成熟。

在遥感科学和地理科学的结合方面，地理遥感科学逐渐形成了植被遥感、土地覆被遥感、地貌遥感、水文遥感、冰冻圈遥感、人文与社会经济要素遥感等主要应用分支，并以前所未有的深度和广度推动地理科学的发展。

在植被遥感领域，我国经过数十年的研究，在森林、草地等植被遥感监测方面取得了丰富的成果，在 1∶100 万中国植被图、全国森林资源图等制图方面发挥了重要作用。当前，植被遥感能够更加精准地反映植被的状态和变化，呈现出精细化和动态化的特点。我国学者基于遥感植被指数发现全球近三十年来总体变绿，并指出了我国的植树造林对全球植被增长的重要作用。近年来，微波遥感和激光遥感的成熟，快速推进了植被结构、生物量等的精确估算研究。此外，我国学者在植被荧光遥感反演算法、植被碳循环遥感应用等方面开展了大量创新工作。在农业遥感领域，建立了"全球农情遥感速报系统"，它是国际领先的三大农情遥感监测系统之一。

在土地覆被遥感领域，我国开展了长期的研究，早期利用 Landsat 等遥感数据，通过专家解译等手段，构建了我国 1980 年以来的多套 1∶10 万、精度较高的土地利用数据集。随着 Landsat、中巴资源卫星中等分辨率遥感数据的开放，涌现了大量土地利用与土地覆被的研究成果；2010 年以来，在国家高技术研究发展计划（863 计划）等项目的支持下，我国先后发布了全球首套 30m 和 10m 分辨率的土地覆被数据集（陈军和陈晋，2018）。近年来，随着我国"高分"系列卫星等高分辨率对地观测系统的构建、深度学习等方法的迅猛发展，以及云计算平台和商业小卫星的快速成熟，土地利用与土地覆被研究朝着高分辨率、动态监测的方向迅速发展，在城市土地覆被等领域取得了丰富的研究成果，揭示了我国社会经济发展背景下城市的剧烈变化过程。

在地貌遥感方面，基于定位、定量和定性相统一的遥感和地理信息系统

技术形成的《中华人民共和国地貌图集》（周成虎和程维明，2010），为地貌
学研究提供了准确的基础数据支撑；国家西部 1∶5 万地形图空白区测图工
程的完成和"地理国情普查"全国 1∶25 万的五级地貌分区成果代表了数字
化测绘向信息化测绘的转变；资源三号卫星的发射提升了我国立体观测绘制
1∶5 万地形图的能力；基于激光雷达和雷达遥感的大尺度地貌分类、地貌特
征提取和区划快速发展。

在水文遥感方面，遥感在水文模拟中的应用趋势逐渐从参数输入向数据
同化发展，我国学者近些年提出和发展了一系列水文数据同化方法，通过同
化多源遥感数据，提高了陆地水文模拟与预测精度。在遥感陆地水循环方面，
发展了多源遥感数据驱动的蒸散发模型和高分辨率全球蒸散发产品；研制了
高分辨率的全国湖泊遥感产品，发现青藏高原湖泊在暖湿气候的驱动下连续
扩张。自 2007 年起，历时 10 年开展了两期黑河遥感试验，以增强寒区水文
和干旱区生态水文遥感应用能力为核心目标之一，建立了完善的流域综合观
测系统，实现了遥感和生态–水文集成的深度结合（Li et al.，2013）。

在冰冻圈遥感方面，主要围绕亚洲高山区和两极区域，在冰川/冰盖、
冻土、积雪、海冰等方面发展了系列遥感方法，近年来表现出从方法研发向
方法与产品并重的发展趋势。在亚洲高山区，以遥感为主要数据源完成了我
国第二次冰川编目，确定了中国目前的冰川数目、总面积、冰川储量情况。
将遥感与地面观测及冻土模型结合，更精确地确定了青藏高原 1km 分辨率的
多年冻土的稳定性及其分布，评估了冻土退化对生态水文等的影响。基于长
时间序列遥感，获取和解释了青藏高原地区过去 40 年积雪面积和雪深的时空
变化。在极地区域，建立了海冰遥感监测系统，精细估算了南极冰盖的物质
平衡。

遥感也深入到了人文地理与可持续发展领域，为其研究提供了便捷、及
时、大范围的信息来源。近年来，我国在夜光遥感领域取得了显著进展，珞
珈一号和吉林一号卫星的空间分辨率优于美国 DMSP、NPP 等卫星，能够更
细致地展现人类夜间活动。我国学者研发了全球高空间分辨率（30m）人造
不透水面逐年（1985~2018 年）动态数据产品，清晰地刻画了 30 多年来全球
城市化的过程。我国以空间地球观测的长周期、多尺度、宏观和微观的多源
信息为支持，以地球大数据为技术促进机制，促进了联合国可持续发展目标

的遥感定量评估（Guo，2020）。此外，我国学者发起了"数字丝路"国际科学计划，推动地球观测数据支撑能力建设工作，以此来克服"一带一路"区域数据丰富国家和数据贫瘠国家之间的数据鸿沟（Guo，2018）。

2. 地理信息科学研究

地理信息科学于 20 世纪 70 年代末引入我国，陈述彭院士等老一辈科学家倡导并组织了我国地理信息科学研究，提出了"地学信息图谱"等一系列概念和方法，促进了地理信息科学方法论的发展（图 1-8）。1990～2000 年，我国学者在地理信息内涵和认知模式方面提出了形数理一体化的地理信息系统构建模式、数字高程分析、矢栅一体化时空数据模型等原创理念（龚健雅和夏宗国，1997），在面向对象地理信息系统（龚健雅，1997）、地理信息系统时空数据模型、空间统计与分析、网络地理信息系统、虚拟地理环境、地理信息系统信息共享等领域进行理论与方法的探索，丰富了地理信息科学的内涵。在软件平台上，开始打造具有自主知识产权的 SuperMap、MapGIS、GeoStar 等国产地理信息系统软件。2000 年以来，随着数字地球、数字中国建设的开展，地理信息系统的应用不断深入。我国学者在虚拟地理环境（闾国年，2011）、空间拓扑关系（陈军和郭薇，1998）、多源数据融合、地理空间统计、地理数据挖掘、地理空间不确定性、智能地理信息系统、元胞自动机与地理模拟系统、地理时空预测等方面进行了方法与技术创新，所产出的成果已广泛服务于地理学研究和国家社会经济发展主战场。2010 年以来，随着智慧城市建设的快速开展（李德仁等，2014；龚健雅等，2019），地理信息系统已经成为城市管理、土地利用、公共健康、灾害监测等领域的基础支撑平台，在城市建设、社会发展等众多领域展现出广阔的应用潜力。地理信息系统技术研发、产业发展已成为社会经济发展的重要战略目标与核心创新要素。该阶段我国自主发展的各地理信息系统平台和相关软件发展迅猛，逐渐完善了国家标准，形成了完整可控的技术链和软件体系，2015 年国产地理信息系统软件国内市场占有率超过 50%。地理信息系统技术的广泛应用极大地促进了地理信息科学的发展，并在虚拟现实表达、地理大数据与时空数据挖掘、地理信息的可视化分析等方面取得了重大突破。2018 年以来，我国地理信息科学在新信息通信技术（information and communications technology，ICT）、时空大数据、人工智能、泛在地理信息服务等领域进展明显，提出并形成了一系列国际领先的基础理论和关键技术。在基础理论方面，提出了全空间信息系统（周成虎，2015）、全息地图（周成虎，2011）、地理场景学、社会感知等一系列原创的理论方法，在地球大数据集成（郭华东，2018）、行为轨迹与活动空间、社会网络、区域发展、生态文明等领域取得了突出进展。需要指出的是，地理信息科学与技术的发展和应用已经远远超出了地理科学研究的范畴，并从科学研究和行业应用逐步走向大众化、社会化服务，但在本学科发展战略中，我们只从地理科学的角度总结地理信息科学的现状并规划其未来发展。

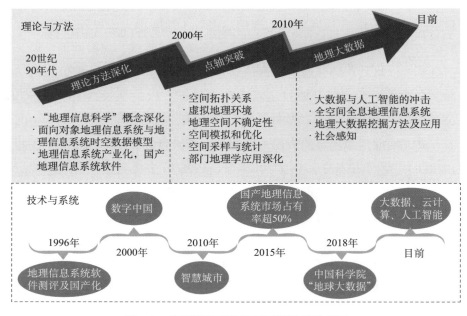

图 1-8 地理信息科学发展历程及关键成果

3. 地理数据科学研究

大数据与人工智能的冲击推动了地理数据科学的形成和发展，地理数据科学的研究主要包括数学地理学、地理大数据、人工智能地理学（图 1-7）。近年来，我国学者在数学地理学方法的研究进展不仅超出了统计学方法的范畴，还涉及机器学习方法、演化方法、复杂网络理论等。伴随着数字摄影测量技术、激光扫描技术、遥感技术、空间定位等技术的快速小型化和民用化，各种观测数据、传感器数据以及网络数据爆发式增长，数据开始由小数据走向大数据，从专业化走向大众化，从结构化走向非结构化，从静态化走向动态化和实时化。以传感网、众源地理信息（volunteered geographic information，VGI）、人类行为等为代表的多种地理数据快速汇聚，形成了一系列庞大的地理数据资源池，并以此为基础发展了面向地理大数据的一系列标准规范、数据模型、聚合方法、传输模型、共享模式、安全保障以及基础设施等，逐步形成天－空－近地－地面多平台的监测体系，实现对地理信息系统、遥感、全球定位系统、空间决策支持系统（spatial decision support system，SDSS）等的有机集成，完善了地球表层系统的科学数据集成与共享网络。基于人类行为大数据，建立了人类时空行为特征的分析方法，发展了社会感知的研究框架。随着地理大数据的快速发展，数据中蕴藏的复杂（非线性）关系、多元协同及时空耦合特征、超大规模的计算量等，使得传统的统计学方法已经难以适应。而以深度学习为代表的人工智能方法的突破，给大数据的处理注入了活力，同时也使人们能快速深入到地理大数据的处理中。我国学者已将深度学习神经网络应用于遥感影像、街景图片、文本数据、社交媒体等大数据的处理中并取得了重要突破。其中，深度学习在时序、空间、光谱、视角、语义等多源信息融合方面，取得了显著优于传统方法的效果。

二、地理科学国际发展态势

随着地理科学研究积累的深化，在野外观测、实验分析、计算技术快速发展的强烈驱动下，新时期地理科学研究范式悄然转换，向复杂人地系统的模拟和预测转变，研究主题更加强调地球表层系统的综合研究，并在人类可持续发展中扮演越来越重要的角色（傅伯杰，2017）。文献分析发现，近十几年来国际地理科学在研究主题、应用实践、研究范式、基础平台等方面都呈现出一些新的发展态势，主要表现在以下几个方面。

（一）观测与测试手段的革新加速推进地理科学的创新

早期的地理科学研究主要基于实地描述和记录，在机理研究和定量化方面存在明显不足。随着相关学科的发展，一些新的观测和实验手段陆续在地理科学中得到应用，促进了地理科学的创新发展。地理科学的观测和实验手段包括野外实地观测技术、遥感观测技术、实验室分析技术、模拟技术等。通过土壤侵蚀坡面实验、风洞实验、小流域模拟等野外和室内控制实验，水土流失过程及其驱动因子等的关键地表过程实现了量化；在空间格局与过程方面，多分辨率、全天候、全波段、多要素的地球立体观测有效促进了地理过程从局地到全球尺度效应问题的解决（Fu and Pan，2016）。随着新兴科学技术的发展，新的高分辨率的地质沉积载体被不断挖掘，如石笋沉积、珊瑚、碎磲等；新兴的代用指标也不断涌现，如古环境 DNA、古蛋白质、生物标志物等被更精准地应用于地理环境参数的重建上；另外，随着年代测试技术不断被革新，测年的精准度达到了年，甚至季节的时间尺度，测年时限在能够保证精准度的基础上被大幅度扩展，准确复原地表过程的长时间变化不再是困扰地理科学的难题，从而扩展了地理科学研究的时空范围。

（二）陆地表层系统综合研究成为核心主题

陆地表层系统是地球系统最复杂、与人类关系最为密切的部分，是地理科学研究的人类生存环境的核心部分。地球表层的所有自然和社会要素都是地理科学的研究对象，随着对单个要素格局与过程研究的深入，自然要素综合、社会要素综合特别是自然－社会系统的综合成为其最核心的研究主题。针对陆地表层这个"开放的复杂巨系统"，在系统综合理论、方法等瓶颈问题上的不断突破，将奠定地理科学在可持续发展中的基础学科地位，这也是未来地球计划的核心（Future Earth，2013；Rockstrom，2016）。

陆地表层系统综合研究的核心挑战是人－自然系统耦合集成，特别是如何在协调的系统框架内处理两个有巨大差别的子系统在交互反馈、滞后响应、系统敏感性、时空异质性和非线性等方面的挑战（Liu et al.，2007），已经超出传统上单要素或单系统集成的范围。而流域为实践陆地表层系统综合研究提供了绝佳单元，地球关键带是地球表层系统强烈相互作用及岩石圈与"水－土－气－生－人"综合集成研究的切入点和突破口（Giardino and Houser，2015；程国栋和李新，2015）。关键带如何影响气候、水循环如何变化、生物地球化学循环如何演化、系统综合研究如何降低灾害的风险和代价等都是国际地理科学的重要研究议题，也是美国等发达国家地球科学领域未来 10 年优先解决的科学问题（National Academies of Sciences，Engineering，Medicine，2020）。

（三）可持续性成为地理科学研究的新热点

随着模拟、预测能力的提高和全球变化与可持续发展问题的突出，可持续性及可持续科学所强调的适应性、脆弱性、不确定性、弹性也成为地理科学的热点议题（Leng et al.，2017），推动了地理科学在数据、信息、知识、决策上的贯通（Clark and Dickson，2003），在自然灾害防治、跨界资源管理、区域发展规划、城市化问题、地缘政治等可持续性发展问题方面已经并正在发挥新的重要作用。

（四）模型与数据驱动的地理科学研究范式并驾齐驱

地理科学研究经历了观测和实验归纳、理论推演、仿真模拟等阶段。特别是近十多年来，随着对地球表层系统过程理解的深入、集成模型的发展、以遥感为代表的地球观测数据的积累和高性能计算的发展，对地球表层系统的模拟与预测能力快速提高，模型已经成为地理科学研究的主流方法。

近年来，包括遥感、网络众源信息等在内的地理大数据与机器学习算法的成功结合，为突破传统基于理论和专家设计的固定物理模型结构，在更大的空间维度内寻求地理科学问题更好的解决方案提供了可能，已经积累了大量成功案例，为理解人－自然系统提供了新的途径（Bergen et al.，2019；Reichstein et al.，2019；Ferraro et al.，2019），从而促生了数据驱动的地理科学研究新范式。而数据同化则从方法论角度为数值模拟与数据驱动两种范式的结合提供了可能，在模型与观测的协同演进中展现出活力（李新等，2020）。

（五）信息基础设施成为驱动地理科学快速发展的新引擎

进入 21 世纪以来，包括观测平台、数据平台和计算平台在内的信息基础设施在地理科学发展中发挥着越来越重要的作用，几乎所有地理科学的关键问题都依赖于高性能计算、模拟、数据管理和标准化以及强大的网络基础设施（National Academies of Sciences，Engineering，Medicine，2020）。地理科学的信息基础设施平台在近十几年来得到快速发展，全球和区域性的各类观测平台与数据平台在标准化、开放程度等方面都达到了新的水平，各国纷纷布局以遥感数据为核心的地球大数据平台等。网络化是这些平台最重要的特征，并在资本、社群和个人力量的参与下取得突破，为全球尺度的环境变化遥感监测提供了高效的工具，并且已经在地球表层系统要素的遥感监测等方面广泛应用，成为驱动地理科学快速发展的新引擎。

（六）地理科学的部门学科快速发展促生了新兴学科领域

地理科学各分支学科的发展壮大促进了跨学科交流与融合，成为新学科领域、新理论体系形成的重要源泉。例如，自然地理学与考古学交叉后，形成"环境考古"新研究方向；自然地理学与其他学科的交叉融合促进了社会水文学、人类地貌学、生态水文学等新兴学科领域的形成；地理科学空间观念的扩展催生了行星地理学；对冰冻圈的关注推动了冰冻圈学科体系的建立（Qin et al.，2018）。

三、我国地理科学面临的问题与机遇

过去十几年是中国地理科学获得快速发展的时期，旺盛的国家需求、独特的区域环境、悠久强烈的人－地系统演化历程、开放的国际合作等促使中国全面走向国际地理科学研究的第一方阵，并在支撑国家生态文明建设等方面发挥了不可替代的作用（陈发虎等，2019，2020；樊杰，2019）。中国科学家持续在国际地理联合会（International Geographical Union，IGU）、国际冻土协会（International Permafrost Association，IPA）等国际学术组织、国际地理学会担任主席、副主席，在专业委员会担任主任等，国际地位、话语权和影响力不断提升（专栏 1-1）。但在新的形势下，中国地理科学也面临新的问题与挑战，同时孕育着新的发展机遇。

专栏 1-1　中国地理科学的发展与成就

　　中国地理科学走过一条独特的发展道路，备受国际社会关注和重视。40 多年前，随着中国改革开放政策的实施，科技界对外交流增多，中国地理科学"以任务带学科"的发展模式和直接服务于国家社会经济发展建设所起的重要作用，受到外国地理学家的关注。40 多年来，随着中国经济的快速发展，中国科技进步也举世瞩目。中国地理科学发展的五个方面体现了中国地理科学的国际地位。

　　一是中国地理科学和地理学家直接参与国家发展的重大规划。

　　二是中国地理科学基础研究水平实现飞跃，中国地理学家在世界地理期刊的发文数量和质量飙升，中国英文地理期刊也逐渐得到外国学者认可，一些重要科研成果通过国外知名出版商出版发行。

　　三是中国地理学家在重要国际组织任职，国际地理联合会是全球最大的国际地理组织，自吴传钧 1988 年当选该组织副主席后，刘昌明、秦大河、周成虎、傅伯杰先后当选副主席，中国地理学家在国际地理联合会事务及地理学全球治理中扮演着重要角色。同时，中国还是国际冻土协会和国际地貌学家协会（International Association of Geomorphologists，IAG）的发起国，中国地理学家程国栋曾先后当选国际冻土协会副主席、主席，朱元林、马巍连续担任国际冻土协会执行委员，王乃樑、王颖、杨小平先后当选国际地貌学家协会执行委员。为了推动区域性国际地理交流与合作，2018 年中国发起成立了亚洲地理学会，秦大河当选首届执委会主席，秘书处落户中国。在此期间，中国地理学家活跃在各个国际组织中，刘昌明、刘彦随、傅伯杰先后发起并在国际地理联合会成立了水可持续性委员会（1998 年）、农业地理与土地工程委员会（2016 年）、面向未来地球的地理学委员会（2017 年）；还有王五一等专家学者先后当选国际地理联合会和国际地貌学家协会其他委员会主席。

四是在中国举办重要国际地理会议，围绕上述三个国际组织在中国召开了一系列重要国际学术会议，如国际地理联合会亚太区域会议（1990 年，北京）、第 33 届国际地理大会（2016 年，北京）、第 13 届国际古湖沼大会（2015 年，兰州）、第 6 届国际冻土大会（1993 年，北京），另有许多专门委员会在中国召开专业会议。2006 年中国发起创办了中日韩地理学国际研讨会；2015 年在上海创办了亚洲地理大会。

五是中国地理学家和地理学组织得到国际认可。近些年来，中国地理学会先后与日本、法国、韩国、美国、俄罗斯、印度、英国和哈萨克斯坦地理学会签署合作备忘录；2010 年英国皇家地理学会授予中国地理学会地理学发展特别贡献奖；任美锷获得英国皇家地理学会"维多利亚奖章"（1986 年），李春芬获得加拿大地理学会"特别荣誉奖"（1988 年），黄秉维获得国际地理联合会"荣誉勋章"（1996 年），侯仁之获得美国地理学会"乔治·戴维森勋章"（1999 年），孙鸿烈获得意大利西西里议会"艾托里·马约拉纳–伊利斯科学和平奖"（2009 年），秦大河获得"沃尔沃环境奖"（2013 年），程国栋获得国际冻土协会终身成就奖（2014 年），姚檀栋获得瑞典人类学和地理学会"维加奖"（2017 年），郭华东获得俄罗斯地理学会"N. M. Przewalski 金质奖章"（2015 年），傅伯杰获得欧洲地球科学联合会（European Geosciences Union，EGU）"洪堡奖章"（2020 年）等，另外，秦大河院士及多位中国地理学家获得诺贝尔和平奖（集体奖，2007 年）。

1. 创新性基础研究的环境依然有待改善

基础研究是人类揭示自然规律、发现新原理、获得新知识、掌握新方法最为宝贵的精神与实践活动，是原始创新的最大源泉。地理科学是研究地球表层系统这个"开放的复杂巨系统"、支撑人类可持续发展的基础学科。近几十年来，中国地理科学秉承服务国家的使命，各分支学科纵深发展，为服务国家战略发挥了关键作用，但在一些原创性、基础性、引领性研究领域还不够强大。

随着国家对基础研究的更加重视，在资助方向、考核体系和经费管理等方面的深化改革，原始创新的自由空间得到了进一步释放，地理科学基础研究迎来了历史机遇，但也寄望于创新性基础研究环境的进一步改善，包括进一步优化资助导向，加强对多学科综合研究的支持力度；进一步高强度支持地理科学基础设施平台建设，包括大型试验平台、观测网络、计算平台、数据平台等；进一步优化考核制度，构建更加适合基础研究的考核体系。

2. 国际号召力有待进一步提升

国际重大研究计划和全球观测网络是促进地理科学基础研究的重要平台。近年来，我国主导的多个国际计划，如"第三极环境"（Third Pole Environment，TPE）国际计划、"数字丝路"国际科学计划等都取得了重要成就，中国科学家在国际科学计划与相关组织中的任职也越来越多，但在新的学术思想引领下，通过集成国际资源回答系统性、全球尺度的地理科学问题的能力还有待进一步加强。中国科学家在国际视野下开展国际计划的动力还不足，随着资助导向的改善，相信未来中国地理学家将走出中国，走向亚洲乃至世界，在全球视野下开展越来越多的共性研究。

3. 综合集成方法论还需要持续加强

日益复杂的全球变化与可持续发展问题对地理科学提出了更高的要求，地理科学能否在地球表层系统集成、可持续发展的基础科学问题及方法论方面取得突破，实现从系统认识到系统调控的理想目标，是保持其核心竞争力的关键。

近年来，国家对地理科学综合集成研究做出了前瞻性布置，如国家自然科学基金委员会 2010 年启动了"黑河流域生态－水文过程集成研究"重大研究计划，推动了我国流域科学集成研究进入国际先进行列。但综合集成方法论的进一步突破可能需要新的哲学思考、新的顶层设计、新的方法论探索，更需要地理科学各分支学科的协同努力。自然地理学家需要加强社会科学、环境哲学等方面的学习，而人文地理学家要"软科学硬做"，自然地理学与人文地理学相向而行，信息地理学"牵线搭桥"，协力取得综合集成方法论的突破。

4. 长期定位观测体系需要进一步完善

长期定位观测、现代测试手段、遥感、物联网、泛在大数据、地球表层系统模型等的发展使地理科学数据出现爆炸式增长，为地理科学发展带来了前所未有的发展机遇，也为地理大数据分析提出了新的挑战。未来，需要进一步完善和优化各类观测与数据共享网络，支持地理大数据分析方法的研究，促进地理科学理论的同步进步。

　　总之，随着我国的转型发展和综合国力的增强，经济全球化新趋势对中国开放系统以及与其他国家的空间相互作用关系产生了深刻影响，"绿水青山就是金山银山"的价值观改变着人与自然的基本关系，中国引领全球第四次城镇化高潮也开始步入高质量发展阶段，空间治理现代化正在加快国土空间开发保护格局优化的步伐，构建人类命运共同体、实现联合国可持续发展目标、建设"一带一路"，都给中国地理科学的创新与发展提出了更紧迫的应用需求、更复杂和艰巨的科学命题。地理科学关于人地系统耦合、区域依赖性与柔性、自然与人文地理过程、地理格局演变等的基本理论需要适应新因素、新机制、新事物和新模式。毫无疑问，如果说中国在全面实现小康社会中造就了一个完整的地理科学体系，那么，中国迈向现代化的新阶段，将会给中国地理学的发展和强大提供难得的历史机遇。

　　在新的形势下，中国地理科学应继续保持良好的发展势头，保持在"第三极环境"国际计划、"数字丝路"国际科学计划等中的主导地位，积极介入未来地球计划、联合国可持续发展目标等重要国际行动，增强国际话语权与号召力，加强综合集成方法论攻关，持续改善基础研究环境，为国家生态文明、美丽中国和人类命运共同体建设做出中国地理科学的新贡献。

第四节　学科发展布局

一、战略目标

　　结合国家发展需求、国际发展趋势和学科发展现状，我国地理科学在2035 年前将以服务国家可持续发展中的重大科学问题为主导，以强化基础研究和建立中国特色的现代地理科学学科体系为战略目标。

1. 服务国家需求，立足经世致用

地理科学所关注的是与人类生存最为密切的陆地表层系统，国家发展、人民福祉改善等一系列重大需求都与地理科学密切相关。而地理科学也正是在解决国家发展中的相关问题中不断丰富和发展的。可以说，服务国家需求是地理科学发展的实践途径，只有坚持面向国家需求，立足经世致用，才能使地理科学在新的历史时期焕发新的生机。地理科学的发展应该紧紧抓住国家转型发展的历史机遇，在服务社会经济与资源环境的协调可持续发展等重大问题中做出新的重要贡献。面向不断变化的全球自然环境和地缘关系，积极探索全球治理新模式的地理科学基础；针对发展需求依然旺盛而自然系统比较脆弱的国家，破解实现人地系统耦合与可持续发展的共性难题；在实现"一带一路"愿景、建设美丽中国、实施重大区域发展战略中，提出系统解决国土空间保护格局的最优科学方案；在提升生态安全屏障功能、走新型城镇化道路、扶持相对贫困地区发展，以及加强国土安全的战略举措中，推动理论创新，加强技术应用，形成典型示范。

2. 加强基础研究，优化学科体系

基础理论的水平是体现地理科学核心竞争力的关键，也是提高服务国家重大需求能力的基础。根据我国地理科学目前的发展现状，未来应该加大对地理科学基础研究中全球共性问题和前沿研究的投入，特别是在基础设施平台、自然－社会系统综合集成等方面优先发展，突破制约我国地理科学发展的瓶颈，推动原创性、基础性、引领性研究，探索新技术、新方法，完善地理模型，全面提升我国地理科学基础理论支撑人类可持续发展的能力，实现地理科学研究从跟跑到领跑的跨越，逐步引领国际地理科学发展。

3. 坚持中国特色，引领学科发展

中国自然地理要素丰富、格局差异显著、区域特色明显，为中国自然地理引领国际发展提供了绝好的条件；中国人－地作用强烈且历史悠久，中国快速发展和崛起也对人文地理学与信息地理学的快速发展提出了强烈需求，继续保持中国地理科学研究具有显著中国特色，这是中国地理科学保持其国际地位的重要优势。因此，中国地理科学的进一步发展，要立足特色，面向全球，进一步优化学科体系，在更高水平上为全球可持续发展和地球表层系统科学研究提供中国范式。

4. 加强地理科学教育，孕育高层次学科带头人

地理科学发展是一个系统工程，教育与人才培养是其重要组成部分，基础、高等和职业教育都可以在地理科学长远发展中发挥作用。将地理教育上升到公民素质教育的高度，在基础教育方面，强调地理教育在帮助青少年认识世界、促进人地和谐等方面的贡献。在教育方式和内容上，重视体验式学习和空间与系统思维的培养（张鹏韬和王民，2019）。在高等教育方面，重视跨学科研究能力、空间信息技术应用能力的培养，并引导学生关注全球和区域资源环境热点问题（Leng et al.，2017）。

二、战略布局

地理科学兼具自然科学、社会科学和技术科学属性，同时具有基础研究和应用研究的特点，实现学科发展与服务国家的战略目标，必须做出前瞻性的战略布局。围绕发展国际引领性和中国特色的地理科学这个主题，在基础研究、技术与方法研究、服务国家需求等方面从三个分支学科做出布局。

布局原则：①需求导向，服务国家；②突出优势，立足前沿；③统筹规划，科学布局；④强调交叉，追求创新。

（一）自然地理学

中国自然地理学研究的历程显示，国家发展需求带动了自然地理学的整体发展，自然环境要素的丰富多样性、显著的格局差异性、独特的区域特色性，以及悠久而强烈的人与环境相互作用历史和连续的文明演化历程，使中国自然地理学研究的整体水平处于国际前列；活跃的自然地理学者的国际合作，促使中国自然地理学研究始终处于国际前沿；坚持观测－分析－模拟－预测相结合的现代化研究手段和方法，是推动中国自然地理学研究达到国际领先水平的途径。中国自然地理学研究将仍在综合自然地理学、部门自然地理学、人类生存环境学三个方面布局并进行深入研究。

1. 综合自然地理学研究

针对关键陆地表层要素多尺度时空变化特征、相互作用效应，深入揭示陆地表层要素与格局的驱动机制，在陆地表层自然地域系统引入动态理念，研究动态变化规律，预估未来演化趋势。洞悉学科发展大势和规律，强调以地球表层系统尤其是陆地表层系统研究为重点，在深化自然地理和人文社会要素与过程研究的基础上，在不同尺度（地方、区域和全球等）和典型区域（青藏高原、黄土高原、西南山地、城市群与大都市区、河口海岸带等），拟解决的关键科学问题是，陆地表层关键要素变化导致的要素之间的相互关系的改变，关键要素变化的耦合－协同效应。综合自然地理学研究将形成中国研究范式，引领国际地理科学发展。

2. 部门自然地理学研究

气候学、地貌学、水文地理学、土壤地理学、生物地理学等分支学科将针对气候变化、沙漠化、土壤侵蚀、水文变化归因、生物多样性时空规律和维持等重大科学问题，通过与地球系统科学的深度融合，应用遥感、地理信息系统、大数据分析等现代技术方法，基于长期定位观测，进一步开展地表格局和关键过程的区域分异与动态变化研究，尤其侧重于自然地理过程精细刻画、多尺度过程与机理、要素间相互作用的研究。沙漠、湖泊湿地、冰川冻土的研究将向微观和宏观两个方向发展，微观方向深化机理研究，宏观方向拓展至与相邻学科的协同发展，同时进一步围绕国家需求，侧重于服务功能价值定量化研究和灾害风险防范。部门自然地理学立足亚洲自然地理环境，扩展到全球不同地区的同一自然地理要素，在重大科学问题上发挥引领作用。

3. 人类生存环境学研究

在战略布局上，注重重点区域、重点时段的人类生存环境重建及人类活动历史重建，发展不同时空尺度的地理实验技术与分析手段、精确定年技术，发掘能够指示更短时间尺度（如季节、月、日）的地质载体和代用指标，开发生存环境定量重建新方法，大力支持生物标志物、古 DNA、古蛋白质等新

兴生物技术在该领域的发展；在新技术手段的突破上，开展定量高分辨率的
人类生存环境重建，定量化地理格局与过程的程度转换效应及尺度转换机制，
并建立区域自然与人文过程交互反馈的地理试验数字化研究平台，从作用机
制上探索过去人 - 环境相互作用的关系；发展大数据模拟，对不同生态系统、
不同社会发展阶段进行包括人口、技术、经济、气候环境等多指标的模拟，
探讨气候、资源等环境要素与人类社会发展的关系；建立中国地球表层系统
模型，预估未来气候格局与生存环境的变化。突破文理壁垒，打通时空限制，
为人 - 环境的可持续发展提供借鉴。

（二）人文地理学

人文地理学以探索现代人类活动空间分布及其变化规律为主题，在综
合研究人文圈与自然圈层相互作用的基础上，适应全球地缘政治经济关系
与区域响应的演变趋势，关注人类福祉、社会文化空间和大数据技术的作
用，面向中国调整全球战略、优化国土空间开发保护格局和空间治理体系现
代化的战略需求，通过不断增强中国人文地理学已形成的研究特色和发展优
势，弥补制约中国人文地理学发展的短板，持续创新和丰富人文地理学的分
支学科与交叉领域，努力构筑具有全球影响力并引领发展中国家人文地理学
科发展的新格局。人文地理学按照四个分支学科群进行战略布局，即以人类
活动空间过程和格局集成研究为主要任务的综合人文地理学、以产业经济活
动为主要研究对象的经济地理学、以人类生活空间为主要研究对象的城市与
乡村地理学，以及以人类非物质活动为主要研究对象的社会文化与政治地
理学。

1. 综合人文地理学研究

以"人地系统耦合过程"和"可持续地理格局"为主题，开展人地关系地
域系统理论方法体系研究；聚焦经济社会空间结构有序化过程以及区域发展格
局稳定态等关键科学问题，开展空间结构和区域发展综合研究；开展人口地理
学研究，关注人口空间分布、人口迁移和流动、人口城镇化、人口与资源环境
的关系、老龄化、人口脆弱性、人类福祉等方面，尤其是在人才区位理论、人
口迁移和流动、人口城镇化等问题的研究中取得创新性进展；面向全球治理新

动向和中国空间治理现代化需求，开展空间治理体系和国土空间规划体系基础理论方法的人文地理学研究。此外，还要重视全球、区域、重点国别和乡土人文地理学研究，关注典型历史时期的历史人文地理学研究。通过理论提升促进我国综合人文地理学研究范式的不断成熟，扩大在全球人文地理学和地球系统科学发展中的影响力，在实施未来地球计划中发挥骨干作用。

2. 经济地理学研究

全面发展理论经济地理学、部门经济地理学、公司（企业）地理学、区域经济地理学等经济地理学各分支学科。完善理论经济地理学，形成引领国际的理论成果。提升传统和新壮大的分支学科，促进工业地理学、农业地理学、商业地理学、国际贸易地理学、交通地理学、旅游地理学、公司（企业）地理学的特色发展。助推以新兴经济活动为主的分支学科发展，建设金融地理学、创新地理学、环境经济地理学等。引导经济地理学从聚焦经济活动在不同地理尺度上的空间区位和分布、空间组织和空间关系的研究，拓展到对全球和区域地理过程和格局形成的经济成本与效益分析、制度机理分析、行为决策分析等领域；在注重企业和公司作为经济活动微观主体的同时，关注自然圈层和社会文化圈层等对经济活动空间过程的宏观影响；注重不同类型的经济行动以及包括研发、生产、流通、消费、回收利用等的全链条空间响应研究的同时，创新并不断加强对非实体经济活动，以及新产业、新业态、新模式的经济地理学研究；从聚焦国家和地方产业竞争能力与经济发展水平，拓展到对人类福祉和社会公平的影响。从以经济活动的地理记录、现象描述、过程－格局分析为主的方法，向经济活动与地理环境关系的多学科解释、综合模拟预测等方法拓展。支撑国家创建人类命运共同体战略，为促进欠发达地区经济发展、改善人类福祉、减少贫困、缩小区域不平衡、节约高效利用经济资源、大力发展绿色经济等贡献中国经济地理学智慧。丰富全球经济地理学理论方法，引领发展中国家的经济地理学发展。

3. 城市与乡村地理学研究

要继续加强与国际城市地理学前沿接轨，聚焦具有重大国家战略需求且具有中国特色的城市地理问题并开展研究，包括新全球化时代的城市发展应对、新型城镇化质量、不同类型城镇等值发展、城市经济－社会－文化－制度空间、数字化与城市转型和治理、城乡及城市－区域可持续发展与融合等。要立足未来中国乡村发展的特殊性，以乡村聚落空间转型为切入点，开展乡村地理学研究，重点是对乡村聚落空间重构的特征、动力机制、典型模式进行研究，构建系统的乡村聚落空间转型的理论体系，探讨我国乡村发展与规划，探明我国城乡聚落体系中的利益冲突和协调途径。实现人口地理学和聚落地理学理论方法的全面发展，成为未来推动全球人口地理学、城市地理学和乡村地理学研究创新的主体力量。

4. 社会文化与政治地理学研究

社会文化与政治地理学已成为全球特别是发达国家人文地理学最重要的分支学科，但在我国发展相对薄弱，未来应加快社会文化地理学理论方法的本土化进程，在学习和理解国外社会文化地理学的基础上，构建和壮大具有中国地域特色的社会文化地理学。以狭义的社会文化地理学和政治地理学为主干，遵从区域要素之间的相互影响和要素之间的区域间联系构成的"一纵一横"人文地理学普适性研究维度，突出人的世界观、价值观和人生观等社会文化地理学研究独特的基本思考出发点，揭示人类空间行为背后的文化驱动力，探讨文化驱动力指引的社会空间制度和组织的空间差异，社会空间关系等社会地理主题，以及身份（权利、权力）、领土、地缘关系等政治地理主题，探索、培育和发展与相关学科结合的研究领域，为其他学科提供地理科学的认识视角和分析工具。构建中国特色的社会文化地理学理论方法体系，在我国参与全球治理和提升国家空间治理现代化过程中凸显学科价值。

（三）信息地理学

信息地理学的发展关系到整个地理科学发展的全局，应从学科体系设计、基础理论研究、关键方法攻关、集成平台构建、支撑可持续发展和国家重大决策等方面做好前瞻性的战略布局：①紧密围绕地理科学的核心问题，加强信息地理学的基础研究，构建信息地理学的完整学科体系；大力发展地理遥感科学的基础理论与方法，如定量反演、尺度转换、真实性检验等；推进地理场景建模、智能地理分析、地球表层系统综合模拟与数据同化等方面的关键基础理论和方法研究，探索自然地理空间、人文社会空间在地理信息空间中的表达与耦合方式。②引进和发展信息领域的云计算、大数据、人工智能等前沿研究成果，实现观测、数据与模型资源的整合，发展数据和模型驱动的地理信息获取、表达、模拟、预测方法，以及地球大数据挖掘与分析、地学智能计算方法，建立地理大数据平台、地球表层系统科学模拟平台、可持续发展决策支持系统，为自然地理学、人文地理学及自然－人文系统耦合夯实信息基础设施；发展和推进信息地理学的综合应用，在观测、数据和模型集成的基础上，促进地理数据－信息－知识－决策的贯通，在更高水平上为国家与区域可持续发展做出更大贡献。

信息地理学按照地理遥感科学、地理信息科学、地理数据科学三个分支学科群进行战略布局。

1. 地理遥感科学研究

大力发展地理遥感科学的基础理论与方法，深入开展遥感在地理科学各分支领域的应用，发展地理遥感基础产品，提升对地理科学与社会可持续发展的服务能力；加强遥感机理、地球表层系统模型、地球大数据方法、遥感信息与地球表层系统模型的同化研究，着重解决地理科学中存在的定量反演、尺度转换和真实性检验三大科学难题，推动地理科学的重大科学突破和发现。

2. 地理信息科学研究

利用信息技术，构建地理空间认知、表达、分析、模拟、预测、优化方法，探索自然地理空间、人文社会空间在地理信息空间中的表达与耦合方式，开展地理场景建模，致力于解决地理信息系统实现和应用中的基础科学问题，发展解决我国地理信息产业"卡脖子"问题的基础理论与关键技术。

3. 地理数据科学研究

借助快速发展的数字地球、大数据、云计算、人工智能等新兴技术，结合遥感信息分析与应用、地理信息及地理分析手段，实现观测、数据与模型资源的整合，自动提取和发现隐含的地理知识与规律，刻画多尺度地理事件与地理要素的时空联系，揭示其发生本质，从而解决"地理数据爆炸，但地理知识贫乏"这一重要问题。

三、学科优先发展方向和交叉学科

（一）自然地理学

1. 区域地表系统耦合与综合自然地理学

强调以地球表层系统尤其是陆地表层系统研究为重点，在深化研究自然地理和人文社会要素与过程研究的基础上，在脆弱和关键区域，以人地耦合系统动力学机制研究为突破口，建立基于人工智能与数字孪生技术监测、模型模拟和系统优化调控技术体系，分析全球环境变化驱动下的人地耦合系统的稳态转换机制，探索土地利用 / 土地覆被变化、陆表关键要素相互关系的改变及其耦合 - 协同效应，揭示自然地域系统动态演变规律与未来趋势及其驱动机制，旨在构建安全运行的可持续发展社会。

2. 自然地理特色要素与部门自然地理学

围绕全球变化的重大科学问题及国家需求，气候学重点开展历史时期气候多尺度变化、气候区域分异的动态特征、极端气候影响及灾害风险的区域分异与适应、陆 - 气相互作用与模拟诊断、考虑陆 - 气互馈机制的陆地表层气候（特别是各种特色区域、城市）预测预估研究；地貌学重点开展不同类型地貌系统的演化机理与过程、多尺度复杂类型地貌系统的格局演变和驱动机制研究；水文地理学重点开展水文过程关键变量的精细化分解、水文过程变化对地表其他圈层的反馈、水文地质结构及其非均质性的精准刻画、水循环与水文过程的生物因素及其反馈、水文过程对全球变化的响应与反馈研究；土壤地理学重点开展复合营力驱动下土壤侵蚀发生发展的动力学过程与机制、全球变化条件下水土保持阈值及其区域分异、全球范围内土壤侵蚀的精准评估、制图和数据发布研究；生物地理学重点开展地球生物地理格局演化过程和驱动机制、生态修复的生物地理学基础研究。沙漠、湖泊湿地和冰川冻土研究将进一步围绕相应的自然地理过程、自然灾害、服务功能等，沙漠研究重点围绕风成过程与调控，湖泊湿地研究围绕生物地球化学循环以及生态系统的响应与适应，冰川冻土研究则重点围绕冰冻圈过程与服务机理。

3. 过去人－环境相互作用与人类生存环境学

围绕人类起源、农业和文明起源等人类社会发展的重大里程碑事件，优先进行如下研究。①关键时段人类生存环境重建；人类扩散过程中的资源利用、生存环境适应方式以及对生态系统的影响；研究人类起源与扩散过程中，重点时段的亚洲季风演化、青藏高原－喜马拉雅地貌格局演化、东亚自然地理要素空间变幅和变量、太平洋和印度洋环境演化、冰期起源的驱动机制及地球系统模式等生存环境重建。②旧大陆农业的起源、传播及其所反映的东西向文化交流、南北向文化交流，以及农业发生发展对生态系统的改造、影响及生态系统的响应；着力弄清全新世以来我国气候变化、植被变化、湖泊变化、沙尘变化时空格局及其驱动机制，并优先进行青藏高原高寒区、亚洲中部干旱区、中国东部季风区高分辨率气候重建。③现代过程实验模拟：不同时空尺度的地球表层系统物理、化学、生物过程及其相互作用的实验研究；人类活动对地球表层系统自然过程影响的区域综合观测平台研究；地球表层过程的尺度效应实验设计与尺度转换方法研究；基于多维度联网实验与模型模拟的全球变化区域响应研究；地球表层自然与人文过程虚拟仿真实验与综合模拟平台研究。

（二）人文地理学

1. 人地系统与综合人文地理学

（1）人地关系地域系统研究

围绕"人地系统耦合过程"和"可持续地理格局"两大主题，研究多要素、多界面、多尺度过程和格局的成因机理与模拟技术，完善人地关系地域系统理论和方法体系。重点研究方向包括：全球气候变化和自然地理环境变化对人类活动的影响及其空间分布响应，人类活动圈层与地球不同自然圈层物质、能量、信息交换的界面过程和区域效应，自然资源约束、生态文明建设与产业转型、文化转型和地域功能转型的互馈作用，人类生产生活活动空间格局与自然地理环境格局耦合特征、可持续性和尺度效应，地域复合功能形成机理及其冲突协调机制，人地关系耦合进程中的经济效率与社会公平、民生福祉之间的关系，地域系统开放性及流空间变动导致人地关系变化的基本规律，人地关系地域系统的韧性与可持续性，经济－社会－生态耦合调控的空间治理模式及其体制机制保障，运用现代遥感、地理信息系统和大数据技术开展人地系统耦合过程与可持续地理格局的模拟分析、预测预判和调控优化方法。

（2）空间结构与区域发展研究

聚焦经济社会空间结构有序化及区域发展格局稳定态等关键科学问题，深化人文地理要素空间集疏过程、经济社会区位论和空间结构理论、空间相互依赖性、区域综合研究等理论方法研究。重点研究方向包括：人口经济与资源环境系统均衡、人类生产生活空间与社会文化空间均衡的实现机制，地域功能的空间组合规律及其对区域差异性、人类活动空间分布地带性的影响，人类活动空间分布格局变化的稳定态及其驱动力，人口流动推拉机制与人才区位论，绿色、创新、增长之间的耦合机制及其时空分异特征，尺度转换中空间相互作用的特征及效应，流功能、流规模经济与集聚经济以及流空间结构与演变规律，流空间和传统空间的耦合效应，近、远程空间相互作用与区域依赖性，区域的人文界线（面）变化追因及空间组织的适应路径，空间结构效能的影响因素及优化原理，区域综合研究的集成方法。

（3）人口地理学回归与创新

针对人类发展跨入新全球化、数字化时代的特点，突出人口发展同资源环境、人类福祉、社会公平相协调，完善以人（才）区位论为创新方向的人口地理学，助推人口地理学的回归。重点研究方向包括：人口、劳动力、创新人才流动对区域生态、经济和社会系统脆弱性的影响，人口低生育率、老龄化的空间分布差异性及其对陆表自然和人文格局的影响，后疫情时代人口脆弱性以及"一带一路"背景下的人口迁移规律，以人为本建立兼顾弱势群体的生活空间和实现人口在不同聚落与生产空间均衡配置的途径。

（4）空间治理与国土空间规划研究

以全球治理新动向和中国空间治理现代化为引导，构建空间治理理论创新、空间规划基础能力建设和地理知识决策管理应用等三位一体的研究体系，增强人文地理学的综合和基础功能。重点研究方向包括：探索与自然科学、社会科学、工程技术的融合途径，建立统领大科学构建服务空间治理现代化的理论体系，增强基础数据采集、共享和分析能力并完善模拟、预测和优化模型方法，构建面向空间治理现代化需求的科技知识的创造传承、学习传播、实践应用体系；实现空间综合效益最优的基本约束条件、目标体系和国土空间规划途径，自然环境系统与人类社会系统耦合中的自然承载能力、空间承载能力和地域功能适宜性，地域功能、空间结构和区域政策的互馈作用与响应机制；中国特色社会主义制度下的政府与市场在空间治理中的作用及合理匹配，全球治理演变的轨迹、拐点、时空效应和区域响应。

2. 区域经济发展与经济地理学

适应新产业和新业态空间组织变化，以全球化和地方化、创新空间和企业生长、实体经济与虚拟经济空间结构演变为重点，推动产业布局理论创新和经济地理学复兴。重点研究方向包括：全球化与地方化新趋势及其驱动机制，全球产业链、价值链和创新链的空间分布特征、演变与区域响应，跨国投资和国际贸易格局对地缘经济系统的影响，全球生产网络、分布式生产系统和跨国公司空间组织的机理，经济全球化、产业转移和国家经济安全性的关系与相互适应；企业成长、消亡的生命周期微观机理与产业分布格局演变的宏观机理之间的内在关联，新产业区位论、新业态公司地理论和新管理模式的产业空间结构理论，企业创新空间环境和地方产业竞争力的生长因素及途径，以企业为主体的国家和地方技术创新体系与产业布局的耦合，产业智慧化的空间响应与效应；区域经济要素流动规律及空间相互作用，经济活动的空间集聚与分散的趋势，产业集群、地域经济综合体演化和空间组织效率，中国制造复兴的空间组织响应与现代服务业空间布局原理，产业生态化和生态产业化下的区域治理模式创新，行为经济空间、关系经济地理及其对经济地理学学科发展的影响；基础设施与经济活动的时空关系，交通设施网络变化对经济活动组织的影响，互联网、物联网、高速交通方式等新兴基础设施对经济活动区位选择、经济空间格局及其变化的影响。

3. 现代化进程与城市和乡村地理学

（1）城镇化与城市地理学

与发达国家城镇化规律研究接轨，聚焦影响我国新型城镇化的因素、机制、过程和格局，城市经济功能和生产空间主导向为关注多样性社会群体、消费空间和流空间的转向及其城市地理适应过程，对城市经济、社会、文化和制度空间多尺度、多维度、多视角的理解与阐释，高质量发展的新型城镇化内涵与机制，不同聚落形态规模职能等值发展原理，可持续城镇化和城市智慧化、生态化的位序特征及空间效应，都市圈、城市群和城市区域的形成机理与城乡融合的引导机制，人工智能和大数据等新技术模拟分析城镇化过程的方法。

（2）乡村振兴与乡村地理学

基于工业化、城镇化、城乡一体化和社会转型的背景，以及我国精准扶贫和乡村振兴国家重大战略规划需求，以城乡协调发展为目标，以乡村聚落演变趋势和重构、乡村聚落体系空间重组为主线，发展现代乡村地理学理论方法，以国家需求推动乡村地理学的实践与发展。重点研究方向包括：城镇化和工业化进程对乡村聚落功能重组和转型的影响，乡村内部要素和外部调控变化共同作用下的乡村聚落重构方法及理论研究，新农村聚落演变过程中的动力机制和空间分异特征，乡村振兴中农户生产生活方式的转变及空间组织模式，乡村聚落演变对政策的响应机理及对城乡一体化、城乡聚落体系生成的作用，中国特色乡村聚落体系的职能结构和空间结构理论，城乡融合过程中乡村产业发展和乡村文化的传承与保护协同模式研究，乡村振兴战略下乡村地域特色的传承与现代化新农村建设的相互关系以及调控策略。

4. 地缘战略与社会文化和政治地理学

（1）社会转型与社会文化地理学

立足人地关系机制研究的高位，从文化认同视角和空间管制制度的角度，构建与中国社会和文化转型相适应的社会文化地理学。重点研究方向包括：相对稳定的社会文化要素对区域禀赋的作用及其与不可复制的自然资源和环境、长期积累的实体要素组合、发生在此的历史事件的整合关系，自然、生计、社会、意识形态的"四层一体"复杂因果网络中的机制体系，反霸权、去中心化、逆全球化、转移支付等空间过程的深层动机及非经济要素的空间联系机制；人的价值观对区域禀赋吸引能力认知的差异性及后续的空间行动（划界和流动）的响应，文化习惯和清晰的、符号化的文化价值观体系对人们空间决策的影响，认知区域吸引力的范围和强度。认识区域文化创新和传承的机制，探索跨文化理解和跨文化认同过程和机制，发掘旨在减少文化冲突及与之伴随的社会政治冲突的空间途径。用结构主义方法，分析权力的空间不均衡发展。用现象学和人文主义的方法，分析不同尺度的日常生活经验。用后现代主义方法，分析区域规划、设计、管理中的空间辩证法。通过划定边界、确定边界缓冲区宽度、规定边界可渗透性等空间手段，探索调控区域间要素流动的有效途径。通过分析区域系统整体，评价区域或空间管制的影响性质、程度和管制效果。

（2）地缘政治关系与世界地理研究

以研究全球政治现象分布、联系和差异为基本内容，以研究政治和冲突作用于空间生成的不同的政治地理实体及这些实体对政治决策和行动的影响为基础，开展服务我国全球战略与空间治理体制的政治地理和世界地理研究。重点研究方向包括：世界格局调整期的地缘体、地缘关系演变及其地缘经济同地缘政治结合的特征，尺度政治、领域政治、批判地缘政治等多尺度和跨尺度的新政治地理，陆海权、资源环境、空间流和世界城市等的权力要素生成机理，跨境移民的生活空间、边界的构建与重构过程；针对权力、领域、边界、尺度等的知识导向的批判性研究，基于立场和价值观选择、倡导人文社会关怀和具有政策内涵的实用主义政策研究，以及介于其中的实证主义的学术研究；面向新时代的全球治理和世界和平的地缘政治与世界地理，热点地区和全球政治格局、中国和平崛起的地缘战略，全球资源地缘格局与中国资源安全战略，中国周边地缘环境与地缘经济合作；定性分析与人类学方法等手段和多种定量手段相结合的现代政治地理学研究方法。

（三）信息地理学

1. 信息地理学基础理论和原理方法

以地理学、信息学、物理学和数学为理论基础，以对地观测、计算机、大数据、人工智能、物联网等技术为支撑，突破信息地理学原创性理论与技术方法，发展地理信息基础设施、信息模型、研究范式和技术方法，建立自然－人文－信息空间中地理信息融合和地理模拟的理论模型，重点研究地理信息和地理数据的采集、传输与转换机理，遥感及地理信息的建模、分析、模拟、服务及表达方法，时空大数据、人工智能分析和决策支持方法，提升地理科学理论基础和研究成果的应用水平。

2. 地理遥感科学

（1）遥感定量反演

改进典型地理要素的辐射传输模型和遥感定量反演方法；研究多源遥感反演中的信息协同机制和误差传播模型，研发要素齐全的长时间序列陆地表层定量遥感产品；研究遥感信息与陆表过程模型的数据同化方法，实现定量遥感信息产品的时空扩展；发展基于机器学习、人工智能的遥感大数据模拟与反演的新理论和新方法。

（2）真实性检验

发展考虑地理空间要素时空变化规律和非线性尺度依赖特征的遥感产品真实性检验理论，进一步完善真实性检验过程中的不确定性分析和误差传递理论，完善陆地表层遥感产品真实性检验理论和方法。

（3）尺度问题

进一步融合多种时空尺度转换方法，并探索分形、贝叶斯等数学手段在尺度转换中的应用，建立统一、严谨的遥感时空尺度转换和耦合理论，实现遥感尺度问题研究的新突破。

（4）植被遥感

面向中高分辨率遥感趋势，结合大数据和云计算技术，实现全球和重点区域（如热带雨林、青藏高原、南北极）植被结构、生化与生理变化的动态监测；利用光学、微波和激光雷达等"天－空－地"遥感综合观测系统，建立从叶片到冠层的多尺度、三维立体研究体系，更精细地反演植被群落组成、立体结构和生物量分布及变化；发展新型叶绿素荧光遥感观测方法，实现对植被光合生产力与碳汇能力的精确估算；发挥人工智能技术在农作物分类识别、参数反演、灾害监测与农作物估产中的作用；扩展多视角高分影像和雷达影像在城市植被提取与变化监测中的应用。

（5）土地覆被遥感

探究土地覆被的特征表达、语义关联、尺度转换等理论，提高对陆地表层土地覆被时空过程的认知水平；基于深度学习、弱监督学习等机器学习算法，研究土地覆被的语义分割和语义认知，发展土地覆被的智能化制图；融合和利用多尺度、多角度的遥感观测和众源信息，发展土地覆被的高精细度识别方法，以及高时效、高动态的土地覆被变化监测方法，特别是城市立体空间土地覆被的精细化制图方法与技术；构建土地覆被的云计算平台，形成大区域乃至全球的土地覆被遥感监测能力，研发中高分辨率的全球时间序列土地覆被遥感产品。

（6）地貌遥感

发展智能化地貌遥感理论和方法，构建地貌全息识别系统，全面提升对地貌分布和变化的自动化快速监测能力；基于新型国产卫星遥感，建立精细的全国地貌地形获取、解译、分析系统；面向月球和深空探测，发展新的遥感方法理解太阳系地外天体的宏观形貌特征及现状。

（7）水文遥感

提高水文遥感产品精度、时空分辨率、连续性及水文一致性，加强水文遥感产品与水文水资源管理模型的深度融合，提升水文要素的遥感监测与模拟能力；建立完善的流域综合观测系统，加强水文遥感产品的地面验证与综合集成研究；结合大数据和人工智能方法，提升遥感水文大数据的处理和集成能力，研发基于遥感水文大数据的水文预报、预警和水资源决策系统。

（8）冰冻圈遥感

完善冰冻圈遥感物理机理和模型研究，通过研究冰冻圈各要素的电磁散射、辐射模型、作用机理，为冰冻圈遥感反演提供理论支撑，以提高冰冻圈遥感的准确度；强化和优化冰冻圈观测体系和遥感数据集成，充分利用当前的卫星数据资源，围绕以青藏高原和南北极为主的冰冻圈，进一步丰富各类冰冻圈要素的数据产品，为冰冻圈和全球气候变化科学研究提供长时序的基础数据支撑。

（9）人文与社会经济要素遥感

采用多源遥感数据，发展地区经济活动的精确监测方法；通过遥感大数据，对城市生态、健康、宜居进行评估；研究遥感产品如何服务于地学建模、地理分析，如何服务于"一带一路"、美丽中国、全球测图、生态城市等国家需求；为人口-乡村-城市的研究提供物理与景观层面的可靠信息，并结合地理空间大数据分析，为人口流动、城乡体系的建模和分析注入新的视角与多维度的分析方式。

3. 地理空间表达与地理信息科学

（1）地理信息机理与综合信息模型

研究地理信息的产生、传输和转换机制，从时间、地点、人物、事物、事件、现象、场景的角度解析多元信息，并分析其时空分布与结构。研究地理信息的时空演化过程和传输渠道，厘清信息要素的相互作用机制和相互转换形式。建立三元空间支撑下的地理信息综合信息模型，实现三元空间到地理信息模型的动态映射和集成耦合。研究自然地理、人文社会和信息三元空间中信息的时空演化、传播途径、信息溯源和系统转化等变化机制，研究遥感、物联网、泛在信息、模型等多源信息支撑下地理信息的融合与集成，形成三元空间中地理信息描述的综合信息模型。

（2）地理系统信息建模与模拟

研究三元空间中多尺度场景的高保真实时动态建模方法，发展时空大数据场景描述、关联、操作、分析的核心理论与关键技术，实现多粒度、跨尺度、全要素集成的地理场景综合模型。整合几何、代数、统计模型，发展多尺度、多粒度和多圈层耦合的时空过程模拟与分析方法；构建支撑多角色、多数据、多圈层、多情景协同模拟的综合地理建模平台，完善地球表层系统自然－人系统模型，开展全球变化和社会经济发展情景下人地关系和可持续发展的多情景空间模拟，发展地理模拟系统理论和方法。构建地理数据、地理信息、地理问题、地理规律与研究者、决策者乃至普通公众的桥梁，发展"综合集成研讨厅"，提升地理信息时空规律分析和决策服务的能力。

（3）地理信息表达、管理与共享

研究三元空间驱动的地图学新的理论方法，突破全息地图、机器地图、赛博地图、泛地图、微地图等关键技术，通过数字地图、场景地理信息系统、虚拟现实等方法实现不同层次、不同尺度、动静耦合、全局和局部嵌套的地理场景的整体表达与可视决策分析，结合虚拟现实和智能化交互等前沿技术，发展地理信息多模态全息表达的理论、方法和技术。研究泛在地理信息的智能理解、信息抽取、主题聚合等关键技术，制订地理大数据的异构数据集成关键标准和互操作方法，如数据的标识、关联、发现、溯源、融合、安全管理等方法，完善地理信息共享的规范。

4. 人工智能和大数据时代地理数据科学

（1）地理大数据

建立聚合多元、多模态、异构数据的统一地理大数据时空框架，突破地理空间大数据获取和存储技术，实现对地理大数据的统一组织和管理。重点突破蕴含人类社会活动规律的社交与行为大数据的分析建模理论和方法，发展面向时空大数据的超大规模复杂数据/场景网络的描述、关联、操作、分析的核心理论与关键技术，建立涵盖地理遥感、物联网和泛在地理信息等非结构化数据的快速检索和分析方法；研究空间大数据分析和建模技术，促进地理科学中自然学科与社会学科的交叉、融合和协同，提高多尺度地理事件与地理要素内在的因果关系分析能力，以及对地理事件发生的监测和预测能力。

（2）人工智能地理学

引进知识工程、人工智能、量子计算等前沿技术，理解各地理要素间的时空复杂联系，实现从地理要素分析到地理系统分析转变、从简单的因果关系向复杂的地理系统挖掘与解译转变的理论和方法，从不同角度、尺度和维度全方位解析其发生本质；研究基于人工智能的地理信息自动建模与分析技术，通过将大数据训练样本集与机器学习、深度学习方法结合，提升地理信息分析的自动化与智能化水平，实现地理数据—知识—规律的自动提取和发现。

（3）数学地理学

研究地理格局、过程和机理的数学抽象表达，建立人地系统认知与调控的基础数学理论模型，发展符合地理学规律、适用于地理学综合分析的新理论与新方法。研究地理认知、地理不确定性、地理相似性和复杂度的测度方法，建立面向连续/离散、渐变/突变、有序/无序一体化的地理学表达与建模的基础理论框架。研究时空大数据和地理人工智能的数学机理，探索流空间、时空复杂网络等动态时空信息的特征识别、模态分解、时空扩散及规律建模。发展地理系统综合模型与数据同化中不确定性的定量、消减与控制的数学模型，探索地理因果关系建模，发展地理信息的几何计算、物理模拟和量子计算等前沿理论与方法。

（四）交叉学科

1. 区域地理学

区域地理学是地理科学内部各分支学科综合交叉的学科，以地球表层某一特定区域为研究对象，系统研究自然地理和人文地理要素的相互作用和地理环境特征、区域地理结构成因机制、区域演变规律，综合阐释协调区域人地关系、促进区域可持续发展的科学路径。区域地理学具有突出的区域性、综合性的学科属性，按照研究部门的不同，可以分为区域自然地理学、区域人文地理学等，按照研究区域的不同，可以分为中国区域地理学、外国区域地理学等。

区域地理学是地理科学中历史最悠久的分支学科，中国地理学和外国地理学是两个重要的领域。兴起于 20 世纪二三十年代而在 50 年代开始加速发展的中国区域地理学研究，通常以区域地理考察为基础，在产出大量的区域地理研究论文和著作的同时，服务各种地理区划和区域规划。近些年来，区域地理学研究在进行必要的地理描述的同时，引入了数量分析、计算机技术、遥感和系统论等新方法，加强了定性与定量分析的结合，更加重视研究区域地理环境的整体特征、结构和演变规律，在显著提升区域地理学科学性的同时，显著增强了区域地理学的应用功能。正是由于现代区域地理学强调自然与人文的统一，注重对区域自然地理要素和人文地理要素的区域综合与空间关系的研究，研究成果对于制订不同空间尺度的区域规划、解决区域人口经济与资源环境协调发展问题具有重要意义，因此区域地理学在全球范围内正在复兴，并成为现代地理学越来越受到重视的分支学科。面对不断变化的发展观和人类文明，适应全球发展新格局和我国发展新阶段，聚焦不同空间尺度的可持续发展需求和地球系统科学的架构，区域地理学应注重以下重点研究内容。

（1）区域系统的人地协同理论研究

开展区域人地系统的结构、功能性质及其内在运作机制研究，寻找控制区域人地系统界面过程的普适原理、量化关系和稳定性判据，如临界值、突变条件、产生自组织行为和混沌行为的条件等；开展区域人地系统动力学研究，包括区域人类社会、自然气候及环境生态动力学的复杂数学建模问题，区域人地协同论的一般抽象理论及计算方法，区域人地系统的能动调控机理及区域可持续性方案设计。其中，关于区域人地系统优化运作机制、模式、资源再生过程的研究及人地系统动力学方程组的建立是核心问题。

（2）多类型、多尺度、多过程的区域系统综合研究

服务国家需求，聚焦不同类型区域（自然区、行政区、政治区、经济区等）和不同尺度区域（全球和大洲、国家和地区、县域和地方等）的可持续性，开展国家重要区域发展战略形成的基础、实施的条件与合理的路径等研究。其中，"一带一路"重点国别研究，以及我国四大城市群、长江和黄河两大流域、青藏高原和西北干旱区、海岸带和胡焕庸线区域、老工业基地、集中连片的相对贫困区等区域研究，将为我国在基本实现现代化进程中协调区域发展提供科学方案和参考依据。

（3）地理综合区划方法与区域发展过程模拟

在开展区域地理时空格局、过程、动力学规律分析与模拟研究的基础上，开展地理综合区划与区域发展过程模拟方法的研究。重点包括：区域地理时空分异规律研究，从基于指标体系的半定量评估方法，转向多尺度、多过程集成的定量模型与模拟研究，强调对区域地理系统内部和系统间相互作用的建模与模拟；从全球和区域地理特征值的数量预估，区域时空格局与综合地理区划研究，转向不同时空尺度的全球变化要素、过程、动力学量化与多尺度地理、生态系统服务区划研究；系统开展全球变化和全球化背景下的全球环境与生态风险、人口与经济系统风险区划研究；开展中国多目标、多维度、动态化的定性与定量融合的综合地理区划研究与区划方案编制。

2. 历史地理学

历史地理学是一门地理与历史交叉的学科，研究历史时期地理环境及其演变规律。历史地理学以地理环境随时间的变易为核心，利用中国悠久且丰富的文献记载资料，在时空交织的体系下研究历史时期的人地关系及其地域分异，主要包括历史自然地理学、历史人文地理学、区域历史地理学等分支学科。中国地理版图辽阔，历史悠久，史料记载丰富且连续，历史地理研究得天独厚，是独具中国特色并能产生国际影响力的研究领域。

经过20世纪的不断发展、完善，在20世纪末已形成历史地理学各学科

方向齐头并进的局面。进入 21 世纪后，历史地理学的突出进展主要表现为：历史人文地理学的多个新分支学科得到快速形成和发展，面向过去全球变化研究的历史自然地理学在历史气候变化及其对社会发展的影响、历史土地利用 / 土地覆被变化等研究领域成绩斐然，地理信息技术在历史地理学各个研究领域的广泛应用带来了研究手段的革命。历史地理学所面临的巨大挑战主要为：如何有效克服历史地理学研究队伍、研究议题、学科联系等方面日趋明显的历史化倾向，如何应对环境史、灾害史、后现代主义人文社会科学的空间化等对历史地理学传统研究空间的不断挤压和渗透，如何服务于生态文明与美丽中国建设、全球化与"一带一路"倡议等国家重大现实需求，以及如何抓住大数据和地理信息化为历史地理学发展带来的机遇。

历史地理学的未来发展，首先是要坚固其地理学根本，加强历史自然地理学和历史人文地理学学科建设，以地理环境随时间的变易为核心，面向地理科学发展前沿，突破学科本身所面临的发展瓶颈；其次是要在继续保持与历史学紧密关系的基础上，强化历史地理学与其他地理学分支和领域的交流与联系，不断借鉴相关学科新的理论与研究方法，特别是在研究方法上应用现代自然科学方法，培育拥有更高地理学素养并熟练掌握地理信息技术的新型历史地理学人才。以此为基础，充分发挥历史地理学横跨自然与人文两大领域的学科优势，为国家目前亟待解决的国内与国际环境、政治、经济、文化等诸多问题提供切实支持。具体而言，应从以下方面开展综合交叉研究。

（1）人地相互作用的历史过程与机制研究

以时间为主轴，揭示历史背后的地理与地理背后的历史，即自然环境及其变化作为人类发展的物质基础如何影响人类的历史进程，在各历史阶段内不同技术水平、不同地域、不同文化传统的人们如何适应并改造自然环境，从而形成具有时代和地域特色的文化景观及文明形态。从人地相互作用的历史经验教训中总结东方文明形成的地理背景，发掘实现人地和谐与生态文明的历史智慧，为构建人类命运共同体、应对全球气候变化、实现 2030 年人类可持续发展目标提供科学支撑。

（2）区域地理环境的历史构建研究

从区域地理环境特征对其演化历史具有继承性出发，以区域为研究对象，选择与国家社会经济发展和全球战略的重大需求密切相关的特定区域，通过回溯区域内部及与其有密切地缘关系的外部区域的历史演化轨迹，对区域地理环境特征的形成寻求发生学上的解释，从历史的视角认识区域发展面临的问题与机遇。

（3）历史地理大数据与历史地理信息研究

推动历史地理研究中大数据挖掘与地理信息技术的应用，建立具有统一标准和规范的历史地理大数据挖掘与数据共享平台，推动历史地理学者及研究机构之间多层次信息共享和数据交流。

3. 生态水文学

生态水文学是一门水文学与生态学的交叉学科，核心研究内容是探讨生态过程和水文过程相互影响的生态水文过程。未来，生态水文研究将趋于多时空尺度和多学科综合集成研究，更加关注生物-非生物相互作用、地上-地下联系、自然过程与人为过程的耦合、地质循环和生物循环相互作用，以及从分子到全球尺度的扩展。在生态水文过程观测方面，需要加强对地下部分根土界面的水分再分配过程、大尺度景观格局的水文效应、生物地球化学过程等的观测。在解决国家需求方面，深入开展流域（区域）生态水文的系统化研究，提高对区域/全球水资源、水旱灾害、生态和环境变化的预测能力，协调生态建设、水土资源优化配置。生态水文学的未来发展可以归纳为四个主要方向。

（1）水文循环过程中的生态作用与影响

研究生态-水相互关系，包括植物个体的水分行为（水-碳耦合过程、水分利用策略）、群落尺度的水分分配与利用、生态系统尺度的水-碳关系与水循环作用、景观或流域尺度的水文过程影响等；识别陆地生态系统在大气-植被-土壤能水交换中的作用机理及其尺度效应，发展基于植物水分机理的蒸散发准确量化与模拟方法，解析陆地生态系统水循环及其对流域水文过程的影响；研究不同尺度土地利用/土地覆被变化对水循环、水文物理过程和水化学过程的影响，包括面源污染和富营养化的形成与动态变化机理等。

（2）水文过程变化对生态系统的影响

研究水循环和水文过程（包括水文情势、水化学与水环境动态）对生态系统的影响（格局、过程与功能），包括水分条件制约下陆地和水生植物群落的结构、时空格局与功能变化，河流水文情势控制下河湖水生生态系统和下游及河口生态系统的结构、格局与功能变化等；探索生态系统对水循环不同分量和水文过程变化的响应、适应机制与时空分异规律。

（3）陆面生态水文过程对陆－气耦合关系与大气过程的影响

研究陆－气耦合与反馈中的生态水文过程和作用机理，揭示生态－水文－变化环境（如气候变化、人类活动）间的互馈作用机制，发展基于大气－生态－水文耦合机理的陆面过程模式、生态和水文模型。

（4）流域可持续水资源管理

从流域生态－水文－经济社会复合体框架内，探索流域生态水文过程的系统性（山水林田湖草）、完整性（生态系统）和连续性（河流）的形成与稳定维持机制，系统分析经济社会发展与流域水文生态系统的相互关系，建立水文－生态－经济耦合的流域生态水文响应决策支持系统，发展流域可持续水资源管理理论范式。

第五节　优先发展领域

一、优先领域发展目标

（一）自然地理学

在综合自然地理学研究方面，通过自然要素相互作用机制的研究，深入理解自然要素相互作用过程的机理，揭示自然要素相互作用过程的动态变化规律，预估其未来发展的趋势；基于区域研究的视角，通过"要素－过程－格局"的综合研究模式，提高区域社会经济建设中对资源环境的认识，降低对生态环境的压力；通过对土地利用/土地覆被变化过程－驱动机制－效应的精确刻画，构建基于格局－过程－效应的空间动态预测模型，为土地可持续利用与国土空间优化提供决策支持；应用现代先进技术，针对未来发展的情景，从生态环境和人类福祉之间的内在关系，提出解决阻碍社会经济可持续发展的科学对策，实现对自然资源和生态环境的有效调控和管理。

在部门自然地理学研究方面，立足中国、亚洲和"一带一路"沿线区域的重要自然地理要素，尤其是季风气候、西风气候、高寒多年冻土、大河大江发育等重要自然地理要素，以及"亚洲水塔"动态变化、全球变暖下的高原和山地冰川融合过程、山地－绿洲水文生态过程等，围绕全球变化和生态环境建设中的重大国家需求，通过多种现代观测手段开展自然地理要素关键过程的精细刻画，构建不同自然地理要素过程及其相互作用的模型，提升地球系统变化趋势的预测能力，为国家、地区的社会经济可持续发展提供科技支撑。

在人类生存环境学研究方面，优先发展目标是理解智人兴起和人类向东亚扩散过程中生存环境格局变化的幅度、速率及其规律和机制，探索跨大陆东西方交流与东亚文明的发展，厘清全新世以来我国气候变化、植被变化、湖泊变化、沙尘暴变化、土地利用时空格局及其驱动机制，耦合自然过程和人文过程的区域发展模型，研究人－环境相互作用模式的发展过程，揭示、发展地球表层系统科学理论。

（二）人文地理学

高度关注全球性变局影响与反馈作用，实现高质量发展区域模式研究突破，发展新时期人地关系地域系统基础理论，促使人口地理学回归与创新发展，在全球人文地理学融入统一地理学和未来地球计划中发挥引领与示范作用。适应国家产业体系重构趋势，围绕新产业、新业态、新经济空间、新生产模式，创建重大生产力布局原理，完善经济地理学分支学科体系，保持经济地理学在我国人文地理学中的支柱地位。深化新型城镇化过程与空间格局、城市群、新农村地域研究，形成一批揭示第四次城镇化高潮以来，特别是发展中国家城镇化规律的理论与应用成果，为全球城乡地理学发展做出原创性贡献。关注全球和国家尺度自然资源与人口系统可持续性食物安全格局的影响，探索交通等基础设施与经济活动组织和空间格局的动态交互过程、高速交通运输技术下（高铁、互联网、物联网等）的空间相互作用规律特征、流空间发育规律及其对基础设施（特别是新型基础设施）体系布局的影响，培育国土安全和国土品质研究领域的新增长点。加强与发达国家在社会文化转型领域研究前沿的接轨,健全我国社会文化地理研究体系,探索全球战略格局重构的地缘政治基础,推动中国人文地理学研究全面发展。面向空间治理现代化需求,形成阐释空间治理模式、区域政策和协调发展机制的系统理论,形成大数据环境下的区域分析与辅助决策系统,显著提升人文地理学服务决策管理的理论水平和分析模拟能力。

(三)信息地理学

信息地理学的优先发展目标是持续开展地理遥感科学的基础理论研究,发展地理要素遥感辐射传输模型,优先突破遥感尺度转换、真实性检验等理论方法;优先发展地球表层系统观测、数据、模型基础设施和模拟平台,形成一批针对自然和人文要素的先进遥感新算法,提高国产卫星遥感数据产品的生产与应用能力,持续提供遥感产品服务,彻底改变"数据多产品少"和地理科学研究严重依赖国外遥感数据产品的局面,为支撑我国地理科学跨越式发展和地球表层系统科学前沿探索夯实地理信息基础;优先发展三元空间支撑下的地理信息综合模型和地球大数据分析方法,发展具有自主知识产权的地理场景建模与集成分析、地理大数据位置聚合分析与服务、多模态地理信息表达与交互的技术和方法体系,研发过程机理模型与机器学习相结合的地理智能和地理模拟系统,加大力度发展具有自主知识产权和国际竞争力的地理信息平台与行业软件,构建支撑多角色、多数据、多圈层、多情景协同模拟的综合地理建模平台,实现地理数据-信息-知识-决策的贯通,为国家空间规划与区域可持续发展贡献信息地理学的智慧。

二、优先领域重点方向

(一)自然地理学

1. 综合自然地理学优先领域重点方向

综合自然地理学主要研究自然要素之间的相互作用及其地表格局形成的效应,自然与人文要素耦合及其对社会经济的影响,自然-人文与生态系统融合所产生的生态系统服务,以及区域综合人地耦合系统与可持续发展。

（1）陆地表层关键要素耦合机制及区域效应

探索陆地表层自然要素多尺度相互作用和陆地表层格局的形成机制。重点研究关键要素变化导致的地表系统格局－功能关系的改变，阐明关键要素变化的协同性和拮抗性；探索变化环境下多要素动态耦合机制，以及其对地表格局形成、发展的作用和潜在的反馈机理；研发地域系统定量模拟关键技术，构建基于系统仿真技术和人工智能技术的地域单元界线智能识别模型，发展地域系统理论与方法，形成自然与人文要素耦合的综合地域系统划分方案；基于未来地表关键要素变化的情景，预估陆地表层格局的发展动态。

（2）环境变化下风险形成机制及其对社会经济的综合影响

在全球环境变化的背景下，围绕自然与社会经济要素相互作用，探讨自然环境变化对社会经济产生风险的机制。重点包括：区域气候变化的社会经济响应机理；陆地表层格局变化所产生的生态服务与社会经济的长期效应；建立环境变化风险评价指标体系，研发综合风险监测与评估技术系统，识别环境变化下的风险源及其对社会经济的综合影响；探研气候和其他环境变化如何影响人类社会系统，以及人类如何改变地表的自然环境。

（3）土地覆被变化驱动下生态系统服务演变机制及其资源环境效应

通过深入分析土地覆被变化与生态系统服务之间的内在关系，建立基于格局－过程－效应的土地覆被变化空间预测模型，系统研究土地覆被变化与社会－经济系统的耦合作用机制；研究土地覆被变化与生态系统服务的时空关联效应，揭示土地覆被变化驱动下生态系统服务演变机制；基于源－流－汇分析范式，构建土地覆被变化驱动下生态系统服务流动态模拟模型，探讨区域生态系统服务流带来的资源环境效应，以及提升人类福祉的途径与优化模式；探索未来30～50年，中国人的生存空间与生活质量演变趋势；阐明如何维持生态系统稳定性、最大限度地为人类提供生态服务的机制。

（4）中国区域人地耦合系统安全运行空间与最优发展路径

以中国区域人地耦合系统为研究对象，以生态系统产品与服务的供需关系为驱动因素，分析自然生态系统和社会经济系统对生态系统服务权衡决策与管理措施的响应，判定主要自然过程和社会经济过程趋近或远离厘定阈值的趋势，进而揭示人地耦合系统安全运行空间的动态变化及稳态转换特征，最终遴选出满足可持续发展目标、具有最小资源和生态环境代价且低风险的社会经济发展最优路径。重点研究人地耦合系统－自然和社会系统互馈关系的动态机制；地球界限与社会界限相互作用机制及耦联效应；人地耦合系统安全运行空间关键驱动因素与稳态转换特征；以联合国可持续发展目标为导向的人地耦合系统最优发展路径。

（5）自然环境定位观测体系

针对自然环境的格局，对环境与人类活动的相互作用进行定位观测，以定量化地支撑对人与环境相互作用的深入认识。重点开展区域科学的观测网络布置与观测内容优化，重点进行生态系统综合观测研究，开展关键带科学，水－能－粮食安全交互作用及其相关研究；开展黄河流域关键地理要素获取与高质量发展区域要素配置示范工程，脆弱区人类活动与气候变化影响下的地理过程综合，典型区域自然－人文要素长期综合观测体系和地方服务示范，以及典型区域大气－土壤－水分耦合关系及自然资源优化配置实验研究。

2. 部门自然地理学优先领域重点方向

（1）地球关键带过程与调控

地球关键带研究的核心问题之一是从岩石－土壤－水－大气－生物自然地理要素之间的复杂相互作用的角度认识生态系统服务形成的机理，其特点是将地上和地下过程联系起来，对于石漠化、沙漠化和水土流失的防治具有十分重要的意义。未来，优先解决的关键科学问题包括：复杂的地下过程如何描述和刻画？不同时间和空间尺度的地下和地上过程（如土壤形成、土壤侵蚀、植被生产力）如何耦合？不同自然地理区域类型的生态系统服务结构与动态如何受地上和地下过程调控？

（2）全球变化与地表自然地理过程模拟

全球变化对部门自然地理学研究的可预测性提出了挑战。未来，需要重点围绕水、土、气、生地表过程，开展空、地全方位观测，揭示全球变化背景下地表过程变化的规律性，发展地表过程模型，围绕国家战略（如黄河流域生态保护和高质量发展），实现重点区域未来环境变化和可持续发展的模拟与预测。

（3）人类活动导致的典型区域地表覆被变化及其气候效应

人类活动正迅速改变地表覆被，进而通过反照率和蒸散过程的改变反馈于气候系统。未来，需要重点开展森林、草地、农田、水体之间的相互转变对于气候系统的反馈及其机理研究，评估区域性重大工程的气候效应。

（4）多尺度生态水文过程与区域人类活动的水资源阈值

人类活动的加剧正在迅速改变地表水文过程，在极端气候条件下形成大范围、高强度的洪涝、干旱等自然灾害。未来，需要构建典型生态水文区（寒区、内陆河流域、黄土高原、东北黑土区、南方红壤区等）植物个体－群落－生态系统－流域－区域多尺度嵌套的生态水文过程综合观测系统，研究环境变化下气候－生态－土壤－水文多要素耦合机制，开展生态水文模型、生物地球化学模型、社会经济模型之间的耦合与集成研究，揭示区域经济社会发展的水资源阈值。

（5）植被－土壤系统过程与退化生态系统修复

生态系统的退化不仅是植被组成和覆盖的变化，还包括相应的植被和土壤过程的改变。未来，需要围绕重点区域（沙漠化、石漠化、水土流失）以及国家生态安全屏障（"两屏三带"），开展生态系统退化和恢复过程中的植被－土壤系统过程变化研究，认识森林、草原、湖泊湿地等不同生态系统退化的机理，服务于生态修复的国家重大战略需求。

（6）特殊地表单元和圈层的地表过程监测与生态环境效应

沙漠、湖泊湿地、冰川冻土等特殊的地表单元和圈层的变化正在迅速改变人类的生存环境。未来，需要重点开展监测与预报研究，认识这些地表单元和圈层的生态环境效应变化。具体包括：开展不同区域、不同地表类型风蚀可蚀性的系统测定，建立可蚀性与风蚀因子的关系，在中国气象观测网点的基础上形成风蚀气象观测网，建立适用于中国北方风沙区环境特征的风蚀预报系统；开展生源要素的生物地球化学循环和湖泊湿地生态环境效应监测，研究人类活动与气候变化对湖泊和湿地系统演变的影响机制，以及湖泊生态系统对环境变化的响应与适应；研发冰冻圈监测新技术，发展满足系统性模拟需求的"天－空－地"一体化冰冻圈综合监测网络，将冰冻圈过程纳入地球系统模式，从全球和区域尺度定量解析冰冻圈变化的影响及作用机理。

3. 人类生存环境学优先领域重点方向

人类在区域和全球环境变化中的生存发展规律，是地球科学与社会科学共同探索、研究的重大交叉前沿领域。自距今 200 万年前后人类走出非洲，在欧亚大陆上开始扩散，其生存与演化便与其生存环境息息相关。

（1）亚洲环境格局演化与早期人类扩散

重点研究亚洲地貌格局、气候格局的形成，环境格局变化与直立人在旧大陆的扩散路线，丹尼索瓦人的演化历史及其与尼安德特人、晚期智人的关系，以及丹尼索瓦人在亚洲大陆的活动历史、演化过程、生存策略及其对生态格局的影响。

（2）旧大陆晚期智人扩散与生存环境变化

重点探讨现代人（晚期智人）在亚洲的扩散路线和生计模式，末次冰期以来西风气候与亚洲季风气候变化，末次冰期以来的植被变化格局，环境剧烈波动对智人扩散及生存策略的影响，晚期智人扩散对大陆尺度生态格局和区域动植物的影响，以及晚期智人在青藏高原的长年永久定居过程。

（3）农业起源、传播与季风－西风变化

重点研究东亚粟作和稻作农业的起源、传播过程，早期植物驯化和气候变化的驱动作用，东亚季风演化与史前东亚农业格局形成，东亚农作物西传、西亚农作物东传与东西方文化交流，青藏高原早期农业发展与西方农业和人群扩散，以及青藏高原季风－西风相互作用与自然景观变化。

（4）文明演化与环境变化

重点研究东亚史前社会复杂化及文明起源的气候环境背景，史前及历史时期人类社会演替的环境背景，青藏高原高寒文明形成过程与环境变化，高原丝绸之路的形成历史；开展历史时期气候变化定量重建和变化机制模拟，探讨人类世在气候、植被与自然变化下的异同和驱动机制。

（二）人文地理学

1. 综合人文地理学

（1）人地关系地域系统的功能、结构和尺度效应

从我国发展阶段的特征看，优化人地关系地域系统需要从理论上阐明人与自然如何协调、人类生活与生产活动空间如何协调、纵向与横向的空间关系如何协调等问题。研究的具体内容为：人口经济与资源环境均衡、人类生

产生活空间与社会文化空间均衡的实现机制，绿色、创新、增长之间的耦合过程及其时空分异特征，地域功能空间相互依赖性和尺度传导过程，地域复合功能形成机理及其冲突协调策略，人地关系地域系统功能－结构的地理区划表达方法和尺度转换的实现途径。

（2）高质量发展的区域模式

高质量发展是实现现代化的必然选择，无论是什么发展水平、经济结构特征及主体功能的区域，都必须走高质量发展之路。高质量发展是以创新为驱动的，那么区域间创新能力的差距是否会对区域发展差距产生累积效应？如何构建国家和区域创新体系就成为高质量发展模式的关键内容。高质量发展是要改变以往经济持续增长没有与生态环境改善、社会文化事业发展同步同向的过程，那么，如何构建经济－社会－生态协调状态识别方法与调控机制？特别是在自然条件和生态文明约束条件下，如何实现产业转型、文化转型和地域功能转型？如何在协调发展和转型发展中消除区域发展不平衡，提升经济效率与社会公平程度？其难点在于弱势地区和问题地区，亟须深入理解生态文明时期经济空间极化和分散规律及其对综合区域发展水平不平衡问题的阐释，以及相对贫困地区和老工业地区实现富裕的制度制约与扶持模式，发展极具针对性的高质量发展区域模式。

（3）人口地理学回归与复兴

随着"人"在人文地理学和整个地理科学研究中重要性的提升，人口地理学在人文地理学中的地位应相应提升。在研究人口变化传统主题的同时，应重新审视人口、资源、环境与可持续发展的关系，聚焦老龄化、劳动力和创新型人才的流动与迁移规律、种族与贫穷、人类安全和福利等时代性主题。在 2020 年发生新冠疫情后，环境与人口脆弱性的研究需求开始凸显，成为具有价值的研究方向。

（4）现代空间治理机制与途径

从空间治理模式、区域政策和协调发展机制三方面系统构建现代治理体系的理论基础，重点研究国家、流域、省际区域、省市域等空间尺度的国土空间规划的理论方法。空间治理系统领域研究的主要内容包括政府、市场、社会组织和公众等主体在现代空间治理体系中的功能，不同空间层级的协同空间治理模式，区域政策体系中协调问题与目标原则、公平与效益目标、约束与激励手段的科学难点及其实现协调的途径，现行机制与空间均衡、空间结构有序化、区域协调发展的冲突和修正与再造。国土空间规划领域研究的主要内容包括：空间均衡过程和稳态结构，服务规划目标；自然承载力和功能适宜性等自然－社会系统耦合机制，服务规划基础；地域功能－空间结构交互作用规律，服务规划布局；空间相互作用和尺度效应，服务规划管制；空间治理机制，服务规划实施；过程－格局的反向解耦，服务规划评估。

（5）大数据环境下的区域分析与辅助决策系统

注重大数据带来的人文地理学研究范式和方法创新，进而推动理论建设和学科发展。重点包括：人类活动空间大数据采集与处理技术，应用大数据感知分析生产和生活全领域、全过程及空间组织变化，认知产业经济活动区位和空间格局演变规律，明晰不同尺度生活空间在不同时间尺度中的基本特征，反演人流、物流、技术流、金融流和信息流的空间格局与动态过程，实现大数据方法同传统人文地理学研究范式和方法的互补与互动，检验、修订和创新发展经典人文地理学理论，建立基于大数据的人文地理过程与格局模拟器，构建基于大数据的区域分析模拟、调控优化人机互动可视化平台和辅助决策系统。

2. 经济地理学

（1）全球化新趋势对中国经济布局影响的研究

在科学判断全球化与逆全球化新趋势的前提下，首先要对经济全球化和地方化的普适性机理进行重新梳理，重点包括：全球产业链、价值链和创新链的空间格局变化及区域响应，全球－地方链接的重要性及其地方化的特殊性和地方经济发展的优先性，跨国投资和国际贸易格局对地缘经济系统的影响，全球生产网络、分布式生产系统和跨国公司空间组织机理的调整，经济全球化、产业转移和国家经济安全性的关系与相互适应，新国际经贸组织的空间组织特征等。其次应探讨全球化新趋势对中国经济布局的影响，包括对中国贸易格局、对外投资布局的影响，中国跨国企业地缘经济环境变化特征，"一带一路"沿线地区产业合作，全球创新链的区域化、中国创新链转变、全球产业链变化对中国产业结构的影响等。

（2）重大生产力布局原理的研究

创新生产力布局的理论基础，包括企业成长消亡的生命周期微观机理与产业分布格局演变的宏观机理之间的内在关联、区域经济要素流动规律及空间相互作用、经济活动的空间集聚与分散的趋势，企业创新空间环境和地方产业竞争力的生长因素及途径，产业智慧化、生态化的空间响应与效应等。针对重大生产力布局，重点研究重大生产力的内涵演变及区位因素、空间格局与地理环境之间的关系，在重大生产力布局中节约经济要素投入、提高经济产出、改善经济效率、减少负外部性的途径，重大生产力布局与国民经济体系安全性、弹性、竞争力的关系，以及对产业集群、经济地域综合体、区域经济一体化组织模式的影响。

（3）完善经济地理学理论方法与新分支

通过与社会学、管理学、经济学等交融，完善区位和空间组织理论；深化制度演化、制度嵌入、制度基础设施等政府文化深层次研究；关注知识创造、大众消费、女性权利、种族与经济隔离、社会公平与大众福祉、经济危机等热点问题，以及强调家庭、个人在经济地理过程和格局研究中的微观作用与个体受到的影响；发展金融地理学、演化经济地理学、环境经济地理学、行为经济地理学、关系经济地理学、消费地理学等新兴分支学科。

（4）流空间与交通运输网络

流空间的出现和发展，深刻地改变着不同尺度空间的人文地理格局和人文地理学理论方法。那么，人流、物流、资金流、技术流、信息流将会对哪些地理要素和功能产生怎样的集聚与扩散过程？这种过程是否也具有区域差异性、地带（域）性和时空尺度效应？流空间与位空间的耦合关系及在互馈作用下是如何重塑地理空间的？流空间的演进是否趋于空间均衡，而时空距离压缩过程是否会改变空间相互作用的基本原理？流空间对区域比较优势与综合效益、生产和生活活动空间组织模式、社会文化相互影响和认同，乃至生态环境可持续性等方面会产生怎样的作用？当然，承载人流和物流的交通运输网络将做出适应性改变，这就需要探索交通运输网络对经济－社会－环境系统优化的基础设施功能及机制，探讨优化交通运输网络与全球化、区域发展和城镇化关系的途径。在国家尺度上，交通设施网络资源通过怎样的重新组合和空间优化能显著提升时效性？在全球尺度上，解决信息化和运输方式现代化背景下世界交通网络演化机理等问题。

（5）新型基础设施布局与影响

聚焦新型基础设施（新基建）与经济活动的互动关系，重点研究新基建的布局因素和原则，新基建对企业区位、产业结构、产业空间组织、重大生产力布局的影响，新基建对生产要素空间集聚的作用及其区域差异性特征，新基建的区域发展溢出效应预测与评价，新基建对能源、信息、交通等流空间格局变化的影响，新基建对实体和虚拟经济联动发展进程的改变，以及新基建对全球、国家和区域创新网络发育的作用。

3. 城市与乡村地理学

（1）新型城镇化过程和空间格局

在新型城镇化过程与格局方面，开展跨学科多元交叉背景下的城市地理实证及理论研究，解决城市社会公平与融合、城市健康和社会福祉、城市空间重构等问题，提升多尺度、多维度、多视角对城市经济、社会、文化和制度空间理解与阐释的水平，揭示以人为本特别是兼顾弱势群体的城市生活空间及实现人口在不同城镇聚落与生产空间均衡配置的原理；开展新全球化时代的城市发展研究，探讨新全球化背景下多尺度城市级联与网络演化问题；开展可持续城镇化与城乡融合发展研究，探讨城市生态与人居环境、韧性城市建设、城乡融合和等值发展等问题，阐明全球环境变化与突发事件对城市生活的影响及城市生态、经济和社会系统的脆弱性；开展数字化与城市转型和治理研究，研究人工智能与城镇人口聚落、数字经济驱动的城市转型、城市数字治理、智慧城市建设与信息安全等。

（2）城市群可持续发展

基于可持续发展目标的城市群典型要素与监测机理；城市群要素的综合表达与集成分析；人文－自然复合空间演化过程及模拟；城市群区域发展与空间重构；城市群产业转型、发展、演化与调控；城市群典型过程及生态环境效应；区域经济发展与环境质量相互作用；城市社会城乡统筹与城乡一体化作用机理；人地耦合视角的城市群空间治理路径；城市社会公平性、宜居性及其调控原理；城镇化与资源环境承载力；人类活动与城乡融合过程、效应及调控；城市群可持续发展路径及定量评估。

（3）食物安全空间与新农村地域体系

食物安全保障的空间格局研究：基于食物安全认知全球和我国粮食供需关系，基于营养安全认知我国高品质食物保障能力。在全球尺度，重点研究食物安全保障能力及食物生产、消费和贸易的地理格局，特别关注全球水－粮食－人口系统可持续性及其对食物安全的影响，以及突发公共事件、重大自然灾害风险和价格波动对食物安全的影响与应对。面向我国，重点关注我国粮食消费需求与生产供给的平衡关系，包括国民膳食结构变化对平衡关系的影响、维系供需平衡和安全性的食物生产基地布局，以及供需全链条的空间优化配置和农业区划；同时，综合研究农业经济活动与其他产业部门的联动关系、粮食和食物比较效益变化与稳定生产的政策制度环境，以及农业生产要素的空间流动规律和现代生产经营组织模式。

新农村聚落和乡村地域系统研究：针对我国乡村发展的特殊性，聚焦乡村聚落空间重构的特征、动力机制、典型模式，构建系统的乡村聚落空间转型理论体系。主要包括：城乡聚落一体化视角下的新农村聚落体系和职能，特别关注营造具有物质吸引且干净生动、富有活力的乡村居住环境；产业融合视角下的新农村聚落演变过程、阶段、动力机制，特别关注乡村经济现代化的途径与空间效应；城乡等值发展视角下的乡村地域系统功能转型和空间重构，特别关注重塑乡村组织核心、重构乡村生态空间、完善乡村结构网络等；农民和农户微观视角下的乡村振兴模式和体制，特别关注"农村庭院生态系统"和"村落生态系统"的关联、乡村聚落空心化的社会效应，以及农民和农户对传统文化及生态景观价值的认知与保护意愿等。

4. 社会文化与政治地理学

（1）社会文化地理研究体系

基于中国实际情况和批判理论，验证、改进和创新社会文化与政治地理学的理论与模型，聚焦复杂空间地域系统中社会和文化要素与其他要素之间的相互作用机制，特别是相对稳定的社会文化要素对区域禀赋的作用，以及社会文化要素与资源环境、实体要素组合、历史事件等的整合关系；基于各类网络联系探讨社会文化空间尺度转换过程和机制，明晰区域吸引力范围和强度的跨文化理解、认同的过程与机制，研究文化习惯和文化价值观体系对空间决策的影响；基于新技术的世界和中国文化地理数据库建设、社会文化地理学知识图谱呈现、社会文化地理学研究方法创新，选择与国计民生相关的中外重点区域和典型区域，开展国际合作，通过大数据调查积累区域社会文化地理信息，形成兼有"我者"和"他者"意识形态立场的区域社会文化信息库；与相关学科合作，探索社群地理学、民族地理学、宗教地理学、语言地理学、艺术地理学等分支学科的空间和地方分析框架。

（2）全球战略格局重构的地缘政治基础

构建尺度政治、领域政治、地缘政治等多尺度和跨尺度的新政治地理学；推动多样化政治地理学研究，包括针对权力、领域、边界、尺度等的知识导向的批判性研究，基于立场和价值观选择、倡导人文社会关怀和具有政策内涵的实用主义政策研究，以及介于其中的实证主义的学术研究；创新定性分析与人类学方法等定性手段和多种定量手段相结合的现代政治地理学研究方法；研究全球战略格局重构的地缘政治规律，包括探讨国家行为特征、地缘政治本质、地缘政治逻辑的推演和地缘政治外延的拓展；探讨全球战略格局重构的过程和特征，包括研究统一政治经济空间运行规律、海上运输格局与战略安全、国际体系内部力量分布结构、权力中心转移空间效应、权力更迭中的大国互动行为特征、空间秩序构建路径等；探讨大国与地区性地缘战略和我国周边地缘环境，其中全球资源地缘格局与中国资源安全战略，我国周边民族心理、周边国家战略动向、周边安全冲突、区域合作空间机制等研究具有紧迫性和历史价值。

（三）信息地理学

1. 信息地理学基础理论和原理方法

（1）信息地理学基础理论框架

信息地理学基础理论框架需要对信息空间中信息的时空分布、演化过程和要素相互作用规律进行系统解析，研究信息特征与信息类型、信源/信道/信宿时空分布和信息与信息流的时空分布规律，形成信息时空分布和格局特征分析的理论与方法。研究信息的时空传输与增殖、流转与转换的方式和渠道等信息时空演化过程规律。研究信息在时空上的汇聚与分离、耦合与关联等信息要素相互作用机制规律。

（2）多元信息智能分析与模拟的基础理论和方法

研究"形数理机"融合的多元信息集成表达理论，实现地理空间中全要素、全信息、全内容的信息采集、组织集成、建模表达。探索多源数据的统一组织与集成方法，研究结构化和非结构化的地理数据空间分析、推理、决策和服务模型，构建包括过程机理模型和机器学习相结合的地理智能与地理模拟系统，实现地理数据－信息－知识－决策的贯通。

（3）多元信息自适应计算的理论与方法

利用地理学规律和地理要素相互作用的机制，发展地理规律驱动的空间数据结构与索引方法。研发地理大数据高维空间描述和分析的数据模型、数据结构、协同计算与系统建模方法，突破移动地理信息系统、三维地理信息系统、物联网与云计算、大数据与智慧城市等领域空间计算方法的性能瓶颈，实现数字孪生支撑下的地理信息自适应计算。

（4）信息地理空间表达与全息制图

突破地理大数据高维空间描述、实时动态表达、虚实融合展示的关键理论方法，开展从全球到局部的真三维场景仿真建模研究，借助虚拟现实／增强现实／混合现实技术实现强立体感与真实性的视觉效应，发展数据驱动的不同层次、不同尺度、动静耦合、全局和局部嵌套的虚拟地理环境构建方法，实现全视角、全要素、全信息、全内容的地理信息全息表达。

2. 地理遥感科学研究

（1）遥感定量反演

在新型遥感探测机理与反演方法方面，发展地表要素辐射传输模型，重点突破茂密植被和冰川透视层析、城市密度、结构与变化等遥感探测机理、模型和定量反演方法。在陆表过程参量多源遥感协同反演与模型同化方面，研究陆表辐射与能量平衡、水循环与生物物理化学循环过程参量的多源遥感协同反演理论、模型同化方法及不确定性来源。在大数据定量遥感反演新方法方面，基于机器学习、人工智能和云计算等新型前沿技术，研究地面台站观测、航空遥感观测与卫星遥感观测相结合的大数据定量遥感反演新理论和新方法。

（2）真实性检验

遥感产品真实性检验的进一步跨越式发展，需在以下几个方面有所突破：

遥感像元尺度观测新技术；稀疏观测网络的空间代表性和有效利用；真实性检验流程中的不确定性来源分析和误差传递机理；融合地理要素时空变化规律的像元尺度真值估计新理论；真实性检验网络的建立、协同观测和实时验证能力。

（3）尺度问题

加强多尺度数据的遥感观测试验；发展地理时空数据尺度转换理论，包含定量刻画尺度转换的线性和非线性特征，尺度不变和尺度变化的特征与尺度转换精度等；融合多种时空尺度转换方法，并探索分形、贝叶斯等数学手段在尺度转换中的应用，建立统一、严谨的尺度转换理论。

（4）植被遥感

在植被高分辨率动态监测方面，整合国产卫星等多源、高分辨率遥感观测，研究植被的高分辨率和快速动态监测方法，并应用于重点植被区域。在植被结构和生产力观测方面，利用光学、微波和激光雷达等综合观测系统，重点研究植被三维结构和功能要素的快速遥感监测方法；基于新型荧光遥感观测，反演植被光合生产力与碳汇能力；研发全球和区域尺度的植被参数长时间序列卫星遥感产品。在农业遥感智能观测体系方面，针对农业高时效的观测需求和农作物的特殊时序特征，研发不同作物的遥感人工智能监测体系。

（5）土地覆被遥感

在土地覆被的精细化表达方面，构建地理大数据新阶段的土地覆被分类体系，研究基于深度学习方法的土地覆被语义分割方法。在土地覆被智能化制图方法方面，利用多角度、多源遥感观测和众源信息，研究米级和亚米级的土地覆被高精细度识别，以及土地覆被单元变化的高效遥感提取方法。在大区域土地覆被监测应用方面，整合国产和国际多源遥感观测，构建自主的土地覆被云计算平台，提供土地覆被的快速制图能力，进行城市等重点区域的土地覆被制图，研发全球和中国尺度的中高分辨率土地覆被时序定量遥感产品。

（6）地貌遥感

在地貌遥感信息获取和分析方面，加强地貌信息的航空航天遥感平台和传感器的研发，深化面向地貌学的多源遥感数据分析和综合利用能力的研究。在面向地貌学的人工智能和遥感大数据分析方面，加强基于人工智能算法自动提取并识别地貌信息的方法的研究，发展地貌变化高分辨率遥感监测系统，全面提高自动化地貌识别和预判服务能力。

（7）水文遥感

在水文遥感大数据方面，结合降尺度、贝叶斯、人工智能等多种方法，融合"天－空－地"多源遥感观测，发展长时间序列/实时、高精度、高时空分辨率、水量平衡的水循环遥感产品；基于互联网云计算服务，构建水文大数据平台，并结合云计算和人工智能算法，提高遥感水文的智能化处理与应用水平。在水文遥感产品集成与服务方面，结合水文水资源模型、同化、人工智能等多种方法，集成多源水循环遥感产品，提高水文（如干旱、洪水）预测和水资源管理能力。在水文综合观测与试验方面，研发"天－空－地"一体化的流域关键水文要素观测体系，动态监测我国流域信息，满足水资源管理和灾害预警等需求；加强面向遥感产品验证、算法改进与集成应用的"天－空－地"一体化综合观测试验。

（8）冰冻圈遥感

在三极遥感监测方面，优化冰冻圈遥感监测体系，发展专门针对冰冻圈快速变化的卫星观测计划并开展卫星组网观测，提升冰冻圈的监测能力。在冰冻圈遥感数据产品方面，发展长时序、高质量的冰冻圈数据产品，推动冰冻圈研究的快速发展和冰冻圈数据及产品的应用，增强对冰冻圈要素的认知和对其时空演变特征的分析。

（9）人文地理与可持续发展遥感

在遥感精准扶贫方面，借助遥感手段，对贫困地区形成由点及面的经济活动监测体系，为扶贫政策和策略提供空间数据支持。在城市遥感方面，通过"天－空－地"联合观测，为城市的生态、环境、宜居、健康、交通等提供高精度、近实时、多尺度的观测和信息。在地球大数据与社会服务方面，在大数据平台、智能信息处理算法和主动服务模式等方面开展创新性研究，融合遥感产品服务于地学建模和地理分析，以及联合国可持续发展目标、"一带一路"、美丽中国、新型城镇化等国家重大需求。

3. 地理信息科学研究

（1）地球信息模型及场景地理信息系统

信息地理学需要在复杂场景中整合和描述不同地理系统，并面向新信息通信技术时代地理信息服务的社会需求，突破描述各类地理现象、地理过程和地理规律的数据模型、数据结构和表达方法，实现对地球系统多尺度性、系统性、综合性的表达与建模，发展能够支撑地球系统科学、未来地球等学科前沿需求的信息地理学原理和方法。主要重点方向包括：地球系统抽象描述的概念模型与信息模型；场景地理信息系统基础理论与方法；地理信息位置聚合的基础理论与方法；基于物质/事件的地理信息建模与分析的新理论、新方法；三元空间演化信息地理学；地理场景的虚实融合表达方法。

（2）地理系统信息建模与模拟

研究全方位、全视角、全内容的地理信息获取方式，发展多源地理数据的时空集成框架与数据融合方法。构建多重信息融合、连续离散一体化的时空统一数据模型，设计自表达、自描述的灵活装配式数据表达及组织方式。研究地理系统的综合建模、模拟与分析方法，研究不同自然、人文、信息等地理要素及现象在地理场景中的协同配置与表达方式，实现地理场景协同建模。发展具备定量化、高新技术应用体系化、社会应用化等显著特征的研究手段，提升对地理模拟系统的过程模拟和空间优化分析能力。

（3）地理信息系统关键技术

优先突破保真几何场景、泛在信息社会场景数据的动态采集和监测方法，发展自动化、高效的地理场景模型构建方法。研究面向地球圈层结构、多地理要素综合的地理信息系统建模与分析方法，促进基于地理场景的地理信息系统数据模型与地理分析模型的深度耦合。研究智能地理分析方法，突破结构化和非结构化的地理数据空间分析、推理、决策和服务能力。发展移动地理信息系统、三维地理信息系统、物联网与云计算、大数据与智慧城市等应用地理信息系统，创新地理信息系统全媒体表达与交互方法，突破地理信息系统在国家战略与区域发展等领域的应用。

4. 地理数据科学研究

（1）地理大数据的理论和应用

研究地理大数据和泛在地理数据的理解、聚合与共享的理论及方法，突破地理大数据采集、清洗、共享、信息解析、信息溯源、地理知识图谱、质量评估等地理大数据加工和分析的关键技术，健全地理大数据标准，形成国家地理大数据战略高地。发展多元、异构、多模态数据动态接入与空间化方法，构建多尺度实时动态地理场景，实现地理场景的智能化识别、定位、监控和管理。研究面向时空大数据综合分析的数据模型、数据结构、协同计算与系统建模方法。突破地理大数据高维空间描述、实时动态表达、虚实融合展示、空间信息深度学习等关键方法与技术，发展数据驱动的不同层次、不同尺度、动静耦合、全局和局部嵌套的虚拟地理环境构建方法，实现全视角、全要素、全信息、全内容的地理信息全息表达。

（2）社会计算与感知

结合泛在传感的普及应用，将社交媒体、人类轨迹、众源标记等空间大数据与遥感数据进行融合，用于识别和感知土地格局与功能、人类行为与情感，实现"以人知地"和"以地知人"，从新的角度认识"人-地"关系，其相关方法与技术的突破也将成为智慧城市、灾害预警、社会经济、行为分析、交通规划与社会心理等研究的重要支撑。

（3）人工智能地理学

研发以地理规律和相互作用为基础的表达-分析-计算一体化的新型地理深度神经网络。研究地理人工智能模型的轻量化技术，突破云端边有机融合的地理人工智能优化计算技术。研究基于人工智能的复杂多源地理大数据融合建模、动态感知和因果网络分析方法。提高人工智能技术在地理信息组织管理、时空分析、建模模拟、交互表达的应用水平，创建基于人工智能的地理信息无缝集成的数据流和计算资源的自适应定制配置技术，提高云端混合架构模式下地理信息智能化处理与分析的能力，提升对地理现实世界的过去、现在和未来进行数字化重构、分析与预估的智能化水平。

（4）数学地理学

研究基于非欧几何的时空融合的地理时空框架，构建多测度、多尺度、形式化、可计算的地理时空统一表达的数学模式，建立多尺度、多层次的地理现象数学表达与特征测度模型，建立地理过程及其演化特征的模态分解方法。研究地理信息代数同构结构与范畴体系，构造有机融合几何学、代数学、微分方程、统计学、信号处理等方法的数学地理学建模与模拟方法体系。发展地理信息要素相互作用关系的几何代数形式化表达、时空测度、动态关联及耦合方法，建立以因果不变性为基础的地理信息形式化、代数化、动态化表达模型。研究信息缺失和过载条件下的地理系统综合分析方法,研究基于非平衡态动力学和量子力学思想的地理时空分析的新理论与新方法。

三、重大交叉研究领域

(一)典型生态水文过程和模拟

构建典型生态水文区(寒区、内陆河流域、黄土高原、东北黑土区、南方红壤区等)植物个体-群落-生态系统-流域多尺度嵌套的生态水文过程综合观测系统,研发流域/区域生态水文综合观测新方法,研究变化环境下地表关键带气候-生态-土壤-水文多要素耦合机制,多尺度融合的生态水文学理论范式,包括流域或区域水文循环中的生物作用和生物(生态)过程的水文作用;开展生态水文与社会科学和全球变化的综合及集成研究;发展多尺度生态水文耦合机制融合的生态水文模型,开展生态水文模型、生物地球化学模型、社会经济模型之间的耦合与集成研究,揭示区域经济社会发展的水资源、生态与环境阈值,构建基于生态-水文-经济社会耦合机理的流域水资源合理利用与优化配置决策支持系统。

(二)东亚人类生存环境变化与智人兴起

重建五六十万年前以来智人在旧大陆的扩散过程及其与地貌和气候格局的关系,研究智人的生存策略及其对自然资源的利用,晚期智人(现代人)扩散过程及其对生态系统的影响,农业起源与发展对生态系统和社会结构的影响;探索人类活动和自然变化对生存环境影响的相对贡献,认识极端气候事件下的生存环境(植被、湖泊、沙尘暴等)变化及其对人类社会发展的影响。

(三)自然-人文-生态交叉融合模式构建

自然地理学重大交叉研究,主要研究关键要素以及水土气生的相互作用机制,通过物理、化学、生物等学科的手段进行地表气候、地貌、水文、土壤地理、生物地理过程的观测,基于复杂系统动力学思想,实现地球系统模拟和预测。进行自然与人文知识的融合,整合自然地理学分支学科在格局与过程方面的知识和方法;将自然要素与人文要素在人地耦合系统方面交叉融合，并与生态学在生态系统服务和景观多功能方面整合；进行气候变化和人类活动耦合影响的土地利用／土地覆被变化机理研究，以及复杂土地利用／土地覆被变化情景的生态效应预测；土地利用／土地覆被变化影响的"源－流－汇"模型、山水林田湖草综合治理的景观优化方法、国土空间优化的景观配置方法与模型，为可持续发展科学提供理论和方法支撑。

（四）地域功能演变与区域可持续发展模式

通过人文地理学与自然地理学、信息地理学乃至地球科学中的其他相关学科的交叉，深化地域功能－结构研究，揭示地球表层地域功能演变规律，阐释区域可持续发展模式，服务我国生态文明建设和可持续发展。具体研究内容包括：地域功能理论研究旨在阐释地域功能形成与演变规律，探索地域功能冲突和协调的影响因素、内在机制与可持续性效应，研究地域功能识别、区划和空间组织方法，揭示地域功能层级结构与功能传导机制，研究不同地域功能区近远程相互作用关系，构建地域功能空间信息获取处理和动态监测评价方法，开发基于地域功能的国土空间规划管理辅助决策支持系统；空间均衡与空间结构演变规律研究主要聚焦在综合自然环境因素和经济社会因素，围绕生态、经济和社会综合效益，深化区域发展的空间综合均衡模型，研究空间结构有序化过程和稳态生成条件、自然界面和人文界面过程、尺度效应对地域功能－结构的时空分异特征的影响，探索点轴面空间形态结构与"三生"（生态、生产、生活）空间占比结构的耦合关系。

在此基础上，构建区域可持续发展模式。分析不同区域可持续性主控因子的时空分异特征，研究全球化、全球变化、城市化和信息化等过程中资源环境与经济社会协调发展的动力机制，解析区域自然系统和社会系统的互动过程与可持续性效应，形成监测和评价不同区域类型可持续发展状态的指标体系和数据库、模型库，研究区域可持续发展模式，建立区域可持续发展辅助决策平台。

（五）人类活动物质空间与文化空间耦合

基于自然地理环境或自然空间，通过具有传统优势的经济地理学与不断壮大的新兴社会文化地理学的融合，实现人类活动的物质空间与文化空间的耦合，更好地揭示人类活动空间格局的演变规律。具体研究内容包括：开展生态资源环境约束下的人类经济活动空间适应与演变研究，探索生态资源约束对人类经济生产方式和生产结构的影响、生态资源约束下企业区位选择行为变化以及全球和区域经济空间格局演变；新能源、新资源带来的经济空间响应；开展跨区域文化理解与人地系统协调研究，发掘不同地区人们的世界观、人生观和价值观，尤其是那些长期稳定存在的区域三观，以及与自然相处的人生状态，认识自下而上制度创新的空间，提升人地系统协调实践的有效性；开展经济发展与地缘政治、社会文化研究，认识经济增长的地缘政治作用机制、地缘政治演变与全球化和全球产业链布局的关系、地缘政治安全与经济空间格局稳定性、社会文化对经济区位和空间格局的影响，以及种族隔离、社会文化冲突与地区经济增长；探索新技术、生活方式与经济空间组织，开展新生产技术及其产业布局趋势预测、新生产技术的生产要素与资源依赖、人工智能与新生产方式及其空间需求、新技术与生活方式变化对企业生产和布局的影响、新基础设施技术对人类生活方式的影响，以及互联网＋背景下的企业区位选址与区域经济空间组织研究。

（六）区域一体化与城乡协调发展：机制与路径

通过区域、城乡不同地域单元的融合，完善区域一体化和城乡协调发展的基础理论，推动区域一体化的综合研究和城市与乡村地理学学科发展。主要内容包括：从区域的经济地理研究视角，分析区域发展欠发达与不平衡的形成机理，揭示区域经济要素流动和区域资源配置的影响因素及其高效流动与合理配置规律，发现区域协调发展的动力机制，探究区域一体化发展的模式及其制度保障。从城市地理视角，整合城市地理和乡村地理的相关理论与方法，探讨城乡协调发展的格局、路径和重难点。具体来讲，在尊重市场规律的基础上，探索和优化数字经济时代背景下城乡产业的空间布局；探讨城乡合理的人口布局、就业结构和消费模式；讨论城乡间要素流动的障碍及对策、公共服务均等化实现的前提和途径；探索城乡融合过程中的文化差异和社会问题。从乡村地理视角，在城乡发展转型、城市化进程不断推进的背景下，深入研究可持续的城乡互动关系，避免城乡二元割裂，重构多功能的乡村系统，适应和发展出独具特色的乡村文化，是未来乡村地理学交叉的重要方向，需要乡村聚落地理学与城市形态学、城市聚落地理学等学科的深入交叉。

（七）智慧城市与智能服务

城市大数据获取与集成研究：借助对地观测、智能感知、物联网、云计算和人工智能等技术，汇聚卫星、地面各种传感器产生的实时信息，为智慧城市建设提供全方位、全天候、实时的动态地理信息；发展新型的时空数据模型、数据结构和数据存储管理方法，构建新一代智慧城市地理信息系统，实现城市地理信息分析与处理的颠覆式发展；研究地理信息在绝对/相对融合的时空框架中共享的内容和层次。城市动态建模与智能分析：建立面向城市空间的异构传感器信息集成框架；研究多源城市社会行为、人类活动信息的快速获取、实时感知及多源传感设备数据融合的方法，建立城市动态感知、实时计算、城市社会行为、人类活动时空模拟与决策情景分析框架；应用人工智能和大数据等新技术分析城市化过程、城市生产和生活全领域、全过程及空间组织变化，建立基于城市地理大数据的区域分析模拟、调控优化和辅助决策系统。开展智慧民生与社会化服务：面向城市管理、应急事件管理等民生工程服务，整合多部门、多行业及泛在地理数据，开展智慧应急平台整合的技术支撑研究，推进智慧城市群建设；开展城市化与城市群发展及其人居环境动态评估研究，为区域发展战略、城乡统筹发展、可持续发展战略等提供决策支持；开展数字化与城市转型和治理研究，研究数字经济驱动的城市转型、城市数字治理、智慧城市建设与信息安全。

（八）重点区域地球表层系统综合观测与模拟

开展重点区域地球表层系统综合观测与数据集成：选择重点区域，如青藏高原、长江经济带、黄河经济带、粤港澳大湾区，建立多圈层、多要素相互作用与变化的"天-空-地"一体化立体、多维的观测和模拟预测体系；协同物联网卫星星座、长航时无人机宽带中继平台和地面移动通信物联网，发展"天-空-地"一体化实时观测物联网系统，实现多圈层、多要素、多维观测数据的自动实时获取；研究全方位、全视角、全内容的地理时空大数据获取方式，发展多源地理数据的时空集成框架与数据融合方法，实现空天遥感、地面观测网、社会人文、地面调查等信息的融合，构建多源地理数据集成、预测、分析、共享与服务的地球大数据平台。开展地球表层系统集成建模与服务：研究关键陆地表层要素多尺度时空变化特征、相互作用效应，深入揭示陆地表层要素与格局的驱动机制，发展区域地球表层系统模式；研究不同自然、人文地理要素及地理现象在地理系统综合分析与建模场景中的协同配置及表达方式；基于数据同化、人工智能等技术，集成区域地球表层系统模式与多源观测数据，实现不同时空尺度地球表层系统多圈层、多要素相互作用与变化的动态监测、过程模拟与预测、资源的配置与优化等；大力发展过程机理模型与机器学习相结合的地理智能和地理模拟系统，实现地理数据 - 信息 - 知识 - 决策的贯通，形成先进的大数据产品研发、分析挖掘和信息服务能力，支撑以区域为核心的综合集成应用与服务。

（九）地球大数据

面向数字地球学科的发展，开展地球大数据的研究，提高深入了解地球和科学分析地球的能力。基于地理信息科学、空间信息科学的跨学科优势，聚焦于地球大数据核心技术的创新，实现数字减灾、数字遗产、数字山峰、数字农业、成像光谱地面观测、微波地面观测、激光雷达等地理环境和空间信息领域的重要学术突破，促进数字经济的转型；面向数字地球在全球和区域环境与资源中应用的基本问题，基于密集型科学、多数据集成和信息虚拟仿真建立网络化的全球环境资源空间信息系统，引领地球科学大数据技术的发展；为全球用户提供系统、多样化、动态、连续和全球唯一标识符标准化的地球大数据，促进地球科学数据共享新模型的形成，实现对地球现状和演化的全面分析，并对地球地理综合信息进行系统的模拟和预测。

第六节　国际合作与交流

一、国际合作与交流中的新时代使命

中华人民共和国成立 70 多年以来，中国地理科学取得了一系列辉煌的成就，地理科学研究的国际合作与交流是这一系列辉煌成就的重要基础，也是地理科学快速发展和惠及全人类的重要途径。如今，世界正处于百年未有之大变局，崭新的格局也为地理科学研究的国际合作与交流赋予了新时代使命。

（一）立足中国特色，深化中国地理科学国际影响力

经过 70 多年的沉淀与积累，中国地理科学在国际上的影响力和地位显著提升，尤其是干旱区地理、冰冻圈地理研究已经逐步成为国际地理科学研究的前沿，但总体上，中国地理科学研究的国际化水平仍需提升（陈发虎等，2019；傅伯杰，2017）。在未来的研究中，中国地理学家亟待通过理论与技术方法的创新，深化中国地理科学的国际影响力，逐步发展能够引领国际地理科学发展且具有中国特色的新理论、新思想和新方法，以"一带一路"为实践平台，同世界各国开展最广泛的合作，推动人类命运共同体建设。

（二）加强对国际重大研究计划的引领与参与

国际重大研究计划是促进地理科学发展的重要平台。近年来，由中国科学家主导的多个国际计划如"第三极环境"国际计划、"数字丝路"国际科学计划等都取得了重要成就，充分体现了中国地理科学的积蕴与实力。今后，中国地理学家仍需牢牢占据"三深一系统"国家战略中的地球表层系统，围绕"一带一路"建设，开拓国际视野，加强对全球性问题的研究，并以我国具有全球意义的地域单元为依托，积极发起和组织国际重大研究计划，在各领域的区域性和国际化问题上实现多国合作、发展援助，使我国和世界其他国家一起共同实现可持续发展。

二、地理科学在国际合作与交流中的主要领域

在综合地理研究方面，需要与美国和英国合作开展生态地理区划与生态系统服务和景观生态合作研究，与"一带一路"沿线国家和地区开展资源环境承载力和综合区划合作研究。部门自然地理学与发达国家国际组织和重大研究计划保持以往良好的合作基础，依托我国已有的地域优势和学科优势，拓展新的领域，发起重大国际研究计划，引领学科发展前沿，建立海外中心，

实现双边与多边合作并重、发达国家合作与发展中国家合作并重、以我为主合作与以我为辅合作并重的合作目标，为国家"一带一路"倡议服务。在生存环境变化研究中，继续加强与发达国家相关部门的合作研究，同时发展与非洲和亚洲国家的合作研究。持续推进气候变化国际合作计划，在已有全球变化国际科学计划（如国际地圈生物圈计划、国际全球环境变化人文因素计划等）的基础上，深度参与未来地球计划，引领"第三极环境"国际计划。通过与亚非国家，尤其是丝绸之路经济带沿线国家和地区的合作，解决薄弱的、空白的科学问题，促进学科领域发展。合作的重点领域在于气候与生存环境变化定量重建关键技术合作、东亚地理要素空间变幅和变量、地球系统模式、海洋环境演变、人类起源和迁徙路线、人类文明发展与环境、快速地貌过程等的研究与数据共享。现代过程模拟中，依托全球观测网络及新技术手段，揭示全球化背景下实验地理学对联合国2030年可持续发展目标的贡献，构建实现人类命运共同体的可持续发展模式。建成高层合作、国际论坛、青年人才培养、公众参与、全球知识共享的实验地理学发展新模式。在未来国际合作与交流中，特别注重依托中国科学家发起的国际组织，今后十几年将优先推动以下"以我为主"的地理科学国际合作研究计划。

（一）全球干旱生态系统国际大科学计划

全球干旱生态系统面积达5100万km²，占陆地面积的41%，支撑着全球约38%的人口。干旱生态系统是陆地表面最敏感和最脆弱的生态类型区，水土矛盾突出，气候变化与人类不当活动的共同作用对干旱生态系统影响深远，其叠加累积效应可导致生命支持系统的崩塌，影响范围将超出干旱生态系统本身，亟待整合全球力量开展全球干旱生态系统的监测与评估，提出干旱生态系统可持续管理策略。

2017年，中国科学院傅伯杰院士和澳大利亚联邦科学与工业研究组织Mark Stafford Smith博士共同倡导发起针对全球干旱区的科学研究计划，目的是加强国际合作，促进全球干旱区可持续发展。2017年8月，全球干旱生态系统国际大科学计划正式立项。项目的目标是：通过统筹全球典型干旱区研究，开展多尺度的生态系统变化监测，结合遥感和模型手段，研究气候变化和土地利用变化背景下的生态系统结构和功能变化、生态系统服务与人类福祉的关系，发展和构建干旱生态系统可持续管理模式，促进全球干旱生态系统可持续管理与生态系统科学的发展。通过项目的培育，制订一项涵盖全球干旱生态系统优先研究领域和关键科学问题的科学计划与执行计划，为干旱生态系统研究提供全球合作平台，组建科学委员会和相关组织机构，并将该计划纳入未来地球计划的核心研究计划。

（二）东西方交流与丝路文明

丝绸之路是东西方交流与人类扩散的重要通道，其交流可追溯至 5000 年前。近 20 年来，中国科学院陈发虎院士积极倡导丝路地区自然科学与人文社会科学综合研究，其兰州大学研究团队得到的丝绸之路沿线地区气候变化的"西风模态"研究成果获得了国家自然科学奖二等奖，亚洲气候变化的"西风模态"研究成果也得到了国际学术界的广泛认可。2018 年，科学技术部启动了"亚洲中部干旱区气候变化影响与丝路文明变迁研究"专项，旨在理解丝绸之路核心区的亚洲中部干旱区环境变化与丝路文明演变间的相互作用。2019 年，中国科学院布局了"一带一路""丝路文明与环境演化"方面的国际合作项目，将通过与"一带一路"沿线国家的合作，面向"丝绸之路关键时段文明演化与气候环境变化"这一前沿科学问题开展研究，为国家绿色丝路建设提供历史借鉴。

2019 年，由中国科学院青藏高原研究所推动成立了跨大陆交流与丝路文明联盟（简称丝路文明联盟）。丝路文明联盟联合国内外开展丝绸之路沿线气候环境变化、旧石器文化、新石器文化、历史地理、环境考古、技术考古等领域的多家科研院校的学者专家组成科学研究联盟。丝路文明联盟在国内以中国科学院青藏高原研究所、中国科学院古脊椎动物与古人类研究所、中国科学技术大学、兰州大学等为主体，联合丝绸之路沿线的相关考古单位，成员由来自亚洲、欧洲、美洲等地区的 30 余家科研机构组成，对丝绸之路沿线气候水文和环境变化、旧石器文化、新石器文化、历史地理、环境考古、技术考古等开展多学科交叉研究，推动环境变化、跨大陆交流和丝路文明演变研究，理解科技交流对丝绸之路沿线国家社会发展的巨大促进作用，推进丝绸之路人类命运共同体的共识，服务国家丝绸之路经济带重大倡议。丝路文明联盟设立旧石器时代文化和人类扩散、新石器文明与农业传播、丝绸之路城镇与路线演替、丝路文明与科技交流、环境变化与丝路文明演进五个工作组。丝路文明联盟已经分别在伊朗和塔吉克斯坦成立了西亚中心与中亚中心，支撑联盟运行与工作，并召开系列专题研讨会。丝路文明联盟将推进以中方为主导的多边合作研究，发布评估与咨询报告。

（三）"第三极环境"国际计划和"三极环境与气候变化"国际大科学计划

"第三极环境"国际计划由中国科学院院士姚檀栋提出，并联合美国科学院院士 Lonnie Thompson 和德国科学院院士 Volker Mosbrugger 等国际上从事青藏高原研究的杰出科学家于 2009 年共同发起，2011 年被列为联合国教科文组织、联合国环境规划署等共同支持的旗舰计划。"第三极环境"亚洲水塔图计划围绕第三极地区"水－土－冰－气－生－人类活动"相互作用这一主题，揭示第三极地区环境变化过程与机制及其对全球环境变化的影响和响应，提高这一地区灾害预警和防灾减灾的能力，是地理科学领域中国科学家主导的国际合作典范，是引领国际青藏高原研究的一面旗帜。十多年来，"第三极环境"国际计划已经建立了 30 多个国家的科学家参与的国际合作体系，构建了国际旗舰观测网络，成立了中国北京中心、尼泊尔加德满都中心、美国哥伦布中心、瑞典哥德堡中心、德国法兰克福中心 5 个实体科学中心。"第三极环境"国际计划的研究成果是习近平总书记提出青藏高原生态屏障建设重要指示的科学依据，被评为 2015 年和 2016 年全球地学 10 大前沿领域第一方阵。目前，在第二次青藏科考和丝路环境专项的支持下，"第三极环境"国际计划进一步加强与国际组织和国际计划的合作，正在与世界气象组织联合推进"亚洲水塔"观测－模拟－预警集成研究，与联合国教科文组织共同启动"亚洲水塔图计划"，与联合国环境规划署联合开展"第三极环境"国际计划变化科学评估，服务"一带一路"建设和全球生态环境保护。

为落实习近平总书记关于加强全球环境治理的重要指示和落实国家极地安全战略，正在以"第三极环境"国际计划为基础，加强与南、北极的联动研究，推动"三极环境与气候变化"国际大科学计划（简称三极计划）。三极计划倡议已得到挪威、瑞典、芬兰、德国、丹麦等国家和地区以及世界气象组织等国际组织的积极响应。下一步，将进一步落实和细化三极计划倡议下的科学问题和国际合作框架，适时启动三极计划。

（四）"数字丝路"国际科学计划

"数字丝路"国际科学计划是"数字一带一路"国际科学计划的中文简称，是由中国科学院郭华东院士倡议发起，50 余个国家和国际组织参加的大型国际研究计划，涵盖范围包括陆上丝绸之路和海上丝绸之路，旨在通过分享数据、经验、技术和知识，实现地球大数据在"一带一路"可持续发展目标中的科学服务。2016 年启动以来，"数字丝路"国际科学计划通过构建地球大数据平台，发展"一带一路"空间信息应用系统与科学模式，为"一带一路"建设提供科学、开放和合作的信息决策支持，成为支撑和解决区域及全球发展问题的一个创新实践，得到了丝绸之路沿线国家和国际组织的广泛认可与支持。"数字丝路"国际科学计划成立了由多国专家组成的科学委员会；设立了地球大数据、农业和粮食安全、海岸带、环境变化、世界遗产、自然灾害、水资源 7 个工作组以及城市环境、高山和极地寒区 2 个任务组；在摩洛哥、赞比亚、泰国、巴基斯坦、芬兰、意大利、俄罗斯和美国建立了 8 个国际卓越中心。

"一带一路"是中华人民共和国成立以来最大的国际合作计划之一，而遥感具有宏观、快速、准确探测地球表层系统的特点，可将"一带一路"作为整体系统进行大范围、多尺度、长周期、空间无缝和时间连续的探测与认知，可为"一带一路"建设和沿线国家可持续发展提供科学决策支持，并以地球大数据为技术促进机制，持续推进"数字一带一路"国际科学计划，在贫困估测、农业监测、健康城市 / 社区、水资源调查、经济估算、气候变化、生物多样性、陆表过程等方面，为实现联合国可持续发展目标提供保障。

（五）建立发展中国家人文地理学研究联盟

依托中国科学院"一带一路"国际科学组织联盟搭建的国家合作平台，与联合国人居署和世界银行合作，由中国人文地理学家发起，组建发展中国家人文地理学研究联盟，通过定期开展学术交流、进行比较研究、提供人才培训、联办学术刊物等多种方式，扩大中国已形成的特色人文地理学的国际影响，建立与发展中国家交流合作的长效机制，在人地关系耦合、区域可持续发展模式、城镇化规律、旅游地理学等研究领域，深化学术合作，共同开展全球减少贫困研究，为全球可持续发展目标的实现提供政策建议；组织国内学者承担服务发展中国家经济社会建设的科研任务，重点与"一带一路"沿线国家和地区开展国际贸易布局、产业园区布局、区域基础一体化建设的研究与科技服务，在应用性合作中深化国别与领域的定向研究。建立多语种的社会文化地理资源共享网站，通过基金支持，建立中外发展中国家为主、融入发达国家的社会文化地理信息库的初级版，让外交部、商务部、教育部等部门看到其应用价值，从而转为由部门行政经费支持、长期运行的地理信息库。

（六）做大做强亚洲地理学会，强化与周边国家地缘合作

亚洲地理学会是由亚洲国家和地区的地理学组织自愿组成的专业化区域性国际科技组织，由中国地理学会倡议发起，于 2018 年 12 月在广州正式成立。目前，亚洲地理学会拥有 24 个成员组织，包括中国内地、日本、韩国、蒙古国、中国香港、中国澳门、印度、孟加拉国、巴基斯坦、尼泊尔、斯里兰卡、土耳其、以色列、伊朗、越南、泰国、菲律宾、柬埔寨、印度尼西亚、哈萨克斯坦、吉尔吉斯斯坦、塔吉克斯坦、阿塞拜疆、乌兹别克斯坦。

为了推动区域性国际地理交流，中国地理学会于 2006 年联合日本地理学会和韩国地理学会在北京举办了首届中日韩地理学国际研讨会，之后每年举办一次，由中日韩三国地理学会轮流主办。2015 年第十届中日韩地理学国际研讨会在中国上海召开，中国地理学会同时发起创办了第一届亚洲地理大会。为了亚洲地理大会有固定的组织保障，同时进一步促进亚洲国家地理学组织间以及学者间的交流与合作，2018 年 12 月在广州召开的第四届亚洲地理大会上，到会的 22 个联合发起国家与地区地理学会的代表原则通过了《亚洲地理学会章程》（草案），宣布亚洲地理学会正式成立。中国科学院秦大河院士当选亚洲地理学会首届主席。亚洲地理学会秘书处挂靠中国科学院地理科学与资源研究所。

同时，地理学科需要探索与俄罗斯建立地理学领域深度、稳定合作的机制，以此为牵引，重点围绕国家和地方国土空间整治、重大生产力布局和地域经济综合体、综合经济区划和行政区划、可持续城市化与城乡统筹发展等

展开实质性合作，开展大型科学考察，定期进行学术交流，实施系列科研项目。在此基础上，利用亚洲地理学会，组织我国周边国家人文地理学者合作开展跨国实现联合国可持续发展目标的相关研究，针对全球化及其对跨国欠发达地区可持续生计的影响、人口流动态势和次区域间文化认同、跨国国家公园等人文地理学主题开展项目研究，吸收发达国家地理学家，探讨中国及周边国家地缘合作对全球化与全球产业链新格局的影响，以及对资源开发、人口迁移流动和社会融合等方面的影响。

本章参考文献

安宁，梁邦兴. 2017. 中国政治地理学研究进展：基于国家科学基金资助的分析. 地理科学进展，36（12）：1463-1474.

白凯，周尚意，吕洋洋. 2014. 社会文化地理学在中国近 10 年的进展. 地理学报，69（8）：1190-1206.

蔡运龙，宋长青，冷疏影. 2009. 中国自然地理学的发展趋势与优先领域. 地理科学，29（5）：619-626.

柴彦威，等. 2014. 空间行为与行为空间. 南京：东南大学出版社.

陈发虎，傅伯杰，夏军，等. 2019. 近 70 年来中国自然地理与生存环境基础研究的重要进展与展望. 中国科学：地球科学，49（11）：1659-1696.

陈发虎，吴绍洪，崔鹏，等. 2020. 1949—2019 年中国自然地理学与生存环境应用研究进展. 地理学报，75（9）：1799-1830.

陈军，陈晋. 2018. GlobeLand30 遥感制图创新与大数据分析. 中国科学：地球科学，48（10）：1391-1392.

陈军，郭薇. 1998. 三维空间实体间拓扑关系的矩阵描述. 武汉测绘科技大学学报，23（4）：359-363.

程国栋，傅伯杰，宋长青，等. 2020. "黑河流域生态－水文过程集成研究"重大计划最新研究进展. 北京：科学出版社.

程国栋，李新. 2015. 流域科学及其集成研究方法. 中国科学：地球科学，45（6）：811-819.

程国栋，肖洪浪，傅伯杰，等 . 2014. 黑河流域生态—水文过程集成研究进展 . 地球科学进展，29（4）：431-437.

樊杰 . 2019. 中国人文地理学 70 年创新发展与学术特色 . 中国科学：地球科学，49（11）：1697-1719.

樊杰，周侃，陈东 . 2013. 生态文明建设中优化国土空间开发格局的经济地理学研究创新与应用实践 . 经济地理，33：1-8.

傅伯杰 . 2017. 地理学：从知识、科学到决策 . 地理学报，72（11）：1924-1932.

傅伯杰 . 2018. 新时代自然地理学发展的思考 . 地理科学进展，37（2）：1-7.

龚健雅 . 1997. GIS 中面向对象时空数据模型 . 测绘学报，26（4）：289-298.

龚健雅，夏宗国 . 1997. 矢量与栅格集成的三维数据模型 . 武汉测绘科技大学学报，22（1）：7-15.

龚健雅，张翔，向隆刚，等 . 2019. 智慧城市综合感知与智能决策的进展及应用 . 测绘学报，48（12）：1482-1497.

顾朝林 . 2009. 转型中的中国人文地理学 . 地理学报，64（10）：1175-1183.

郭华东 . 2018. 地球大数据科学工程 . 中国科学院院刊，33（8）：818-824.

黄秉维 . 1960. 地理学一些最主要的趋势 . 地理学报，26（3）：149-154.

黄秉维 . 1996. 论地球系统科学与可持续发展战略科学基础 . 地理学报，51（4）：350-354.

冷疏影，等 . 2016. 地理科学三十年：从经典到前沿 . 北京：商务印书馆 .

黎夏，叶嘉安，刘小平，等 . 2007. 地理模拟系统：元胞自动机与多智能体 . 北京：科学出版社 .

李德仁，姚远，邵振峰 . 2014. 智慧城市中的大数据 . 武汉大学学报（信息科学版），39（6）：631-640.

李吉均 . 1995. 地理科学与建设问题 . 中学地理教学参考，（Z1）：6-7.

李文彦 . 2008. 经济地理研究拾零与经历回顾 . 北京：气象出版社 .

李小文，王祎婷 . 2013. 定量遥感尺度效应刍议 . 地理学报，68（9）：1163-1169.

李新，刘丰，方苗 . 2020. 模型与观测的和弦：地球系统科学中的数据同化 . 中国科学：地球科学，50（9）：1185-1194.

林初昇 . 2020. 去中心化和（逆）全球化背景下中国人文地理学的批判性理论探索与方法创新 . 热带地理，40（1）：1-9.

刘昌明 . 2014. 中国农业水问题：若干研究重点与讨论 . 中国生态农业学报，22（8）：875-879.

刘纪远，匡文慧，张增祥，等 . 2014. 20 世纪 80 年代末以来中国土地利用变化的基本特征与空间格局 . 地理学报，69（1）：3-14.

刘卫东，宋周莺，刘志高，等.2018."一带一路"建设研究进展.地理学报，73（4）：620-636.

刘云刚，安宁，王丰龙.2018.中国政治地理学的学术谱系.地理学报，73（12）：2269-2281.

龙花楼，刘彦随，张小林，等.2014.农业地理与乡村发展研究新近进展.地理学报，69（8）：1145-1158.

陆大道.2015.辉煌的成就，更高的使命——写在第33届国际地理学大会在北京召开之前.地球科学进展，30（10）：1075-1080.

陆大道.2017.变化发展中的中国人文与经济地理学.地理科学，37（5）：641-650.

陆大道.2020.地理国情与国家战略.地球科学进展，35（3）：221-230.

陆大道，樊杰，刘卫东，等.2011.中国地域空间、功能及其发展.北京：中国大地出版社.

陆大道，郭来喜.1998.地理学的研究核心——人地关系地域系统——论吴传钧院士的地理学思想与学术贡献.地理学报，65：3-11.

鹿化煜.2018.试论地貌学的新进展和趋势.地理科学进展，37（1）：8-15.

闾国年.2011.地理分析导向的虚拟地理环境：框架、结构与功能.中国科学：地球科学，41（4）：549-561.

吕拉昌，黄茹，韩丽，等.2010.新经济背景下的城市地理学研究的新趋势.经济地理，30（8）：1288-1293.

钱学森.1994.论地理科学.杭州：浙江教育出版社.

钱学森，于景元，戴汝为.1990.一个科学新领域——开放的复杂巨系统及其方法论.自然杂志，13（1）：3-10，64.

沈江平.2017.文化转向与历史唯物主义"重建".东南学术，（3）：62-71.

史培军，宋长青，程昌秀.2019.地理协同论——从理解"人—地关系"到设计"人—地协同".地理学报，74（1）：3-15.

宋长青，程昌秀，史培军.2018.新时代地理复杂性的内涵.地理学报，73（7）：1204-1213.

宋长青，张国友，程昌秀，等.2020.论地理学的特性与基本问题.地理科学，40（1）：6-11.

孙鸿烈.2006.中国生态系统研究网络为生态系统评估提供科技支撑.资源科学，28（4）：2-10.

汤秋鸿，刘星才，李哲，等.2019.陆地水循环过程的综合集成与模拟.地球科学进展，34（2）：115-123.

吴传钧 . 1960. 经济地理学——生产布局的科学 . 科学通报, 5（19）：594.

吴传钧 . 1991. 论地理学的研究核心——人地关系地域系统 . 经济地理, 11（12）：1-6.

吴绍洪, 赵艳, 汤秋鸿, 等 . 2015. 面向"未来地球"计划的陆地表层格局研究 . 地理科学进展, 34（1）：10-17.

夏军, 王纲胜, 谈戈, 等 . 2004. 水文非线性系统与分布式时变增益模型 . 中国科学：地球科学, 34（11）：1062-1071.

薛德升, 王立 . 2014. 1978 年以来中国城市地理研究进展 . 地理学报, 69（8）：1117-1129.

杨开忠 . 1991. 中国人文地理学复兴的回顾、反思与展望 . 人文地理, 6（2）：8-15.

杨勤业, 郑度 . 2010. 黄秉维与自然地理研究 . 地理学报, 65（9）：1146-1150.

姚檀栋, 陈发虎, 崔鹏, 等 . 2017. 从青藏高原到第三极和泛第三极 . 中国科学院院刊, 32（9）：924-931，5.

于贵瑞, 于秀波 . 2013. 中国生态系统研究网络与自然生态系统保护 . 中国科学院院刊, 28（2）：275-283.

于涛方, 吕拉昌, 刘云刚, 等 . 2011. 中国城市地理学研究进展与展望 . 地理科学进展, 30（12）：1488-1497.

张甘霖, 史学正, 龚子同 . 2008. 中国土壤地理学发展的回顾与展望 . 土壤学报,（5）：792-801.

张甘霖, 朱阿兴, 史舟, 等 . 2018. 土壤地理学的进展与展望 . 地理科学进展, 37（1）：57-65.

张鹏韬, 王民 . 2019. 基础教育地理价值观目标的坚守与演进——基于百年课程标准和教学大纲目标的文本分析 . 地理教学,（7）：7-18.

张同铸 . 1959. 为帝国主义服务的人文地理学 . 北京：商务印书馆 .

张文奎 . 1988. 中国人文地理学复兴硕果简述 . 人文地理, 3（2）：7-10.

张小林, 曾文 . 2014. 2000 年以来中国社会地理学发展的回顾与展望 . 地理研究, 33（8）：1542-1556.

甄峰, 王波 . 2015. "大数据"热潮下人文地理学研究的再思考 . 地理研究, 34（5）：803-811.

郑度, 杨勤业, 吴绍洪 . 2015. 中国自然地理总论 . 北京：科学出版社 .

中国科学技术协会 . 2012. 地理学学科发展报告（人文 - 经济地理学）. 北京：中国科学技术出版社 .

周成虎 . 2011. 全息位置地图研究 . 地理科学进展, 30（11）：1331-1335.

周成虎 . 2015. 全空间地理信息系统展望 . 地理科学进展, 34（2）：129-131.

周成虎，程维明. 2010. 中华人民共和国地貌图集的研究与编制. 地理研究，29（6）：970-979.

周尚意，戴俊骋. 2014. 文化地理学概念、理论的逻辑关系之分析——以"学科树"分析近年中国大陆文化地理学进展. 地理学报，69（10）：1521-1532.

朱竑，安宁，钱俊希. 2016. 国际上的政治地理学研究进展与启示——对 Political Geography 杂志 2005—2015 年载文的分析. 地理学报，71（2）：217-235.

朱竑，郭隽万果，吴伟. 2017. 国际社会文化地理学研究发展与启示——基于 Social and Cultural Geography 论文统计分析. 地理研究，36（10）：1981-1996.

朱竑，吕祖宜，钱俊希. 2019. 文化经济地理学：概念、理论和实践. 经济地理，39（9）：1-11.

Argent N. 2019. Rural geography III：Marketing，mobilities，measurement and metanarratives. Progress in Human Geography，43（4）：758-766.

Barnett C. 1998. The cultural turn：Fashion or progress in human geography?. Antipode，30（4）：379-394.

Bergen K J，Johnson P A，Maarten V，et al. 2019. Machine learning for data-driven discovery in solid Earth geoscience. Science，363（6433）：1299.

Chen F，Chen J，Huang W，et al. 2019. Westerlies Asia and monsoonal Asia：Spatiotemporal differences in climate change and possible mechanisms on decadal to sub-orbital timescales. Earth-Science Reviews，192：337-354.

Chen F，Yu Z，Yang M，et al. 2008. Holocene moisture evolution in arid central Asia and its out-of-phase relationship with Asian monsoon history. Quaternary Science Reviews，27（3/4）：351-364.

Clark W C，Dickson N M. 2003. Sustainability science：The emerging research program. Proceedings of the National Academy of Sciences，100（14）：8059-8061.

Dincauze D F. 2000. Environmental archaeology：Principles and practice. Cambridge：Cambridge University Press.

Fan J，Li P. 2009. The scientific foundation of major function oriented zoning in China. Journal of Geographical Sciences，19（5）：515-531.

Fedele F G. 1976. Sediments as paleo-land segments：The excavation side of study. Boulder：Westview Press.

Ferraro P J，Sanchirico J N，Smith M D. 2019. Causal inference in coupled human and natural systems. Proceedings of the National Academy of Sciences，116（12）：5311-5318.

Fu B, Pan N. 2016. Integrated studies of physical geography in China: Review and prospects. Journal of Geographical Sciences, 26 (7): 771-790.

Future Earth. 2013. Future Earth initial design: Report of the transition team. Paris: International Council for Science.

Giardino J R, Houser C. 2015. Principles and dynamics of the critical zone//Shroder Jr J F. Developments in Earth Surface Processes. Amsterdam: Elsevier.

Guo D H. 2018. Steps to the digital Silk Road. Nature, 554 (7690): 25-27.

Guo D H. 2020. Big Earth data facilitates sustainable development goals. Big Earth Data, 4 (1): 1-2.

Guo D H, Wang L Z, Liang D. 2016. Big Earth Data from space: A new engine for Earth science. Science Bulletin, 61 (7): 5-13.

He J, Yang K, Tang W, et al. 2020. The first high-resolution meteorological forcing dataset for land process studies over China. Scientific Data, 7 (1): 25.

Leng S, Gao X, Pei T, et al. 2017. The geographical sciences during 1986—2015. Singapore: Springer.

Li X, Cheng G, Liu S, et al. 2013. Heihe watershed allied telemetry experimental research (HiWATER): Scientific objectives and experimental design. Bulletin of the American Meteorological Society, 94 (8): 1145-1160.

Lin G C S, Kao S Y. 2020. Contesting eco-urbanism from below: The construction of 'zero-waste neighborhoods' in Chinese cities. International Journal of Urban and Regional Research, 44 (1): 72-89.

Liu H, Leng S, He C, et al. 2019. China's road towards sustainable development: Geography bridges science and solution. Progress in Physical Geography, 43 (50): 694-706.

Liu J, Dietz T, Carpenter S R, et al. 2007. Complexity of coupled human and natural systems. Science, 317 (5844):1513-1516.

Lu H. 2015. Driving force behind global cooling in the Cenozoic: An ongoing mystery. Science Bulletin, 60 (24): 2091-2095.

National Academies of Sciences, Engineering, Medicine. 2019. Fostering transformative research in the geographical sciences. Washington, D. C.: The National Academies Press.

National Academies of Sciences, Engineering, Medicine. 2020. A vision for NSF Earth sciences 2020-2030: Earth in time. Washington, D. C.: The National Academies Press.

Qin D, Ding Y, Xiao C, et al. 2018. Cryospheric science: Research framework and disciplinary system. National Science Review，5（2）：255-268.

Reichstein M，Camps-Valls G，Stevens B，et al. 2019. Deep learning and process understanding for data-driven Earth system science. Nature，566（7743）：195-204.

Rockstrom J. 2016. Future Earth. Science，351（6271）：319.

Rose G. 2016. Rethinking the geographies of cultural 'objects' through digital technologies. Progress in Human Geography，40（3）：334-351.

Seitzinger S P，Gaffney O，Brasseur G，et al. 2015. International Geosphere-Biosphere Programme and Earth system science：Three decades of co-evolution. Anthropocene，12（1）：3-16.

Shangguan W，Dai Y，Liu B，et al. 2013. A China data set of soil properties for land surface modeling. Journal of Advances in Modeling Earth Systems，5（2）：212-224.

Shi X，Yu D，Warner E，et al. 2006. Cross-reference system for translating between genetic soil classification of china and soil taxonomy. Soil Science Society of America Journal，70（1）：78-83.

William C C，Nancy M D. 2003. Sustainability science：The emerging research program. Proceedings of the National Academy of Sciences，100（14）：8059-8061.

Zhang L，Liu J，Fu C. 2018. Calling for Nexus approach：Introduction of the flagship programme on climate，ecosystems and livelihoods. Journal of Resources and Ecology，9（3）：227-231.

Zhang Y，Kong D，Gan R，et al. 2019. Coupled estimation of 500 m and 8-day resolution global evapotranspiration and gross primary production in 2002–2017. Remote Sensing of Environment，222：165-182.

第二章

地 质 学

第一节 战 略 地 位

地质学是研究地球的物质组成、内部构造、外部特征、各圈层间相互作用和演变历史的学科。受观察和研究条件的限制，地质学现阶段主要以岩石圈为研究对象，部分研究内容涉及水圈、大气圈和生物圈。地质学可划分为诸多次级学科（图2-1），但受时间和精力限制，本章仅对地层学、古生物学、沉积学、矿物学、岩石学、矿床学、构造地质学、大地构造学、第四纪地质学、前寒武纪地质学、水文地质学、工程地质学等分支学科进行发展战略研究。由于能源地质归入能源科学战略调研，行星地质归入行星科学战略调研，本章不再涉及。

地质学的研究内容涉及资源、能源、环境、地质灾害、地质工程和地球信息等，在现代经济和社会的可持续发展中占有举足轻重的地位。随着我国工业化、城镇化的快速推进，对矿产资源的需求急剧增加，矿产资源短缺成为制约我国经济和社会发展的重要瓶颈。这要求我们针对重点成矿区带，加强基础地质研究，为地质找矿的突破提供科学支撑。

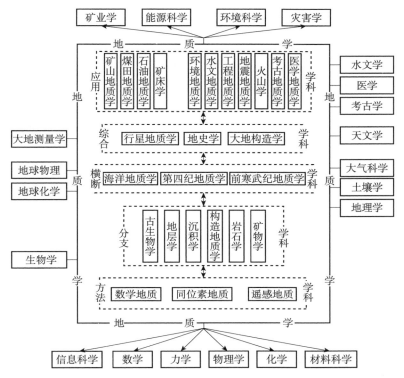

图 2-1　地质学学科体系及与其他学科的关系

修改自国家自然科学基金委员会（1991）

目前，人类工程建设和经济活动正成为重要的地质营力。地质学家已认识到，人类活动所造成的地球系统变化，已经在某些方面超出了过去50万年内自然变率的范围。工业化以来，尤其是20世纪50年代以来，全球环境系统变化的幅度和速率，在人类历史甚至可能在整个地球历史上，都是前所未有的。人类世也正式作为一个地质时代被提出，并得到越来越多的关注和接受。因此，协调人与自然的关系，将成为21世纪地质学研究的重要方面。用系统的观点研究地球，为人类的生存、发展提供知识和技术基础，将是21世纪地质学发展的主要目标之一。地质学的重要性正随着现代化经济社会的迅速发展而变得愈加突出。

当今世界仍处于大变革、大调整时期，资源短缺和环境变化正成为国际政治与外交斗争的焦点。与地质科技相关的重大国际政治外交事件层出不穷，如铁矿石年度定价谈判、新一轮极地领土权益纷争、全球气候变化与碳排放的国际博弈等。从这个意义上说，地质学繁荣发展既是一个国家综合国力的明显标志，又是维护国家主权和利益的必要措施。

中华人民共和国成立后，随着地质学各学科的迅速发展，中国地质事业也从小到大，不断发展，目前已经形成学科门类齐全的地质学学科体系（图2-1）。地质学在中国经济社会发展和现代化建设过程中持续发挥着重要作用。

第二节　发展规律与发展态势

一、地质学学科特点

近代地质学经历了200多年的发展进程。如今，人类社会经济发展面临的人口、资源和环境三大挑战给地质学提出了更多新的任务和要求。地质学不但要进一步探索地球演化过程中的一系列科学问题，还要为寻找社会经济发展必需的矿产资源、能源和水资源提供科学依据，也要为解决与人类生存、社会发展相关的生态环境保护和自然灾害预测等重大科学问题提供支撑。因此，认识地球、利用地球、协调人与自然的关系，已成为地质学的最基本任务。

归纳起来，当今地质学有如下特点。

（1）基础研究与应用服务全面结合

地质学是一门基础性的学科，具有很强的理论性。地质学各分支学科均形成了系统的学科理论体系。地质学同时又是一门实践性很强的应用学科，结合人类不断变化的需求，服务于能源、矿产、工程建设、环境、灾害、考古、医学、农业等各个领域。基础研究与应用服务紧密结合、相互促进，是地质学的重要特点。

（2）野外地质调查和观测与室内分析、测试、模拟及实验紧密结合

不同于数学、物理、化学等其他学科，野外地质调查和观测是地质学研究的基础与前提。地质学研究必须与地质调查相结合，并且要做到野外与室

内相结合、定性描述和定量模拟计算相结合等。随着当前测试技术和观测能力的加强，野外观测与室内分析结合得更加紧密。

（3）宏观与微观、单学科与多学科结合

地质学研究面对的是复杂的、动态变化的地球系统。"盲人摸象"的研究特点，要求地质学研究既要从宏观尺度上，又要从微观尺度上，系统而全面地认识地球演化。既要有单一学科的深入研究，又要有多学科，尤其是地球系统科学的整合研究。

（4）全球思维、时间思维不断强化

地质学不同于其他学科的一个重要特点在于全球思维和时间思维。地球是一个整体，任何一个地质体都不是孤立存在的，从全球角度认识地球、把地质信息放到时间轴上来思考是地质学家的基本思维方式。随着地质年代学测量方法和技术的提高，对不同地质体的时间精确定量约束成为可能，这种从时间轴上思考的特征也越发明显。

（5）研究空间范围不断拓展

地质学的研究对象已经从大陆扩展到大洋（深海），从地表向地球深部扩展（深地），从地球向其他星球扩展（深空），从人类的历史向地球的历史拓展（深时），大大推动了人类在地球的成因、生命起源、地球环境演变等方面的研究，进而不断产生新认识，形成新理论，促使地质学发生了重大变革。

（6）向定量化、智能化方向不断前进

随着现代信息技术和观测、探测技术的发展，地质学研究定量化水平不断提高，同时促进了从描述性地质学向定量地质学方向的转变。随着大数据和模拟技术的快速发展，地质学智能化水平和预测能力得到了极大的提高。

总之，地质学研究从兴趣驱动向需求驱动方向转变，不断增强地质学研究的社会功能，逐步从传统地质学向以现代地球系统科学为核心的现代地质学转变，即向"大地质"或"大地学"方向转变。

二、地质学国际发展动态与趋势

宜居地球的物质、生命、环境和构造演化是地质学基础学科研究的永恒主题，这些研究使人类对赖以生存的地球家园有了更深的认知和理解。地层学以建立高精度年代地层的划分和对比格架为中心；古生物学研究模式发生了改变，定量计算、新技术和向微观、宏观维度拓宽等的重要性日益凸显；沉积学更加关注地球表层圈层的相互作用、物质循环和地球系统演变，包括生命与环境演化、古地理演化、古气候演化、古海洋演化等；矿物学、岩石学与矿床学的研究范围从区域走向全球视野，对相关的地质与成矿过程研究趋于精细化，在传统理论和模型的基础上不断推陈出新；构造地质学逐步完成从几何描述分析到有限应变分析的研究转变；大地构造学以板块构造学说为基础，更加强调精细的地质观测调查，其研究空间范围不断扩大，研究时间精度大幅提高，学科交叉领域更加广泛；对前寒武纪大陆及其构造演化和环境－资源－生命演化的研究形成了独立的学科，即前寒武纪地质学。进入 21 世纪，随着全球变暖问题逐渐显露，地质增温期气候环境变化和人类活动对气候环境的影响成为第四纪地质学的前沿研究。基础地质不同学科之间的交叉融合成为理论创新的突破口，大数据逐渐成为基础地学研究的新方向和新范式。谈及我国地球科学的未来发展，哪些国家能真正形成"数据－模式驱使"科学研究体系，率先构建出以新数据获取和大数据为支撑的、全面耦合地球固体和流体圈层过程的先进数值模型系统，哪些国家就有望成为未来地球科学的引领者和下一个新理论的主要贡献者。由于过程和机制的复杂性及观察技术与计算能力的限制等，固体和深部地球的数值模型目前仍相对零散。通过发展深地探测及计算能力，在全球尺度上整合和构建深部与固体地球的数值模型，是地球科学一项十分紧迫的阶段性任务。理解从地质尺度到人类尺度上，联系地球各个系统变化的物理、化学、生命和地质过程与机制，这正是当前地球科学又在酝酿的新变革，也极可能是地球科学下一个重大理论的突破口。

应用地质学的学科性质决定其将在实现宜居地球战略中发挥不可替代的重要作用。主要表现在四个方面：应用地质学将保障宜居地球的地质安全，营造长久的宜居环境；应用地质学将科学防控各类灾害风险，适应地球系统的复杂动态变化；水文地质学和工程地质学将支撑地下空间的合理开发，创建新的宜居场所，致力于提升人地系统和谐，延长地球宜居寿命；同时，人类将持续进行四大科学探索工程——"上天、入地、下海、登极"，这些工程均与地质学有着深厚的联系，也与促进国民经济社会发展、保障国防安全、提升国家综合国力及国际竞争力息息相关。这为地质学学科发展带来了绝佳机遇，也为提高我国独有的国际竞争力提供了有力支撑。中国地质学将肩负起引领国际应用地质学学科发展的使命，广泛汲取相关学科先进理念，重塑应用地质学内涵与外延，推动中国在相关应用地质领域国际地位的提升，实现从应用地质大国走向应用地质强国的战略目标。

从文献计量学角度，对 Web of Science 的 SCI、SSCI、A&HCI 数据库中与地质学相关的论文进行检索和筛选，选择期刊的学科类别为地球科学综合、地质学、工程地质学、矿物学、古生物学等，检索到 2010～2019 年与地质相关的论文 320 461 篇。发表的论文呈逐年递增趋势，2010 年发表论文 23 622 篇，到 2019 年达 40 942 篇，平均年增长 6.3%（图 2-2）。地质相关的论文除了涉及地质学、地球化学、地球物理、海洋科学等研究领域外，还涉及工程、自然地理、水资源、环境科学、生态学、大气科学、采矿加工等，显示出强盛的学科生命力，尤其是工程领域与地质相关的论文数量 2019 年比 2010 年增长了 107%。

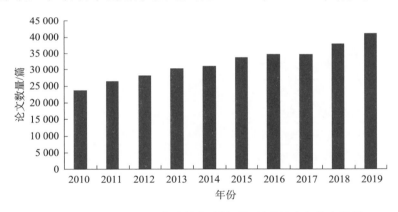

图 2-2　Web of Science 收录的全球地质相关的论文年发表数量

中国科学院科技战略咨询研究院、中国科学院文献情报中心和科睿唯安信息服务（北京）有限公司每年出版自然科学与社会科学研究前沿报告。该报告每年对地球科学领域核心论文进行分析，并选出 10～12 个重点研究前沿。从 2013～2019 年出版的地球科学领域 78 个研究前沿中，挑选出 23 个与地质学相关的重点研究前沿，并进一步归纳成 6 个研究领域（表 2-1）。这些研究前沿分布在全球变化（6 个），地震、海啸与火山（5 个），大地构造与地幔动力学（4 个），环境与工程地质（3 个），矿物岩石与地质年代（3 个），地球早期环境（2 个）领域。

表 2-1　2013～2019 年地球科学领域与地质学相关的科学研究前沿列表

研究领域	科学研究前沿	入选年份	我国核心论文排名	我国热度指数排名
全球变化 （6个）	末次间冰期以来深海与大气之间的CO_2交换导致全球变暖	2014	—	—
	全球海平面升高及其影响因素研究	2014 / 2015	10	—
	间冰期气候变化研究	2016		
	全球内陆水体和海洋的碳循环	2016		
	全球变暖趋缓（hiatus 现象）	2016	10	
	全球内陆水域的CO_2排放研究	2018	1	13
地震、海啸 与火山 （5个）	2008年汶川地震研究	2013		
	2011年东日本大地震与海啸成因研究	2014 / 2015 / 2016	—	—
	2015年尼泊尔喜马拉雅逆冲断层的廓尔喀地震研究	2018	—	7
	2016年新西兰凯库拉地震和2015年尼泊尔廓尔喀地震破裂带特征分析	2019	—	5
	对瑞道特火山和艾雅法拉火山喷发的监测、预警和影响研究	2014		
大地构造与 地幔动力学 （4个）	中南亚造山带构造演化	2013		
	中国华北克拉通破坏	2014 / 2015	—	—
	中国华北克拉通前寒武纪地质演化研究	2017	1	1
	地球地幔动力学研究	2015		
环境与工程 地质 （3个）	基于地理信息系统的滑坡敏感性评价研究	2018	—	3
	中国主要矿藏重金属地理累积情况与环境风险管控	2019	—	1
	热损伤对岩石力学特性的影响研究	2019	1	1
矿物岩石与 地质年代 （3个）	藏南锆石的地质年代学	2013 / 2014	—	—
	页岩气储层孔隙系统类型及表征	2017	1	2
	利用好奇号开展盖尔陨石坑的岩石矿物学研究	2017 / 2018 / 2019	—	10/11/10
地球早期 环境 （2个）	地球早期海洋的演化以及与之相关的生物进化	2016		
	元古宙时期大气和海洋的氧化作用	2018 / 2019		3/3

注："—"表示无数据

第三节　国际地位与发展现状

一、我国地质学的国际地位

1. 国际地位

我国国土上分布着纵贯地球历史的沉积、地层和囊括几乎所有生物门类的丰富化石埋藏，为古生物学、地层学和沉积学研究提供了得天独厚的地质条件。20世纪80年代至今，我国古生物学转向发掘化石中蕴含的生物学特别是有关生命演化的信息，对澄江动物群、热河动物群等特异埋藏化石材料的发现和深入研究，为生命主要类群的起源和演化、重大演化事件的发生以及各生命类群之间的谱系关系提供了关键实证。总的来说，我国古生物学已经居于世界前列水平，未来有望在国际上更多地引领学科方向。我国地层学更加注重综合地层学的研究，结合高精度的放射性同位素年龄建立了自新元古代以来若干时期的高精年代地层格架，是拥有全球界线层型剖面和点（"金钉子"）最多的国家之一。我国沉积学近年来在盆地沉积动力学和深时全球变化方面取得了较大进展，将区域沉积记录与全球气候、环境演变相结合，为关键地质时期的深时气候系统和古海洋演化、地球深部与浅表的相互作用等提供了重要信息。我国黄土沉积与全球变化、石笋与全球古季风演变的研究，在国际上处于领先水平。我国科学家在青藏高原隆升、碰撞与成矿规律，华北克拉通破坏、中亚造山带、前寒武纪地质、热损伤对岩石力学特性的影响，页岩气储层等方面取得了系统性的研究成果，使得这些领域成为近年来的研究热点，引领了国际相关研究。尤其是"华北克拉通破坏"重大研究计划的顺利实施，使得该领域成为全球大陆演化与动力学研究的热点，中国科学家在此领域发挥了引领作用，显著提升了我国固体地球科学研究的国际学术地位（朱日祥，2018），产生了广泛而显著的学术和社会影响。

我国具有著称于世界的、独特的自然条件，开展地质学研究的地域优势明显，环太平洋、中亚、特提斯三个构造域在中国境内汇聚，决定了中国大陆岩石圈结构的复杂性和在全球地质演化中的重要意义。中国大陆地质构造复杂，演化历史漫长，是由不同时代和不同规模的一些克拉通（或小陆块、准地台）和众多微陆块及其间的褶皱带（造山带）组合而成的复合大陆。古生代以来中国大陆构造的发展和演化记录了古亚洲洋、特提斯洋和太平洋三大全球性动力学体系之间的相互作用。中生代、新生代太平洋板块俯冲和印度板块碰撞导致了大陆边缘和内部复杂的动力学过程，在中国大陆及邻区留下了明显的印记。西部陆－陆碰撞产生的"世界屋脊"——青藏高原及其所伴生的陆壳抬升和增厚，东部的岩石圈减薄及典型的边缘海，横贯东西的中央山系和大别—苏鲁超高压变质带，还有别具特色的众多沉积盆地等，都为我国地质学研究提供了天然实验室。随着我国正在实施的国家自然科学基金委员会基础科学中心项目"克拉通破坏与陆地生物演化"、"大陆演化与季风系统演变"以及国家自然科学基金重大研究计划"特提斯地球动力系统"和"战略性关键金属超常富集成矿动力学"等项目的顺利实施，可以预见，我国地质学的国际地位将不断提升，逐步成为国际地学强国。此外，我国是世界上最大的工程建设场地，面临着许多复杂的工程地质问题，三峡水库、青藏高原、黄土高原的工程地质与灾害地质研究影响突出。上述问题的持续深化研究，将进一步提升我国工程地质研究的国际地位。

从文献计量学角度，2010 年后我国地质学进入蓬勃发展的阶段。在 Web of Science 数据库中，2010～2019 年我国共发表地质相关论文 62 903 篇，占全球发文总量的 19.6%，排在全球第 2 位。2010 年发表地质相关的论文 2719 篇，到 2019 年收录 12 079 篇，论文数量增长了 3.4 倍，显示出强劲的增长趋势（图 2-3）。从年发表论文来看，我国已由 2010～2017 年的第 2 位上升到 2018～2019 年的第 1 位，超越了美国（表 2-2）。我国在地球科学领域发表论文强劲的增长趋势很大程度上归结于测试和观测技术瓶颈问题的有效解决，这得益于我国经济的快速发展和对基础科学研究投入的大幅增加。从地球科学整体学科来看，结合引文信息，2020 年在 Web of Knowledge 平台基本科学指标（Essential Science Indicators，ESI）方面我国排在全球第 2 位，从篇均被引的情况来看，我国地质相关的论文篇均被引次数约 11.5 次，仅相当于瑞士、英国、美国等篇均被引的 50%～60%，还有很大的差距（图 2-4）。

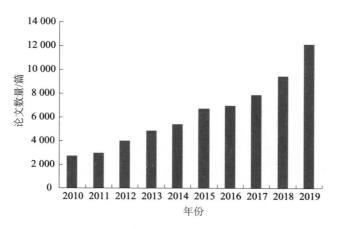

图 2-3　Web of Science 收录的我国地质相关的论文年发表数量

表 2-2　Web of Science 收录的地质相关的论文数量世界排名逐年变化情况

排名	2010～2011 年	2012～2013 年	2014～2015 年	2016～2017 年	2018～2019 年
1	美国	美国	美国	美国	中国
2	中国	中国	中国	中国	美国
3	德国	德国	德国	德国	德国
4	英国	英国	英国	英国	英国
5	法国	法国	法国	法国	法国
6	加拿大	加拿大	澳大利亚	澳大利亚	澳大利亚
7	意大利	澳大利亚	加拿大	加拿大	加拿大
8	澳大利亚	意大利	意大利	意大利	意大利
9	俄罗斯	日本	俄罗斯	俄罗斯	俄罗斯
10	日本	西班牙	西班牙	日本	印度

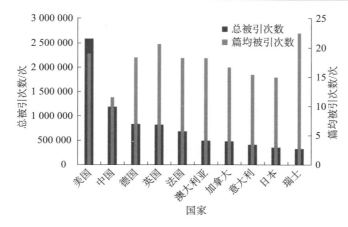

图 2-4　Web of Knowledge 平台基本科学指标地球科学总被引次数、篇均被引次数的
国家排名前 10 情况

2. 国内外差距

从地质学的发展来看，我国与国外的差距主要表现在以下四个方面。

一是学科质量上的差距。虽然我国近年来地质学论文数量迅速增长，在国际刊物上发表的论文数量继续呈明显上升趋势，但发表在国际顶级刊物上，尤其是有重大影响的、引领国际研究前沿的论文和成果少之又少，这在某种程度上反映出我国地质学发展规模"大而不强"的问题。

二是地质思维上的差距。我国地质学家很少能提出原创性理论，大多数以国内实测资料为基础，对国外提出的地质理论模型进行检验和论证，增添新的论据，在新理论和新方法上缺乏建树。在思维上，缺乏全球视野，创新性较弱，学科交叉和融合不足。在具体工作地区上，我国学者较少涉足境外地区的地质研究。谈及科学理念的变革，打破时空尺度的、穿越固体‒流体圈层的"跨维过程整合"就成为未来的挑战；跨维整合也要求地球科学方法学的变革，即从单一学科的研究真正转向多学科交叉研究，从定性研究转向定量化的过程研究，从相对独立的数据观察和数值模拟研究转向以新数据获取和大数据为支撑的"数据‒模式趋势科学"研究。

三是地质观测、探测和分析技术上的差距。我国现有地质观测、探测和分析技术装备基本上从国外引进。虽然在一定程度上弥补了差距，但在一些核心技术和装备，如研究地球深部的高温高压实验技术、高科技探测技术和数据采集技术等方面仍然落后于西方发达国家，一些"高精尖"的分析与方法，如高精度同位素定年等仍是制约我国地质学研究的桎梏。

四是地质学领军人物上的差距。近年来，我国地质学领域已经涌现出一些具有国际声誉的科学家，但整体而言仍偏少，与我国地学大国地位不符。我国缺乏既有丰富的野外地质调查经验，又能引领地质学学科发展的领军人才，也非常缺乏能够开展多学科交叉融合、取得创新研究成果的顶尖人才。科技创新战略的本质是人才战略，而人才战略的核心在于教育。

国家自然科学基金委员会地球科学部在"十一五"规划中所指出"三多三少"（证明西方学者提出的假说和理论的研究多，提出我国自己的假说和理论的研究少；单一学科封闭式研究多，真正意义上的多学科交叉与综合集成研究少；模仿性研究多，独创性成果少）的现象仍没有得到有效的解决，我国多数成果缺乏先导性，在国际上缺乏影响力。改善这样的状况、加强创新性成果的产出仍是未来研究工作的重点。

二、我国地质学的发展现状

1. 近年来取得的突出进展

基础地质的各个学科在研究人员的不懈努力下都有了很大的发展，取得了一些突出的研究进展，具体包括：

1）结合高精度地层学的古生物学研究进一步完善了国际年代地层框架，我国是全世界拥有"金钉子"最多的国家之一，充分体现了我国地层学研究的国际领先地位；澄江生物群、热河生物群等特异埋藏化石材料的发现和深入研究，为生命主要类群的起源和重大演化事件的发生以及各生命类群之间的谱系关系提供了关键实证，尤其是对二叠纪末生物大灭绝、硬骨鱼纲起源、鸟类起源与演化、人类起源与演化等方面的研究取得了突出的成果，引领了相关研究。

2）发挥我国沉积盆地类型多样和沉积记录连续完整的优势，近年来在活动古地理重建、造山带原型盆地恢复和关键地质时期古气候、古海洋事件等研究领域取得了许多新的认识，尤其是在温室地球环境演化方面取得了突出的研究成果，引领了国际白垩纪海相沉积"黑－红"转变研究。围绕国家重大需求，基于沉积学研究，建立了陆相湖盆沉积、小克拉通海相沉积、新生代边缘海海域沉积、细粒沉积体系与纳米级孔喉理论体系，为世界沉积学的发展做出了重大贡献，有力地指导了我国石油工业的生产实践，也为煤炭和砂岩型铀矿等资源的勘查提供了重要理论支持。

3）在"三稀"（稀有、稀散和稀土）元素矿床的成因矿物学、地球深部矿物物理与高压矿物学、矿物表/界面科学、材料矿物学、环境矿物学、矿物与微生物作用、特提斯洋造山作用与大陆碰撞成矿、陆内成矿、克拉通演化与成矿、低温成矿系统等诸多领域取得了重要进展，提出了碰撞型斑岩铜矿成矿理论、大陆碰撞成矿理论等，产生了重要的国际影响。

4）在华北克拉通的形成与破坏机制、青藏高原地体拼合、碰撞造山、高原生长与隆升、构造变形与环境变化、中国东部燕山期岩浆岩成因与大规模成矿动力学、中亚增生造山作用及其环境效应、中国最古老大陆的时代和演化等方面取得了一批系统的、创新性的、具有国际影响力的研究成果。

5）我国第四纪地质学研究在黄土沉积与全球变化、季风－干旱环境形成与演化、地质增温期气候与环境、石笋与全球古季风演变、第四纪气候突变事件、人类演化和农业起源与环境演变等多方面取得了一系列原创性成果，在国际上产生了重要影响。提出第四纪东亚季风演变的冰量驱动假说、全球古季风演变的冰盖－热带双驱动假说，以及南北半球气候对外部驱动的不对称响应假说；将亚洲古季风的历史从更新世先后上溯至晚中新世、渐新世—中新世界线，并提出亚洲季风至少形成于中新世初；在全新世大暖期、更新世超长增温期、古新世—始新世极热期等典型增温期研究方面取得重要进展；石笋高分辨率古气候记录研究在国际全球变化领域发挥了引领作用；提出晚第四纪季风－干旱环境突变与太阳活动以及高、低纬气候过程关联机制的假说；发现1.4万年以来欧亚大陆东西部人群有着丰富而复杂的基因交流史；提出早全新世我国北方主要作物为黍，而南方开始栽培水稻，中全新世野生稻北扩促进了稻作的发展。

6）水文地质学、工程地质学、环境地质学为代表的应用地质学科迎来了前所未有的发展机遇，水文地质学和工程地质学研究领域开拓研究了包气带水流、非达西流和多相流特性，提出了区域地壳稳定动力学、岩体工程地质力学、岩体结构控制论、工程地质演化与过程控制等理论，取得了大量新发现。面向人类应对全球变化和资源生态安全的需求，水文地质学和工程地质学对经济社会发展的科技支撑能力稳步提升，已成为一门理论体系完整、工程技术先进、应用成效显著、具有鲜明中国特色的综合性学科，在国际应用地质界占据了重要地位。

2. 面临的主要问题

在看到成果的同时也需要注意，我国地质学的发展也面临如下问题：

1）高水平原创性成果不足。多数研究成果局限于个例研究，在思维上，全球视野的研究不多，全球性、格局性探索缺乏突破。

2）学科交叉不充分。学科领域长期以来秉承了传统分支学科研究的惯性思维，不同学科之间发展不平衡；综合式、多学科参与的基础地质研究和填图式野外研究较弱，相应的研究短板亟待补齐；研究范式相对陈旧，未能紧跟国际最新潮流。

3）对指标和现象的研究较为深入，但对过程和机制的研究较为薄弱；在记录积累方面物力有余，但在理论创新方面能力不足。注重科学假说的提出和验证，有望促使我国地质学研究实现从量变到质变的飞跃。

4）定量化研究不足。多数研究基于观察的描述性工作、定性分析和概念模型，缺乏足够的定量描述和分析，基于数学模型和定量统计的研究较少。

5）实验分析测试方法自我研发不够。长期以来，国内科研机构满足于购买成熟的分析仪器，缺少自己研发、自我组装和开发新方法的习惯与技术。

第四节　学科发展布局

一、指导思想、布局原则、发展目标

1. 指导思想

当前，地质学正处于全面发展的新时期：一方面，我国处于地学大国向地学强国转变的关键阶段，科研成果发展的目标从数量多向质量高转变；另一方面，全球基础研究正面临一场新的科学范式变革，地质学再次处于学科革命的前夜。面对新时代、新形势的要求，地质学学科发展布局应着眼于源头创新，通过创新引领学科全面发展；应与国家重大需求相结合，围绕国家重大关切，关注社会可持续发展；应瞄准世界科技前沿，实现前瞻性基础研究，引领原创成果重大突破，仍然需要坚持"有所为有所不为"的原则。

2. 布局原则

地质学基础和应用研究的学科发展布局应该从分析学科现状出发，按照瞄准世界科技前沿、围绕国家重大关切、着力源头创新的总体指导思想，优化学科布局，抓住学科发展机遇，实现传统学科的新生。

首先，聚焦前沿，发挥优势。我国地质学及其各分支学科研究水平与国际一流研究水平的差距迅速缩小，一些研究领域已经走在世界地学研究的前列。例如，克拉通演化动力学研究的理论性突破，迅速提升了我国在大陆动力学研究方面的国际地位；成矿理论的研究进展为有效解决我国相关矿产资源短缺的难题和社会发展与经济建设提供了强有力的支撑。地质学学科布局应注意这些积极变化，重视学科发展规律，瞄准科学前沿及重大科学问题，促进学科交叉融合与创新，着力发展和扩展已有优势，在更多的领域引领全球研究。

其次，立足区位，瞄准全球。我国地质学研究具有明显的区位优势，有独特的地质条件，发育有全球典型的克拉通和造山带，明确记录38亿年相对完整的演化历史，有地质内涵丰富的地球第三极——"世界屋脊"青藏高原，特提斯、环太平洋和中亚三个构造域在中国境内汇聚，丰富的地质记录决定了中国大陆岩石圈结构的复杂性和在全球地质演化中的重要意义，也使我国具备瞄准全球的先天优势。地质学学科布局不能不利用这一优势，放眼全球，在更多领域实现研究引领。与此同时，随着我国综合国力和全球交流合作能力的快速提升，我国地质学家要积极走出国门，围绕重要科学问题，去全球典型地质出露区开展研究，只有这样才能做出更多具有全球引领性和开创性的研究成果。

再次，加强应用，服务国家。理解宜居地球的形成与演化离不开地质学；美丽中国的可持续发展，同样离不开地质学。地质学学科发展应充分考虑国家经济社会发展需求，服务国家目标，加强应用基础研究，在矿产资源、地质环境和地质工程等领域，为国家矿产资源保障、地质环境监测与保护、减灾防灾等目标服务，全面推动与资源和环境相关的交叉学科的发展，服务经济社会发展和经济强国建设目标。

最后，补齐短板，前瞻布局。地质学学科布局也应该看到我国在某些方面的短板、不足和差距，如缺少国际领军人才，原创分析技术与自主研制设备不足，前瞻学科生长点匮乏，"三多三少"问题依然存在。认识到这些问题，提前做好前瞻布局，就有可能实现学科"弯道超车"。

3. 发展目标

按照学科发展布局的指导思想和布局原则，2035年前地质学学科力争实现如下发展目标。

一是在若干学科分支方向和研究领域引领国际前沿。瞄准国际地质科学前沿，以重大地质问题为导向，通过多学科综合交叉研究，前瞻技术引领，带动传统学科发展；推动生命主要类群的起源和演化、古地理与古气候重建、重大地质事件与成矿、重大工程地质理论与应用等方向的某些领域的发展，使之引领国际前沿。

二是全面提升解决区域地质问题的能力，增强学科国际影响力。利用好我国地质区位优势、地质资料优势以及研究地质问题的"大兵团作战"能力，以重大地质问题为突破口，与全球地质学家一道，通过解决重大地质基础理论问题，提升区域地质问题在本学科的全球影响力，增强学科国际影响力。

三是完善服务宜居地球和美丽中国的学科体系。宜居地球已经成为我国地球科学领域的科技发展战略目标。地质学应当致力于在"上天、入地、下海、登极"等方面促进社会发展；致力于保障宜居地球的地质安全，营造长久的宜居环境；致力于科学防控各类灾害风险，适应地球系统的复杂动态变化；致力于合理开发地下空间，创建新的宜居场所；致力于提升人地系统和谐，延长地球宜居寿命等，全方位服务美丽中国可持续发展目标。

四是培育多个新的分支生长点，实现引领性原创成果突破。前瞻布局分析测试技术，鼓励学科交叉与融合，加强新兴学科的培育与发展，不断酝酿和培育新的学科生长点，不断使某些具有研究基础或者区域优势的学科产出引领性重大原创成果。

五是培养一批在不同分支具有广泛国际影响力的领军人才，整体提升学科影响力。在传统优势和新兴学科分支领域，多层次培养学科人才，重点培养一批具有卓越创新能力和国际视野的学科领军人才，通过提升科研机构和学术组织的影响力，提高重大原创成果数量，提升学科方向的国际话语权，全面提升地质学学科国际影响力。

二、学科优先发展方向

按照地质学 2035 年前学科发展布局的指导思想、布局原则和发展目标，各分支学科应围绕地球物质、生命、环境和构造演化的基础科学问题，立足国际学科前沿，加强学科交叉，发挥地域优势，拓展全球视野，加强平台建设，补齐研究短板，面向国家和社会需求，促进研究范式变革，产出一批原创性成果，全面提升学科国际影响力。

（1）古生物学

应加强学科分支内部和分支之间的合作，避免零散化、碎片化，力争全面、系统地利用古生物和生物多样性的资料开展它们与环境相互作用关系的研究，以提出翔实可靠的新理论。加强与沉积学、地球化学、地质年代学等学科的结合，揭示生物生存的环境条件及其在地史时期的演变规律。加强与分子生物学、演化－发育生物学研究的交叉，大力发展分子古生物学等研究，为数万年内甚至更久远的全球生物圈演变和人类演化提供宝贵证据，并力争在生物体表型特征演变机制方面和意义上取得突破。古生物学研究应积极采用最新的技术手段，极大程度地获取化石材料中蕴含的信息，特别注重在整合生物学范式下获取古生物化石从分子层面到生物区系不同尺度上的生物学信息，强调大数据时代定量计算和数理统计分析的应用。古生物学应倾向于那些对本学科发展具有引领和把握作用的研究，如提出重要的新理论框架、发展新的交叉研究方向等。同时，古生物学学科也将继续利用我国得天独厚的化石和地层材料，开展系统古生物学研究，进一步深化对古群落生态学及生物地层学的研究等。重点发展方向包括：①生命起源和早期演化，特别是重要生物类群的起源、早期演化及其环境背景的内在联系；②建立高精度生物地层和年代地层框架，揭示生物大灭绝及其后的复苏和控制因素，开展已灭绝生物的功能形态学、生理生物学研究；③生物系统演化和"生命之树"谱系的重建，揭示古人类演化和现代人类兴起历史，以及其与更新世以来全球环境变化之间的关系；④关键时期的分子古生物学和生物标志化合物研究等。

（2）地层学

既要适应全球地层学科的发展趋势，又要满足地球科学不断发展和资源勘探中对高分辨率年代地层划分与对比的需求。为此，需要创新构建新的地层学理论和方法体系，在传统岩石地层学、层序地层学、生物地层学、磁性地层学和地质年代学的基础上，重点利用不同分支学科的原理和方法开展综合地层学研究，如多参数的化学地层学和旋回地层学、大数据支撑的定量地层学和事件地层学等，特别需要加强与高精准度地质年代学的协同研究。重点发展方向包括：①以我国特色的海相地层为基础，开展国际年代地层表中没有厘定的"金钉子"研究，以及显生宙各纪地层"后层型"和"亚阶"的研究，并为前寒武纪主要年代地层单位的"金钉子"研究做好充分的基础研究准备；②以我国特色的中－新生代陆相地层为基础，将建立陆相地层的年代划分标准作为重点发展方向，开展陆相地层的区域性和全球性对比研究；③以探讨重大地质和生物演化事件为目标的高分辨率年代地层学研究；④以适应我国不同区块油气勘探中地层划分和对比需求为导向的应用地层学研究。

（3）沉积学

以国家资源需求、"深时"环境与沉积演化为驱动力，将"将今论古"和"以古鉴今"相结合，力争在环境和资源领域重大基础科学问题上取得突破。继续与国家需求结合，大力发展能源、资源、矿产沉积学研究，着眼于区域和全球尺度，推动基础研究与国家需求相结合的活动古地理、古环境等研究；重视古今对比研究，尤其要重视现代沉积学的观察与沉积过程的研究；推进沉积实验模拟和分析测试平台的建设，推动建立沉积学的定量方法研究；加强与地质学其他学科的交叉融合，积极推动沉积大数据建设，推动沉积模拟与计算、大数据分析与人工智能的交叉研究。借助大数据和模型模拟来探讨不同时空尺度的地理、地貌、水系演变和盆地演化、物质循环的过程及机制。重点发展方向：①重大古气候和古海洋变化事件的过程及其形成机制。在新元古代、石炭纪—二叠纪、二叠纪末、白垩纪—古近纪等关键地质时期，地球经历了气候状态和古海洋条件的重大转变，是地球圈层相互作用的结果。加强环境信息定量恢复，结合数值模拟研究环境演变过程和地球系统反馈机制。②陆地古地貌、古地理演变和盆地成因机制。这一方向涉及的科学问题包括不同地貌形态和水系分布的控制机制、盆地的形成与演化等。需要重视古地理定量化指标的研究，发展碎屑单矿物物源分析和热年代学分析方法，探索原型沉积盆地恢复、盆地成因机制的研究方法和思路，开展盆山耦合及其机制综合研究。③地球表层物质演化与循环。沉积物的产生、搬运和沉积是地球物质循环的重要组成，受控于并可反作用于深部地质过程。重视开展模拟研究，发展沉积大数据研究。

（4）矿物学

应发挥我国矿物学学科传统优势，体现国际矿物学发展趋势，满足国家战略需求，矿物学发展布局将以资源、环境和材料重大需求为契机，充分利用现代分析技术与地学大数据，发展矿物学交叉学科，提升我国现代矿物学研究水平与国际影响力。要加强矿物精细晶体化学和矿物本征物理性质研究，矿物化学成分和晶体结构是决定矿物种属及其性质的最根本因素，矿物主要本征物理性质包括矿物光、电、磁、热、力等性质。地球深部的矿物组成从根本上制约着地球的物理性质、地球化学、地质和演化过程。矿物不仅随时间历史进程发生变化，在地球及行星天体的不同空间上也存在一定的变化规律。对地球资源的认知与利用水平，很大程度上依赖于对矿物有用性能及其中有用组分的研究工作。当代系统地球科学更加关注岩石圈受到水圈、大气圈和生物圈的影响作用，其中无机矿物形成、发展与变化过程所禀赋的环境属性成为矿物学新的发展方向。矿物与微生物相互作用是介于地质学与生物学的新兴交叉研究方向，是地质微生物学的核心研究内容。重点发展方向：新矿物发现，我国重要的稀有、稀散和稀土元素矿床的系统矿物学，地球深部矿物物理与高压矿物学，不同介质体系中的矿物表面科学，成岩、成矿作用的成因与找矿矿物学，矿物有用性能开发的材料矿物学，地球多圈层交互作用的环境矿物学，成岩、成矿、成藏过程解析的矿物信息学，矿物与微生物作用的交叉学科，药载矿物材料及矿物药用机理与地质医学，小行星矿物资源与宇宙矿物学等。

（5）岩石学

应进一步加强理论基础研究，聚焦国际前沿，探索未知领域，面向国家和社会需求，加强跨学科交叉融合，发挥矿物岩石大数据的优势，促进研究范式变革，产出一批原创性成果，带动矿物学与岩石学向前发展，并加强平台建设、人才队伍建设和项目资助力度，造就一批具有国际视野的创新领军人才和研究团队。重点发展方向：①俯冲带壳幔相互作用，包括俯冲带结构与物质组成、俯冲带变质演化与流体活动、俯冲板片来源熔/流体的物理和化学性质、俯冲带深部挥发分循环及其效应、俯冲带交代作用的橄榄岩记录、俯冲带壳幔相互作用的岩浆岩记录、俯冲带化学地球动力学过程及其地表响应、俯冲带壳幔相互作用的实验研究和俯冲带过程的数值模拟；②花岗岩成因与地壳演化，包括花岗岩类成分多样性机制、花岗质岩石形成的物理化学条件、花岗质岩浆形成的构造背景与动力学机制、花岗岩-火山岩成因联系、早期花岗岩形成与大陆成分演变机制、巨型花岗岩带的形成及其时空演化机制、花岗岩成分演变与地球内生与表生过程的耦合机制；③地幔深部动力学过程与物质循环，包括地球早期地幔形成与记录、克拉通地幔形成与破坏机制、地幔交代作用过程与机理及其对其他圈层（如大气圈、水圈）的影响等。

（6）矿床学

加强矿床学与其他学科的交叉融合及国际对比研究，加强成矿过程的实验及数学模拟，深度挖掘矿床大数据，以全球视野理解中国大陆的成矿作用，并促使矿床学研究向定量化和精细化发展，带动我国矿床学的发展，造就一批有国际影响力的创新领军人才和研究团队。重点发展方向：①地球动力学过程与成矿作用机制，主要包括板块边界构造-岩浆-流体活动及其对元素迁移富集的控制，俯冲带结构及样式对成矿作用类型和时空演化的控制，陆-陆碰撞过程对成矿作用的控制，不同圈层物质组成、结构与深部过程对成矿物质来源和金属元素巨量堆积的制约，克拉通化与克拉通改造的成矿异同点及其控制因素，盆地构造和热-化学动力学过程与盆地矿产时空演化关系；②战略性关键矿产的超常富集机制，主要包括关键矿产资源的赋存状态与分布规律、关键元素地球化学行为及超常富集机制、关键元素的迁移规律及沉淀机制；③大宗紧缺矿产深部成矿规律与勘查模型，主要包括成矿强度与矿床空间分布不均一性的关键控制因素、第二找矿空间成矿系统三维结构和可视化技术、深部蚀变和矿化信息的高精度快速提取技术与方法体系等。

（7）构造地质学与大地构造学

应立足学科前沿，加强学科交叉，发挥中国（东亚）洋-陆地域优势，以环太平洋洋－陆过渡带、特提斯构造域、古亚洲洋构造域特别是青藏高原的动力学演化研究为引领，拓展全球视野，开展国际合作研究，揭示地球表层洋－陆变迁过程及其深部地球动力学机制，认识地球不同圈层相互作用、互馈机理及对资源－环境－灾害的影响。一方面，深化发展板块构造理论，力争在理论上取得原始创新与突破；另一方面，服务我国经济和社会发展，为满足国家重大需求、参与国际地学发展与竞争做出贡献。重点发展方向包括：板块构造起源与早期地球演化、大陆的生长与再造过程、洋－陆系统演化与深部地球动力学、大陆构造变形与宜居地球系统、活动构造对资源－环境－灾害的影响。进一步深化具有我国特色的青藏高原隆升与多圈层相互作用、东亚大陆构造演变与季风－干旱环境形成、特提斯构造域与油气资源、华南陆内造山与矿产资源研究，继续保持这些研究方向上的国际优势地位。

（8）前寒武纪地质学

前寒武纪地质学是研究前寒武纪地壳及其地球圈层地质演化历史与规律的学科，它涉及大陆物质演化、表生环境变化、资源形成演变以及早期生命形成演化等研究内容。前寒武纪地质学的独特性在于其研究领域包括岩石圈的形成以及各表生圈层从无到有的演化过程，这种独特性注定其研究方法既应重视基于古今构造体制对比的"将今论古"反演，又必须重视基于比较行星学和实验岩石学等的正演。学科布局上，一方面，应把握地学大数据分析和数值模拟等新兴手段给认识早期大陆演化与表生系统形成等方面带来的研究机遇；另一方面，应在中国克拉通基底形成与演化已有研究成果的基础上，力争在大陆起源与演化的研究方面有所突破，取得一系列原创性研究成果，构建能够被多数地质学家所接受的前寒武纪大陆动力学模型。重点发展方向包括：①大陆起源与前板块构造。涉及的科学问题包括冥古宙和始太古代陆壳起源的构造体制、克拉通化与前板块构造过程与机制等。冥古宙和始太古代陆壳很可能起源于目前还未被认知的一种构造体制；科学家已提出若干可能的模式，但没有一种构造模式能够圆满解释冥古宙原陆壳的起源机制。而对克拉通化的机制及意义的研究仍处于探索阶段。②板块构造启动的时间与机制。涉及的科学问题包括板块构造启动时间、板块构造启动机制与超大陆聚合离散规律等。地球是何时以及怎样从一个静止的原地壳演变成若干个彼此相互俯冲（俯冲带）或沿洋中脊做离散运动的岩石圈板块的？这仍然是前寒武纪地质学的核心科学问题。③前寒武纪深部过程的浅层响应机制及其环境－成矿－生命效应。涉及的科学问题包括前寒武纪地球内部运行与表层响应联动机制、前寒武纪成矿元素迁移－富集机理、早期生命的起源等。前寒武纪一系列重大地质事件的发生及其独特的地球深部运行与表层响应联动机制是前寒武纪地质学的核心前沿科学主题，也是认识前寒武纪成矿作用的基础。

（9）第四纪地质学

第四纪地质学是研究最近 258 万年地球环境特征、演变过程和动力机制以及环境演变与人类活动关系的学科。由于第四纪地质学的宏观格局形成于新生代，第四纪地质学作为科学范式在时间上已拓延至新生代，第四纪地质学和新生代地质学在研究思路与研究方法上密切相关，在研究内容上构成相互关联的完整体系。第四纪地质学以地球表层系统为研究对象，综合多学科研究方法和研究手段，开展地球环境多尺度演变历史和规律以及环境演变与人类演化和文明演进关联的研究。第四纪地质学研究在时间尺度上整合了构造（10^6 年）、轨道（$10^4 \sim 10^5$ 年）和千年－百年－十年等多种尺度，在空间尺度上贯通了局地、区域和全球性研究，强调在圈层相互作用视野下从构造、气候、生物及人类等多因素角度探索地球环境演变机制。第四纪地质学的学科目标是，创建和完善对地球环境及其与人类关系的科学认知，为构建可持续宜居环境提供理论支撑。就前沿研究需求而言，第四纪环境变化体现在海－陆－气相互作用、高低纬和南北半球相互作用以及人类活动与环境变化相互作用等多个层次、多个方面，因此第四纪地质学的发展需要注重跨时间尺度气候环境变化的关联与综合，重视环境变化与人类活动关系的综合，深化古气候定量化研究。从社会应用需求看，在全球变暖背景下季风－干旱环境将如何演变？季风系统可能发生怎样的突变行为？全球增温和气候突变对生态系统将产生怎样的影响？这些问题都是我国经济社会可持续发展面临的重大紧迫问题。此外，全球变化环境效应的不确定性也威胁着地球宜居环境的可持续性。基于上述两方面需求，结合我国研究优势，第四纪地质学需要在季风－干旱系统形成与演化、气候系统古增温、气候系统突变、环境变化与人类活动、古气候定量化五个重点方向展开布局。

（10）水文地质学

未来，水文地质学研究应立足国际学科前沿，围绕国家发展战略，加强与构造地质学、第四纪地质学和流行病学等学科的交叉融合，推动水文地质学理论与技术方法体系的发展，重点发展方向包括：①不同空间尺度地下水循环过程与全球变化的相互作用，以及其产生的重大资源环境效应。以气候变暖为标志的全球变化，已经成为地球科学的重点研究对象。②地球关键带的水文生物地球化学过程与地下水演变机理。地球关键带的水文地球化学过程既有溶液反应，又包括各种微生物参与多个环节的地球化学反应与元素转移；地质微生物群落和功能又在很大程度上取决于水文地质条件，受到人类活动的干扰。③土壤－地下水污染一体化识别与修复的水文地质原理。随着土壤－地下水污染治理工程的推进，将会产生一些环境工程技术无法解决的问题。④生态水文地质学的量化理论和方法。生态水文地质学的理论目前还很不成熟，缺乏定量分析、评价地下水与生态系统相互作用的理论模型和方法。⑤深部地下水特性及其与岩石圈－海洋地质过程的相互作用。深部含水层密切参与地热传导、油气－卤水资源形成、矿床发育、地震应力响应、深海地质演变等深部地质过程，具有重要的研究意义。⑥地下水水质与人体健康。建立气候变化影响下地下水水质的地质成因及其有害物对人体健康风险评估模型，对有效地预测地下水饮水型地方病发生的潜在风险、减缓地方病的发生与流行具有重要意义。

（11）工程地质学

围绕工程地质学学科关键科学问题，通过与构造地质学、岩石地层学、第四纪地质学、环境科学、计算机科学和管理学等学科的广泛交叉、深度融合，推进"从0到1"原创性理论研究，促进"卡脖子"关键技术研发，服务国家重大战略。重点发展方向包括：①基于地球系统科学思想，创建系统工程地质体系。结合青藏高原隆升与生态环境演变，从构造、气候、生物及人类等多因素角度研究地球多圈层相互作用和多动力耦合作用下的工程地质问题演化机理及其环境灾害效应，创建基于演化过程的系统工程地质学理论体系，提出工程地质问题及其环境灾害的综合防控技术与方法。②基于宜居地球与人地协调理念，创建生态工程地质体系。结合陆相地层的区域分布规律，人类工程营力与浅表地质环境的相互作用机理及其工程环境效应时空演化规律，人类世工程地质时空演化与环境生态演变规律，以及工程地质环境质量评价与生态环境保护综合理论体系。③基于新基建与大数据智能技术，发展智慧工程地质。基于现代大数据智能技术，开展勘察测试、监测预警、加固技术与装备的智慧工程地质研究。研发"天－空－地"立体探测、监测与评价预警智能化系统；开展工程地质精细测试室内与原位试验装备研发；研发复杂环境灾害快速勘察、治理一体化的新材料与智能装备。④基于国家战略需求，拓展工程地质应用体系。在全球气候变化背景下，开展"一带一路"沿线重大工程地质问题及风险防控、江河流域生态文明重大工程地质问题、城市地下空间开发工程地质问题与环境效应、海洋动力地质过程及深部资源开发利用中的重大工程地质问题研究。

第五节 优先发展领域

一、优选原则与重点方向

1. 优选原则

遴选优先研究领域和重要方向的原则是：①对地质学发展具有带动作用，具有良好基础，充分体现我国的优势与特色，有利于迅速提升我国地质学的国际地位；②解决若干制约我国经济与社会可持续发展的重大难题中的关键科学问题，力争对社会和经济发展产生长远影响；③突出学科交叉，加强多学科联合攻关，实现地质学基础研究的重要突破。

根据上述原则，在充分吸纳有关战略研究成果的基础上，加强综合分析与归纳，认真分析国际科学前沿和国家社会经济发展战略需求中的科学问题，结合我国地质学的优势和面临的挑战，我们认为 2035 年前地质学发展应实施以下三个重大研究方向：①重视地质不同时期地球环境与生命演化研究，并为人类认识当今环境与气候变化提供科学依据；②突出地球深部作用与动力学过程，研究不同时代的构造演化和深部地质过程的地表响应；③以表层系统为重点，研究水循环、生物地质作用过程及表层系统内各种地质灾害和过程。

2. 优先领域重点方向

（1）主要生物类群起源与演化过程及其整合生物学机制

古生物学试图通过探究主要生物类群的起源与演化，解答今日地球生物多样性如何而来的问题。传统古生物学的研究手段主要停留在对化石形态信息的获取和解读上。但生命发育、遗传与演化的基础机制无疑全都存在于分子层面。因此，古生物学的一个重点发展方向是与日新月异的现代生物学交叉，结合古今生物，在整合生物学范式下，于不同尺度开展研究。具体方向包括：分子古生物学、演化－发育生物学和基于成像技术的定量形态学等。分子生物学尤其是基因组学、蛋白组学在最近二三十年中出现了爆发式的增长和革新，为古 DNA 研究提供了革命性契机，使得这一领域的研究呈现引人瞩目的极大繁荣，为数万年以来时间尺度内的人类和其他生命演化，特别是现代人类的起源和扩散提供了过去触不可及的珍贵信息。随着技术的不断发展和研究范围的扩大，这一方向还有望取得更为丰硕的成果。演化－发育生物学涉及在化石和现代生物中观测到的表型形态演变如何发生，这些表型形态演变到底在多大程度上反映生命本身的演化形式，以及人类解剖学结构的来源等根本性的生命科学问题。对这个方向予以重视和扶持，可能在未来获得改变生命科学面貌的重大突破。X 光成像和计算机重建技术为传统形态学和比较解剖学带来了革新，未来在成像技术上的进一步发展和探索，将能够突破样本大小、密度、解析率等的限制，所获取的形态数据可以方便地使用各种算法进行统计学尺度的几何形态学、功能形态学分析，真正将形态学和比较解剖学带入定量化时代。总之，古生物学未来将在整合生物学范式下，与日新月异的生命科学发展前沿紧密结合，追根溯源，细致入微地研究生物类群起源与演化的格局和机制。

（2）不同时间尺度的重大气候、环境演变

地球历史上发生过一系列对地球系统产生深远影响的气候－环境事件，包括冰期事件、极热事件、缺氧事件、增氧和富氧事件、大火成岩省事件、天体撞击事件、生物辐射与集群灭绝事件、海平面变化等，它们是了解地球生命、物质、环境演化的关键节点，对认识地球宜居性、预测未来变化具有十分重要的参考作用。这些重大事件的发生往往具有单一圈层系统主导、其他圈层系统协同响应的特征，一般具有全球规模，会在地质记录中留下印记，为全球对比提供了条件。该优先领域的具体研究方向包括地球气候的演变历史、不同时间尺度气候变化的控制机制、气候状态转变与古海洋演化和地表风化剥蚀之间的关系、气候状态转变与深部碳释放的关系、气候变化与构造运动和岩浆活动之间的关系、深时沉积物质的时空演化规律、深时海平面变化及其机制等。该领域的研究以地质时期的气候和环境演化为主线,将地球的大气圈、水圈、岩石圈和生物圈联系起来作为一个统一的系统来考虑地球自身、气候环境及生命的演化,基于深时地球大数据从更本质的层面理解地球的自我发展和自我调节能力,从更理性的层次看待人类生存发展的宜居地球演变,为科学地预测和控制人类活动对地球环境、气候的影响提供科学依据。

(3)地球深部与表面地质过程中的矿物演化和响应机制

成岩、成矿作用体现在矿物及其共(伴)生组合的形成与变化过程中,精细矿物记录与矿物演化能够示踪地球深部成岩、成矿过程。现代矿物学更多关注岩石圈受生物圈、水圈和大气圈影响过程中所涉及的矿物学基础科学问题。深部成岩、成矿作用中的矿物资源属性以及地表多圈层交互作用中的矿物环境属性,成为现代矿物学理论与应用研究的优先发展领域:深时地质作用调控矿物演化与深地大规模成矿作用的响应机制,地质历史中矿物演化与重大地质事件的互馈机制及其宏观效应,矿物表/界面的纳米尺度原子、分子基团反应对重大地质过程和事件的制约,地球表生系统中矿物与微生物共演化的微观机制及其资源环境效应,天然有机质和生物大分子调控矿物的形成及转化过程影响地表元素循环的机制与效应,地表日光照射下"矿物膜"上发生的矿物光电子传递和能量转化促进地球物质循环、环境演变、地球生命起源与进化的微观过程及动力学机制等。

(4)主要成矿系统的结构、成因和演化

成矿系统是在一定地质时空域中,控制矿床形成和保存的全部地质要素与成矿作用过程,以及在这些过程中形成的矿床系列和异常系列。显然,成矿系统是一个形成条件和时空演化均十分复杂的巨系统,是地球内部多种地质-地球化学要素和过程长期相互作用的必然结果,通常具有时空不均一性、过程机理非线性、结构分布随机性等特点。经典的成矿理论建立在大洋俯冲背景主要成矿系统的研究基础上,在解释大陆碰撞及克拉通等构造背景下的成矿作用时遇到了困难。通过不同构造背景（如大洋俯冲、大陆聚散、克拉通活化等）下形成的主要成矿系统类型、组成、结构、成因机理和分布规律的对比研究，查明其形成的独特性和差异性，理解控制各成矿系统形成的关键因素，将极大地深化对矿床形成条件、成因机制和成矿规律的认识，为主要类型矿床的准确预测和高效勘查提供强有力的理论支撑。

（5）特提斯和东亚岩石圈构造、演化与深部地球动力学

特提斯构造域、环太平洋构造域和古亚洲洋构造域的叠加以及对于古老陆块的改造形成了独具特色的亚洲大地构造格局，并直接控制或影响着全球的地理格局、气候变化、环境演变、资源分布和人类活动。重点关注全球构造框架下超大陆（东亚陆块）聚散过程、动力机制与地球系统演变（古地理格局、环境变化、生命演替与全球变化）过程。这一领域的研究主要包括：古亚洲洋闭合、中亚造山带与增生造山作用过程；西太平洋构造带沟-弧-盆体系的中-新生代构造演化，洋-盆-陆板块汇聚体制与深部地球动力学；原-古-新特提斯洋演化、东亚大陆聚散过程与地球深部动力体制演变；华南陆内造山的过程、演化及动力学机制；东亚古亚洲洋-特提斯-太平洋三大构造域的转换、叠加与深部动力学；环南海地质过程、洋盆的形成与消亡机制和正在发生的海盆-岛弧-陆块的汇聚过程。

（6）大陆构造变形与人类宜居的地球系统

人类宜居的地球系统需要充足的可用资源、宜人的生存环境和可防的自然灾害。大陆是人类生存、繁衍和进化的唯一家园，大陆构造变形及其地表效应直接影响和控制着资源形成、环境演变与灾害发生，是研究人类宜居地球系统不可缺少的重要因素之一。中国大陆具有悠久的地质历史、齐全的构造行迹和各种资源-环境-灾害类型，具有开展大陆构造变形与人类宜居的地球系统研究无与伦比的地域优势。大陆构造变形与人类宜居的地球系统研究聚焦以下几个方面：中-新生代亚洲大陆构造演化及海陆分布变化对全球气候系统和亚洲季风-干旱环境的影响作用；中-新生代构造变形与盆-山地貌演化过程及其对资源形成和运移的控制作用；大陆内部构造变形的深浅耦合机制、流变作用、变形局部化与强震发生机理；断裂活动习性、构造地貌过程及其对重大地质灾害的影响作用；现代火山喷发特征、喷发机制和活动规律，以及未来喷发危险性和环境-灾害效应评估。

（7）气候系统古增温与气候系统突变

地质时期地球气候系统经历了多次增温事件（如早二叠世大规模冰川消融、二叠纪末快速升温、白垩纪和古－始新世极热期、中－上新世温暖期、全新世大暖期），其增温幅度、增温速率尚不明确，与温室气体的因果关联有很大争议。未来，应针对典型古增温事件，开展高质量地质记录的多学科交叉研究，揭示不同类型古增温事件的阶段性、增温速率和增温幅度，明确不同幅度古增温时期的降水模式和生态格局，阐明气候系统内外边界条件对不同类型古增温的作用和贡献，据此提出气候系统古增温机制的理论认识以及未来全球变暖应对策略。其重点研究方向包括：典型古增温事件的精细过程、典型古增温事件的环境效应、古增温成因机制。气候系统古增温研究，对于深入认识不同边界条件下气候系统自然变率和自调节的过程与机制具有重要科学意义，将为评估全球变暖后果、制订全球变暖应对策略提供真实历史场景和基本科学支撑。学界普遍认为气候系统突变是外部驱动和内部非线性反馈共同作用的结果，但对内部与外部的物理关联以及高纬海－冰过程与低纬海－气过程的相互作用仍知之甚少。未来，应针对典型气候突变事件，开展区域代表性地质记录的多学科交叉研究，系统分析突变事件的时限、阈值、突变点、突变速率、突变幅度及空间差异，明确不同属性气候突变时期的水热配置模式和植被群落格局，揭示季风系统和生态系统对气候突变响应的方式与程度，阐明气候系统突变与外部驱动和内部非线性反馈的关联模式，据此提出气候系统突变机制的理论认识以及未来气候突变应对策略。其重点研究方向包括：典型气候突变事件的时空特征、典型气候突变事件的环境效应、气候系统突变机制。气候系统突变研究，将为理解气候系统运行机制、构建地球系统科学理论体系提供重要科学认知，为应对全球气候突变、制定我国生态可持续发展战略提供关键科学依据。

（8）全球变化下地球多圈层相互作用与青藏高原地质、资源和生态环境效应

青藏高原板块构造动力形成浅表构造变形圈，高原隆升地表动力形成岩体松动圈，气候交替变化动力形成岩土冻融圈，人类工程活动产生工程扰动圈，导致青藏高原地壳浅表圈层滑坡、崩塌、碎屑流、泥石流及堵江溃坝地质灾害群发、频发，高烈度、高地应力、高地温等复杂地质条件下重大工程

建造与活跃的地质构造之间矛盾突出，涉及区域地壳稳定性、工程地质体稳定性、工程岩土体稳定性和工程结构体稳定性等工程地质与环境灾害问题，是地质学界关注的焦点。多圈层相互作用与全球变化和人类活动耦合影响下，地质灾害频发，生态环境问题恶化，对人类社会产生了深刻的影响。主要研究内容包括：深部流体地表排泄的生态环境效应；深部矿产开发过程中的水岩作用机理与生态效应；气候变化影响下冰冻圈的水岩作用机理及生态环境效应；旱区、寒区地下水的形成演变及其与生态系统的相互作用；气候变化与人类活动双重影响下地下水水质成因及其健康效应；板块挤压作用下区域地壳稳定性与重大灾害动力学机制；青藏高原隆升背景下工程地质体稳定性与重大灾害的链生与演化机制；气候变化驱动下工程岩土体稳定性与重大灾害的链生放大机制；特殊地质环境下的工程结构体稳定性及其与重大工程互馈灾变响应机制；复杂艰险环境下重大工程灾害风险预测与防控；人类世工程地质时空演化与环境生态演变；等等。

（9）地球关键带的水文地球化学过程和江河流域生态水文地质工程地质与生态安全

地球关键带的水文地球化学过程中除溶液反应外，各种微生物也参与多个环节的地球化学反应与元素转移。地质微生物群落和功能又在很大程度上取决于水文地质条件，受到人类活动的干扰，两者的耦合作用机理亟待深入研究。同时，江河流域是国家重要的生态屏障和经济地带，其范围广，覆盖面大，跨越不同地质、地貌单元和不同工程地质区域，加之人类工程活动强烈，因此滑坡、泥石流、洪涝、干旱、地面沉降、地裂缝等灾害多发，水土流失与水土污染环境问题突出，严重制约了我国江河流域城镇化建设和社会可持续发展。应从宜居江河理念出发，筑牢江河流域生态水文地质工程地质与生态安全屏障，为实现智慧江河、人地协调与生态安全提供理论支持，服务于长江经济带、黄河流域生态保护和高质量发展等国家战略和江河流域城镇化与重大工程建设。主要研究内容包括：生物作用引发地下水环境的量变和质变，生物地球化学过程演变方向的驱动力与定量法则，孔隙－含水层－区域地下水系统的多尺度生物地球化学过程模拟和验证；流域地质、地表、气候过程的灾害效应与防控对策，流域水资源水环境变化规律与调控机制，流域生态地质系统演化与保护方略，基于人地协调的江河流域环境灾害风险防控与生态安全对策，面向陆海统筹的生态水文地质工程地质理论与技术。

二、重大交叉研究领域

（1）生物宏演化及其地质背景

生命与环境是一个紧密结合的整体，生命的演化主要受到环境因素的控制，同时生命活动也影响着地球表层圈层的演化。如何客观、定量地揭示地史时期生命与环境的共演化过程与机制是古生物学研究的使命，是古生物学与其他地球科学学科交叉研究的方向。未来，古生物学应结合地球科学，特别是地球化学和地球物理学的一系列进展，力求重建宏演化格局及其与地球系统演化之间的关系。大数据时代的数据获取和综合分析手段的发展为此提供了很好的机会。在新的范式下，研究者可以将不同地点、不同时代、不同门类的古生物学定量数据整合到大型数据库中，在大的时间和空间尺度下，应用多种算法综合分析生命宏演化形式，摒弃或修正采样等主观误差，并将结果与高精度年代地层、古环境、古生态资料紧密结合，重点研究重大生物演化事件与地球环境因素变化之间的联系与相互作用机理。在全球尺度上，探索整个地球生命和环境的深时系统演变历程；在区域性尺度上，探讨特定地质环境下的生物群落变迁，这都将为现代生命与地球环境面临的危机和未来可能的演变道路提供重要参考。

（2）打造国际通用的高精度地质时间标尺

时间是认识地球和生命演化历史的基础，没有时间，就谈不上速率和演化。自现代生态系统建立以来地球生物大规模的演变受控于什么？板块构造何时启动？地球物质、气候和环境是如何演化的？所有这些重大难题的解决必须依靠全球统一时间框架下的研究，需要在保持传统地层学、年代学对比方法的基础上，综合利用大量基础资料构建地层学、年代学及相关大数据平台（如精准的生物地层、高精度同位素年龄、化学地层、海平面变化）和国际上应用较广的定量地层学方法［如约束最优化法（constrained optimization，CONOP）、图形对比法、排序和标定法（ranking and scaling，RASC）等］进行综合分析，开展大计算下的定量地层对比研究，建立适用于全球和区域对比的数字时间轴，提高区域地层划分与对比精度，同时为圈定自然矿产资源的时空分布提供更精确的依据。国际地层委员会近半个世纪以来通过建立不同时代的"金钉子"来构建全球统一的年代地层系统，随着近年来有关"金钉子"的工作越来越精细以及各种测年技术的突飞猛进，国际地层委员会越来越多地强调利用综合手段来定义"金钉子"和实现洲际地层高精度对比，其中包括高精度测年，高分辨率的化学地层、磁性地层和天文旋回地层等。因此，今后十几年应开展以综合地层研究为基础的高精度年代地层学研究将成为优先发展领域，强调地质年代学、地球化学、数学、计算机科学等手段，以建立高精度、多标准、可实现即时更新的国际数字化地质年代表为目标。

（3）面向大数据的精时古地理重建

精时古地理学以高精度、等时性、板块运动为时空标准开展古地理学研究，是古地理学与地层学、古生物学、沉积学、地球化学、地质年代学、古地磁学、岩石学、构造地质学、大地构造学等深度融合的新兴交叉学科方向。它以高精度年代地层系统为时间框架，赋予地质要素高分辨率的时间属性，并将其恢复到深时运动的古地理位置上，探讨其随时间和空间的演变规律。精时古地理学以沉积相和沉积盆地的分析为基础，通过大数据分析和古地理模型优化等新技术手段，定量化研究、可视化展示地质历史时期各种自然地理要素的空间分布规律、演变过程和区域特征。在优先发展领域，应以等时面为参照标准，重点编制地球生物－环境重大事件和关键转折期，以及我国重点能源勘探区的精时古地理图，满足地球科学前沿研究和矿产资源勘探的需求。精时古地理学包括四个方面的研究：板块的位置、板块边界及其属性、板块的运动过程、板块的地表古地理面貌。该交叉研究领域的研究范围涵盖地球动力学过程以及板块边界的恢复和板块地表的古地理面貌等内容；需要在高精度的综合年代地层框架下，处理大数据量、多维、多源、多类型的数据集。通过开展沉积相和沉积盆地定量分析，恢复盆地或板块尺度的古地理、古地貌、古环境的时空演变。古地理面貌中最直观的表达因素为板块的地表起伏特征，可根据化石、沉积物类型、沉积相、古水系、古地貌、地球化学等定量古高程指标构建各时期的古地理三维模型。为实现精时古地理重建，需要深度结合一系列跨领域的先进技术，如数据库建设、机器学习、空间分析、计算几何等，以重建、分析和可视化地质历史时期的地表环境变化，开发标准化、数据化和智能化的数字古地理制图技术，构建全球性、开放性和共建共享的古地理信息平台。该领域的研究目标是，实现基于信息平台的任意时间、任意地区的古地理重建，反演深时古地理演化过程，预测未来变化趋势，为能源勘探、地灾预防、环境变化等关键问题提供理论、技术及数据支撑。

（4）俯冲带壳幔相互作用

板块构造被认为是地球向宜居性转化的重要驱动力，俯冲过程则是板块构造的核心内容，也是地球圈层演化的核心机制。俯冲带是地球物质循环最重要的场所，大量的物质通过俯冲进入地球内部，改变其物理状态和化学性质。同时，板块俯冲也导致大规模增生楔和弧前与弧后盆地的形成、蛇绿岩的就位、弧岩浆作用、金属成矿作用等，形成大陆地壳和矿产、油气资源，同时也诱发了地震，并导致大规模火山爆发，影响大气环境。未来，研究需聚焦于俯冲带结构与物质组成、俯冲带变质演化与流体活动、俯冲带深部挥发分循环及其效应、俯冲带壳幔相互作用的岩浆岩记录、俯冲带化学地球动力学过程及其地表响应、俯冲带壳幔相互作用的实验研究与数值模拟，以及古俯冲带和现代俯冲带对比研究等。

（5）前寒武纪构造体制及其资源－环境－生命效应

现在的地球与其他行星的差异主要在于其具有活跃的水圈、板块运动、较强的磁场、生命和演化的陆壳。而这些在地球早期（古元古代之前，18亿年前）很可能就已存在。另外，太阳系固体星球具有相同的成因和形成时间，它们形成初期经历了相同的演化过程（如岩浆海阶段、核－幔－壳分异等），因此，地球现今与其他行星的差异（如长英质大陆、板块构造、水圈、生物圈等）何时和怎样出现是当今地球科学亟待解决的重大科学问题。地球早期这种独特的演化可能是由多种因素复杂的相互作用引起的。水在地球早期可能起到了关键作用。地壳成分的演变使得陆壳和洋壳产生差异，在地球内部逐渐冷却的前提下，刚性的较重的板片向塑性的较软、较轻的地壳下插，产生俯冲，地球从早期的垂向动力学体制向侧向体制转变，板块构造在全球逐渐发育。生命也随着陆壳、大气和海水成分的演变而逐渐出现。因此，地球早期演化，尤其是构造体制的演变是揭示地球宜居性最核心的内容，是当前国际地球科学界关注的焦点内容。古元古代之前的构造体制及其资源－环境－

生命效应聚焦以下几个方面：①地球早期板块构造启动的时间与机制；②地球早期大陆的生长过程；③地球早期地幔动力学过程；④早期板块构造的特点及其浅层响应机制；⑤古元古代之前（>18亿年前）、中元古代—新元古代（18亿~5.4亿年前）和显生宙大地构造的对比；⑥地球早期水圈-岩石圈-大气圈-生命圈的形成及其相互作用过程；⑦地球早期的资源-能源形成及其潜力。其中，板块构造启动时间与启动机制是所有问题的关键。地球可能是太阳系中唯一具有板块构造的行星；与其他硅酸盐星球相比，地球为何会发育板块构造？如何启动板块构造？板块构造运动与早期大陆形成演化的关系怎样？解开板块构造的起源及其启动机制，将是认识前寒武纪构造体制及其资源-环境-生命效应，理解宜居地球形成的关键。

（6）环境变化与人类活动

人类演化、农业起源、文明起源与环境变化的关系，是地球科学、生命科学和人文科学共同关注的重大科学问题。国际学界将人类演化的动因归于环境变化，但具体过程和机制仍不明确；农业起源与环境变化研究仍局限于两者在时间上的对比，缺乏因果关联分析；关于人类活动何时开始成为一种地质营力显著改变地球气候环境的问题，仍有激烈争议。未来，应通过关键地点古人类和旧石器遗址的多学科交叉研究，揭示古人类演化和扩散的时空特征，阐明环境变化对人类演化和扩散的驱动作用；通过关键地区史前农业遗存的多学科交叉研究，揭示农作物驯化和扩散以及土地利用的时空特征，阐明环境变化对农业起源和传播的驱动作用；通过考古资料、文献记载和气候环境变化记录的综合集成研究，揭示人类活动对气候环境产生全球尺度影响的证据和时间，明确人类世的内涵和定义。其重点研究方向包括：环境变化与人类演化和扩散，环境变化与农业起源和传播，人类文明与人类世。开展环境变化与人类活动的系统研究，对于理解人类-环境相互作用机制、创建和谐人居环境具有重要的理论和实践意义。

（7）深部水文地质工程地质与城市地下空间开发利用

随着我国"三深"（深地、深海与深空）战略的实施，深部能源资源如页岩气、煤炭、地热的开发和深埋隧道及高放废弃物地质处置等"大深度"工程建设面临高地应力、高地温和高水头的地质环境挑战，城市地下空间开发面临强干扰环境下岩土、水、气、热、力等多场复杂地质作用及灾害响应问题。需要立足我国深部地质条件，从多场、多尺度、多要素角度出发，围绕高地应力、高地温、高水头地质环境下深部重大工程多场耦合环境灾害效应与风险防控这一关键科学问题，研究深部工程与高地应力、高地温、高水头地质环境的互馈作用，揭示深部能源资源和地下空间的开发利用，以及核废料、二氧化碳、地下水等深部存储处置过程中可能引起的重大环境灾害效应，提出其安全风险防控科学对策，为国家"三深"战略的实施与城镇化建设提供理论与技术支持。主要研究内容包括：深部含水层地下水的动力学特征与水文地球化学特征；深部矿产资源开发过程中的水岩作用机理及其生态效应；区域地质演化及地质结构要素对地下空间开发利用的影响与控制作用；城市地下空间开发利用的地质透明化理论和技术；高地应力、高地温、高水头地质环境下深部能源资源开发的环境灾害效应与防控；多场、多尺度耦合作用下全寿命周期城市地下空间开发与地质环境互馈机制及其安全应对措施；深部高放废弃物处置环境影响效应与风险防控；基于多元信息的深部重大工程灾害时空预测与动态调控理论和方法；智能水文地质工程地质与新技术、新装备。

第六节　国际合作与交流

一、地质学国际合作交流现状

地质学离不开国际合作的根本原因是我们共有一个地球。同时，地质学研究具有极强的探索性和实践性，涉及的时间跨度大、空间范围广，无论是理论创新，还是应对人类命运共同体所面对的资源与环境问题，都依赖多学科、多团体、多国家的合作研究。正因如此，自20世纪50年代以来，国际地学界陆续发起大科学计划协同攻关，如国际地圈生物圈计划、国际地质对比计划、国际大洋科学钻探计划、国际大陆科学钻探计划、未来地球计划等。在知识发展迅速的今天，国际合作与交流在科学研究中的作用日益显著，加强学科融合交叉成为地质学创新研究的重要途径。从文献计量学角度，过去十几年我国地质学研究领域论文的主要合作国家包括美国、澳大利亚、英国、德国、加拿大、日本、法国、荷兰、俄罗斯、意大利等，其中与美国合作的论文成果数量达到了我国本领域整体论文发表数量的15%。

随着我国改革开放的不断深化和综合国力的增强，在地学界国际科学计划中的投入也在持续增加，我国地质学在国际上的地位得以提高，由我国科学家作为负责人领导的国际合作项目，如国际地球科学计划和国际大洋发现计划航次等均显著增多。我国地质学家在国际会议上组织或参与组织分会场更加踊跃，也承办了诸多国际性学术会议。近年来，在国家留学基金管理委员会等项目支持下，研究生联合培养规模扩大，提升了地质学后备研究力量的国际合作紧密程度。另外，国际学者在国内学术会议上作报告、在国内高校或科研院所开设短期培训课程等学术交流活动也越来越广泛。此外，我国科学家在国际地质科学联合会、国际矿物学协会、国际沉积学家协会、国际古生物协会、国际第四纪研究联合会和国际地层委员会等国际重要学术组织担任重要职务。通过这些国际合作与交流，中国地质学研究在国际地学界的重要性日益凸显，地位不断提高。

我国地质学领域的国际合作与交流存在的主要问题有：①缺乏由我国主导的具有国际影响力的学术会议。国际上以固定地区为主办地的与国际地质学相关的学术会议有美国地球物理联合会年会、美国地质学会年会、欧洲地球科学联合会年会等，在地球科学界具有广泛影响力。目前，我国地质相关会议的国际参与度与影响力还有待提升。②在国际学术组织和期刊上的话语权与影响力有待提高。除古生物学和地层学等少数学科外，国际学术组织对我国地质学家的研究了解不足。我国科学家在众多学术组织中的任职人数还偏少，在国际学术期刊担任主编、副主编的人数仍然较少。③国际合作与交流的体系化程度不高，目标不够明确。目前的合作研究与交流主要由科学家或研究机构自发开展，在短期课程的开设和合作研究上体系化程度不足，长远规划较为欠缺。④数据共享的机制还有待探索。目前，国际上有多个团队在进行地质数据库建设，但除了公开发表的数据以外，未发表的各类数据往往得不到共享。国际合作过程中还需要探索我国科学家与国际学者之间数据共享的途径。

二、地质学学科国际合作基本思路

地质学科的国际合作要以原创理论突破和应对资源、环境问题为主要目标，坚持"着眼全球、问题导向、兼顾技术、合作共赢"的原则，凭借当前全球化进程和"一带一路"倡议背景，充分发挥现有国际合作基础，加强我国科学家的主动性，强化国际合作的目标，对合作研究做长远、系统规划，形成项目合作、团队合作和基地合作等多层次国际合作，立足全球合作，充分发挥地域优势，切实解决科学问题，促进我国地质学健康、快速、稳定发展。

在已有国际合作的基础上，深化合作研究，深度参与国际上对全球性观测网站的建立，发展和提高观测台站的观测能力，增加全球观测基础数据积累，提高数据管理、处理和分析能力。

发挥我国在地质学领域独特的地域优势，如黄土、青藏高原、澄江和热河等生物群、众多"金钉子"剖面、陆相含油气盆地等，瞄准基础理论创新，开展广泛国际合作研究。

坚持"请进来"和"走出去"并重，要吸引更多国际学者来我国开展合作交流研究，支持优秀国际地质学者以国内学术机构为依托单位产出重要成果。同时，更要鼓励国内地质学家在我国周边、"一带一路"沿线及全球其他国家开展国际合作，领导相关研究，不断拓宽国际合作学科领域，提升地质学各学科的国际合作的层次，疏通和拓宽国际合作渠道，并提供相关政策支持和制订相应保障措施。

三、地质学领域国际合作的主要任务

（1）积极参与国际地学科学计划，发起和推进具有我国特色的国际大科学计划

国务院在《积极牵头组织国际大科学计划和大科学工程方案》中明确提出，国际大科学计划和大科学工程是人类开拓知识前沿、探索未知世界和解决重大全球性问题的重要手段，是一个国家综合国力和科技创新竞争力的重要体现。牵头组织大科学计划作为建设创新型国家和世界科技强国的重要标

志，对于我国增强科技创新实力、提升国际话语权具有积极深远意义。过去几十年，我国地质学家越来越踊跃地参与国际地球科学计划，不仅使我国在地质学领域取得了一批举世瞩目的成果，也提高了我国解决重大科学问题的能力，促进了对全球数据资源的掌握和获取。最近，由我国科学家牵头和主导、汇集全球科学家智慧的"深时数字地球"国际大科学计划，以地质学为核心，结合信息科学的大科学计划，已在国际地学界产生了重要影响。持续推进"深时数字地球"国际大科学计划，促进地球科学研究范式革新将是地质学领域国际合作的一项重要任务。今后我国科学家可凭借"深时数字地球"国际大科学计划的平台优势和契机，围绕重大全球性科学问题，力争牵头发起更多大科学计划，开展多层次、多学科、多区域的高水平合作研究，进一步提升我国地质学、地球科学和信息科学的创新水平。

（2）扎实推进"一带一路"沿线资源、环境、工程和基础地质国际合作研究

"一带一路"是国家应对全球形势变化、统筹国内国际两个大局做出的一项重大决策。"一带一路"的宏伟蓝图横跨欧亚、辐射全球。实施这一宏伟构想，除需要经济、军事、外交等支撑外，还需要强大的科学支撑。为了响应国家"一带一路"倡议需求和实现中国引领国际地球科学研究的目标，近年来，我国已经实施启动了一些科研项目，但与"一带一路"沿线国家的国际合作研究还需要进一步深化。通过合作研究，促进板块构造驱动力、大洋的诞生与消亡、大陆碰撞与高原隆升、古环境演化及资源效应等地质学基础科学问题的研究，也带动沿线国家对资源分布的了解和工程建设发展。鼓励牵头举办"一带一路"主题学术会议，成立相关国际科技组织或研究中心，加强科技人员交流、互访，促进沿线国家民心相通，服务于地质学前沿科学问题，也服务于国家发展重大需求。

（3）进一步加强与国际组织的联系，主办一批具有影响和实效的高水平国际会议

学术组织是从事相关领域研究的学术共同体，是科研工作者寻求合作、相互交流、把握前沿科学问题的一个重要平台。我国从事地质学研究的群体庞大，已经成立了各级学会，为促进我国地质科技的繁荣发展起到了重要作用。总体上，我国各级学会与国际学术组织之间的联系还不够紧密，联合主

办的高水平学术活动偏少。国际科技会议对于扩大我国成果在国际上的影响力，建立广泛深入的合作关系，培养年轻的科学家等具有重要的作用。因此，应鼓励个人或群体加强与国际学术组织之间的联系，支持和推荐我国科学家在国际学术组织中任职，积极参与国际重要学术会议和其他国际学术活动。此外，国内机构与学会要积极扩大国内地质学综合性学术会议的国际影响力，创建一批有影响和实效的高水平国际会议品牌。

本章参考文献

郭正堂 . 2019.《地球系统与演变》：未来地球科学的脉络 . 科学通报，64（9）：883-884.

国家自然科学基金委员会 . 1991. 地质科学 . 北京：科学出版社 .

国家自然科学基金委员会，中国科学院 . 2012. 未来 10 年中国学科发展战略：地球科学 . 北京：科学出版社 .

国家自然科学基金委员会，中国科学院 . 2017. 中国学科发展战略：板块构造与大陆动力学 . 北京：科学出版社 .

国家自然科学基金委员会地球科学部 . 2006. 地球科学"十一五"发展战略 . 北京：气象出版社 .

孙枢 . 2002. 中国地质科学的过去、现在和未来 . 地质论评，48（6）：576-584.

中国科学院地学部"中国地球科学发展战略"研究组 . 2002. 地球科学：世纪之交的回顾与展望 . 济南：山东教育出版社 .

中国科学院地学部地球科学发展战略研究组 . 2009. 21 世纪中国地球科学发展战略报告 . 北京：科学出版社 .

中国科学院科技战略咨询研究院，中国科学院文献情报中心，科睿唯安 . 2017. 2016 研究前沿及分析解读 . 北京：科学出版社

中国科学院科技战略咨询研究院，中国科学院文献情报中心，科睿唯安 . 2018. 2017 研究前沿及分析解读 . 北京：科学出版社

中国科学院科技战略咨询研究院，中国科学院文献情报中心，科睿唯安 . 2019. 2018 研究前沿及分析解读 . 北京：科学出版社

中国科学院科技战略咨询研究院，中国科学院文献情报中心，科睿唯安 . 2021. 2019 研究前沿及分析解读 . 北京：科学出版社

中国科学院文献情报中心，汤森路透知识产权与科技事业部，新兴技术未来分析联合研究中心 . 2014 研究前沿 . http://ir.las.ac.cn/handle/12502/7284[2022-09-19].

中国科学院文献情报中心，汤森路透知识产权与科技事业部，新兴技术未来分析联合研究中心 . 2015 研究前沿 . http://ir.las.ac.cn/handle/12502/7910 [2022-09-19].

朱日祥 . 2018. "华北克拉通破坏" 重大研究计划结题综述 . 中国科学基金，32（3）：282-290.

Christopher K，David P. 2013 研究前沿——自然科学与社会科学的前 100 个探索领域 . 科学观察，（4）：1-21.

Erwin D，Whiteside J. 2012. Transitions：The changing earth-life system-critical information for society from the deep past. Arlington：National Science Foundation.

National Academies of Sciences，Engineering，Medicine. 2020. A vision for NSF earth sciences 2020-2030：Earth in time. Washington，D. C.：The National Academies Press.

National Research Council（NRC）. 2011. Understanding Earth's Deep Past：Lessons for Our Climate Future. Washington，D. C.：The National Academies Press.

第三章

地 球 化 学

第一节 战 略 地 位

地球化学是研究地球、其他宇宙天体乃至星际尘埃的各种元素及其同位素和有机质组成的分布、聚散、迁移与演化规律的一门学科。它主要采用元素和同位素分析、宏观和微观结构观测、分子和微生物示踪、同位素的理论与方法，着重研究地球及其他宇宙天体的演化过程和各内外圈层的物质组成、演化、相互作用与循环，以及人类活动对地球表层系统中物质的来源、分布、迁移、转化、循环和归趋及对生态和环境系统的影响机制，并用于解决行星地球和生命起源、板块构造、宜居环境的形成和演化、大陆动力学等地球系统前沿科学理论，以及资源、能源、环境、防灾减灾等重要实际问题。地球化学学科的战略地位主要体现在以下几个方面。

1. 地球化学是固体地球科学的重要支柱学科之一

地球和其他星球是物质的，了解和认识地球的化学组成及演化是地球科学的基础领域之一。1838 年瑞士化学家舍恩拜因首次提出了"geochemistry"（地球化学）这个名词，并预言："一定要有了地球化学，才能有真正的地球科学"。19世纪中叶以后，分析化学中的重量分析、容量分析逐渐完善，化学元素周期律的发现，以及原子结构理论的重大突破，为地球化学的形成奠定了基础。地球化学是地质学与化学交叉、渗透和结合诞生的，在其发展过程中又不断吸取了海洋科学、环境科学、生命科学、空间科学、天文学、物理学、数学以及高温高压实验、计算机模拟、大数据科学等研究的最新成果，并与之深度交叉、渗透和结合。在数代科学家先驱的努力下，地球化学学科已经构建了自己完整的学科体系，形成了配套的研究方法和科学实验系统，使其与地质学、地球物理学和大地测量学一起，承担起作为固体地球科学四大支柱学科的作用（欧阳自远，2018）。

2. 地球化学有力促进了地球科学研究范式的变革

没有元素和同位素，地球化学就没有现代定量地球科学；没有同位素地质年代学，就无法了解地球乃至宇宙天体的演化历史。高精度的元素和同位素地球化学分析技术与方法，以及高分辨率原位形貌、结构与成分分析能力，与多维度、多尺度计算模拟和高温高压实验及地球深部探测技术联合，使得地球化学研究能够从更广泛的多维角度去认识地球乃至宇宙天体的深部物质组成、形成及其动力学过程。随着地球科学的发展，尤其是近二十年来分析测试和高温高压模拟技术的进步，已经积累了海量的地球化学基础数据，一些数字地球平台相继建立，对关键区域深地大数据进行了整合。多学科交叉融合、以人工智能为代表的现代信息技术和数据分析方法，在很大程度上改变了人们对地学的认知和理解，挑战并颠覆许多传统的认识和观点，同时提出了更多新的科学问题。

3. 地球化学在推动地球科学理论的革命中发挥了关键作用

地球化学与地球科学的其他学科一起，肩负着研究当代地球科学面临的五大基本理论问题——太阳系、地球、生命、人类和元素的起源与演化的重大使命。发展板块构造理论、完善大陆动力学和地幔柱理论、建立地球系统科学理论体系、探索宜居星球的形成机制和演化历史等是当前地球科学重大国际前沿。地球化学在推动上述地球科学理论的变革中都发挥了关键作用。例如，微量元素和同位素示踪技术以及放射性同位素定年技术为研究板块运动与地球动力学演化规律提供了强有力的武器；利用岩石、矿物微量元素和同位素组成的变化示踪地壳与地幔的形成和演化，识别出不同的地幔端元，并发现地幔的不均一性；太古宙英云闪长岩－奥长花岗岩－花岗闪长岩、富钾花岗岩元素和同位素地球化学研究为板块构造的启动、大陆地壳生长机制和大气中氧气含量的增加等提供了重要启示；高压和超高压变质岩的定年与同位素地球化学研究为揭示大陆碰撞过程和伴随的陆壳深俯冲及其折返过程、陆壳增厚与拆沉过程，以及伴随的流体作用提供了重要证据；大火成岩省精确定年和同位素源区示踪为鉴别地幔柱作用及相关的圈层作用、物质循环、成矿与成藏效应以及生物起源－灭绝－复苏演化等提供了重要制约；蛇纹岩蚀变过程中的流体地球化学成分的研究，则为探索甲烷的形成和生命起源提供了重要思路；对古老岩石中生物标志化合物的研究，为原核和真核生物的演化路径提供了关键的证据；对大陆风化剥蚀过程中元素地球化学行为及沉积有机质富集机制的协同研究，为揭示全球气候和环境变化提供重要启示。

4. 地球化学在满足国家重大需求方面发挥了重要科学支撑作用

地球化学一些应用性较强的分支学科，如勘查地球化学、矿床地球化学、环境和生物地球化学、油气地球化学、化石能源地球化学等学科在满足社会或国家重大需求方面的支撑作用表现得十分明显。例如，勘查地球化学工作的普及，导致了许多重要的金属矿床的陆续发现（欧阳自远，2018）。地球化学在油气、矿产资源勘探和开发以及水资源的利用、保护方面做出了巨大贡献。例如，元素和同位素地球化学作为重要研究手段，为揭示成矿元素的迁移和富集机制、指导找矿勘探提供了重要线索。而页岩油气革命使地球化学技术应用到油气形成与富集规律研究的整个链条。国务院2016年印发的《"十三五"国家科技创新规划》面向2030年"深度"布局，要求构筑国家先发优势，围绕"深空、深海、深地、深蓝"，发展保障国家安全和战略利益的技术体系。其中，前"三深"与地球化学密切相关，旨在探明宇宙天体、地球海洋和深部可利用资源与能源，为国家的资源与能源安全提供重要保障，同时也为星球宜居性研究提供科学支撑，而同位素地质年代学则是研究深时地质过程与演化不可或缺的基础。

从地球系统科学的角度看，大气圈、水圈和岩石圈构成了人类赖以生存的地球表层系统，而表生环境或生物圈则是连接大气圈、水圈和岩石圈的重要界面，甚至可能通过俯冲运动与地球深部产生物质交换。表生环境条件下形成的矿物和岩石，对元素循环（如 C 循环）、表生成矿（如离子吸附型稀土矿）、深层油气系统有机 - 无机相互作用、全球气候变化、地球生命活动、人类社会发展至关重要。地球化学研究也为解决上述问题提供了重要科学支撑或解决方案。

第二节　发展规律与发展态势

一、基本定义与内涵

自 1908 年克拉克出版了 *The Data of Geochemistry* 一书以来，作为一门独立学科的地球化学已经走过了 100 多年的发展历程。100 多年来，化学与地球科学、物理学等在不同分支学科的交叉融合使地球化学研究从固体地球的各个圈层（地壳、地幔和地核）扩展到地表系统各圈层（水圈、气圈、生物圈和土壤圈）和其他宇宙天体乃至星际尘埃，涵盖了自然与环境物质的化学组成、化学作用和化学演化等多方面，并逐步渗入一些人文科学的研究中。迄今为止，地球化学的分支学科包括元素地球化学、同位素地球化学、地质年代学、有机地球化学、分析地球化学、实验与计算地球化学、宇宙化学和行星化学、化学地球动力学、岩石地球化学、矿床与勘查地球化学、化石能源地球化学、地球表层系统地球化学、环境与生物地球化学、前沿交叉地球化学等。

二、发展规律和研究特点

地球化学建立的初衷是利用化学的原理和方法解决地球科学问题，其最大的特点就是"学科交叉性"。地球化学的发展对其他地球科学领域的发展至关重要，其特殊性主要体现在：①地球化学示踪是精确定量地球动力学研究的支柱之一；②同位素定年技术推动地球科学研究向四维时空发展；③实验地球化学是地球科学研究定量化的基础。因此，地球化学学科发展始终坚持两条主线：①完善对地球的化学组成、演化和自然条件下化学反应机理的认识（即科学属性）；②建立利用地球化学解决其他学科问题的理论与方法（即工具属性）。

分析技术不断突破和进步极大地推动了地球化学学科的迅速发展。"工欲善其事，必先利其器"。元素和同位素分析技术的每一次改进都会使地球化学学科走上一个新的台阶，同时也极大地促进地球科学的发展。20世纪初至80年代，质谱分析技术的诞生和发展使得同位素年代学飞速发展，U-Th-Pb、K-Ar、^{14}C法、Rb-Sr、K-Ca、Re-Os、铀系不平衡法、裂变径迹法、^{40}Ar/^{39}Ar、Lu-Hf和Sm-Nd定年技术不断完善，使得对地质体或行星样品定年成为可能，极大地推动了地球和行星科学的研究。如今，同位素分析和定年技术及其应用又上了新的台阶。离子探针矿物（如锆石、斜锆石、独居石等）微区U-Pb定年的空间分辨率达到$2\mu m$以下；激光剥蚀四级杆多接收电感耦合等离子体质谱（laser ablation quadrupole multi-collector inductively coupled plasma mass spectrometry，LA-Q/MC-ICP-MS）矿物（如锆石）微区定年技术的空间分辨率已经达到$10\mu m$以下；矿物（如锆石、橄榄石、石英、长石、石榴子石、磷灰石或碳酸岩矿物等）微区稳定同位素（如O、Cl、Li、S、Si等）和放射性同位素（如Sr、Nd、Os、Hf、Pb等）分析取得了重要进展。这些高精度、高分辨率微区同位素分析和准确定年方法为精确刻画成岩、成矿过程提供了有力支持。另外，随着MC-ICP-MS分析技术的日臻完善和成熟，非传统稳定同位素的分析精度不断提高，已经先后建立了Li、B、Si、Ca、Fe、Cu、Zn、Se、Mo、Ni、Cr、V、Mg、Hg、Sr（^{88}Sr/^{86}Sr）、U（^{235}U/^{238}U）、Nd（^{146}Nd/^{144}Nd）、Rb、Ti、Zr、W等非传统稳定同位素分析方法，并被应用于研究壳幔相互作用过程、岩浆作用过程、成岩成矿作用过程、岩石风化过程、生物作用过程、元素搬运与沉淀过程、碳循环等众多领域，为岩石和矿床的成因与形成机制、气候环境演变、物质循环等提供了关键数据或证据。高维度稳定同位素和团簇同位素理论与分析技术的迅速发展极大地加强了对 C-H-O-N-S 等挥发组分来源与演变过程的示踪，为大气和海洋的演变过程、气候环境变化和生物与环境的协同演变等领域的研究提供强有力的证据。

地球科学在宏观上不断向地球不同圈层及其他宇宙天体演化拓展，其在微观上向分子、原子水平的深入对地球化学学科提出了更高的要求，进而使其向更高层次发展。随着分析技术的进步和社会需求的提高，地球化学的学科交叉特性得到了进一步拓展。人们开始利用地球化学的原理与方法解决人类生活和社会政治、经济与文化息息相关的问题，如生命健康与致病机理、食品与药物溯源、刑侦物证分析、核废料处理、军事科学、古文化传播研究等。现代地球化学学科的形成和发展与相应的分析测试理论、方法、技术及相关仪器设备的研发和改进密切相关。

进入 21 世纪，人类社会面临的能源、资源、环境与气候等问题日益突出，地球化学学科在人类社会可持续发展和宜居地球形成与演化研究方面发挥着越来越重要的作用。全球气候变化及其与地球深部过程之间的响应和效应是未来地球化学研究的重要方向，与现代科技发展密切结合的大数据地球化学将成为未来地球化学研究取得突破的重要工具。另外，从反映当前地球化学学科研究热点和趋势的全球地球化学盛会——戈尔德斯密特（Goldschmidt）会议主题设置与参与学者研究方向的变化来看，地球各圈层作用与演化、生命-环境协同演化、环境地球化学、生物与有机地球化学、海洋和大气研究是当前地球化学学科研究的热点领域。部分研究领域近年的参与者增量非常显著，如太阳系与行星早期演化、地幔-地核深部过程、深部碳-氧循环与宜居环境的形成和演化、岩浆与火山作用、微尺度过程、全球气候变化等，是今后地球化学研究重要的发展方向。同时，地球化学分析方法和技术创新是戈尔德斯密特会议中的常设主题，充分显示了方法和技术创新对地球化学学科发展的重要支撑作用。在重大前沿科学问题和重大需求的目标导向下，建立更高精密度、准确度、分辨率的绿色地球化学分析新技术在某种程度上决定了地球化学未来的发展方向。

第三节 发 展 现 状

一、总体发展现状

改革开放以来，中国地球化学及其分支学科得到了迅速发展，中国地球化学事业从小到大，形成了学科门类齐全和较为完备的教育与科研体系，拥有了相对稳定并且规模适度的科研队伍，地球化学分析平台建设日趋完善。我国不仅在一些地球科学前沿领域取得了具有国际影响力的重要进展，而且为解决国家重大需求、经济社会发展所面临的资源环境问题提供了强大的科技支撑。这些进展主要如下。

1）高精尖设备的引进和地球化学分析技术的研发：随着国力的增强，引进了一批高精尖设备［如二次离子质谱（secondary ion mass spectroscopy，SIMS）、MC-ICP-MS、加速器质谱等］，带动了锆石、石榴子石、金红石、斜锆石、磷灰石、独居石、磷钇矿、榍石、褐帘石等副矿物的（超）高分辨率原位微区 U-Pb 精确定年及稳定同位素和锆石 Hf 同位素方法的建立，极大地促进了地球化学向更微、更细的方向发展。此外，^{14}C、^{10}Be 等宇成核素的定年，低温热年代学、释光年代学技术的发展，非传统稳定同位素分析方法的建立、发展和应用，团簇同位素、三氧同位素、多硫同位素、位置特异性同位素分析方法的逐渐建成，单个熔体/流体包裹体的成分分析方法的建立等有力地促进了地球化学体系的建设和科研能力的提升。

2）探索元素和同位素地球化学新理论：在氧同位素分馏系数计算，变质作用同位素年代学理论与方法，板块俯冲过程中 Re、Au、U、Nb、Ta、Ti 微量元素和 Mg、Ca、Cr 同位素的地球化学行为，金红石的稳定 P-T 条件，化学风化过程和岩浆演化过程中非传统同位素的分馏等方面取得了显著进步，"中国学派"正在逐渐形成。

3）科学前沿和国家重大需求领域的研究进展：在大陆深俯冲与超高压变

质作用，前寒武纪地质过程与哥伦比亚、罗迪尼亚和潘基亚超大陆演化，印度和欧亚大陆碰撞导致的青藏高原隆升、岩浆作用和造山带演化与成矿，花岗岩成因和地壳演化与成矿，岩石圈减薄与克拉通破坏，显生宙地壳增生，大火成岩省与地幔柱，地球深部碳－氧－水和其他挥发分循环，地球早期板块构造特征与演化，埃达克质岩成因与成矿，大陆与生命协同演化，分子标志物识别与分子同位素指标建立及古生态环境重建，非常规油气勘探，重大地质时期的生物地球化学循环与宜居地球演化，海洋和陆地深部生物地球化学的耦合过程，以及环境金属、有机物与生物演化相互作用和调控机理等方面取得了重要进展。

尽管如此，与国际地球化学发展相比，我国地球化学的发展还存在以下不足。

1）论文数量显著增多，原创成果少。我国近年来在地球化学国际刊物上发表的论文数量迅速增长，但多数研究以国内资料或微观尺度资料为基础，增加一些区域性或零散的新论据、新实例或新资料，对已有模型或假说进行检验和论证，不仅缺少对世界典型地质区域全球视野的研究，而且缺乏对重要的地质现象、特定的地质条件下地球化学过程系统深入的实验研究，导致地球化学原创性概念和成果少，在国际上影响力和引领性则略显不足。这在一定程度上影响到本土地球化学领军人才的成长。

2）地球化学各分支学科发展不平衡。得益于分析技术的进步，同位素地球化学与地质年代学得到了很大发展，在很多重大科学问题的研究中发挥了重要作用；化学地球动力学、岩石地球化学、矿床地球化学、油气地球化学和微量元素地球化学等学科发展较好；与我国经济社会快速发展需求相关的环境地球化学学科近年来发展迅猛。然而，宇宙化学、行星化学以及与地球化学基础理论相关的实验与计算地球化学发展比较慢。同时，也应注意到我国地球化学学科主要在个别分支方向上略处于领先地位，有些可能仅仅是引起较多关注，国际影响力还比较有限；一些领先方向也与我国独特的地质背景（如华北克拉通、青藏高原和大陆俯冲带）或者一定的社会发展阶段（如环境污染中的雾霾问题）有关。因此，地球化学学科仍然有很大的发展空间，未来应持续加强基础理论研究，特别是通过实验地球化学和计算地球化学进一步认识元素与同位素在关键地质过程中的分配行为；走出国门，对重要地质、地球化学过程进行全球对比研究，充分利用过去几十年积累的大量地球化学数据，就关键科学问题开展大数据研究；响应国家"深地、深空、深海"的战略规划以及人类发展的基本需求，加强地球化学在天体演化、深地过程、大洋探测、气候变化等领域的交叉性学科应用。

3）学科交叉深度不够，大数据应用落伍。地球化学同地质学结合优势显著，但跨学科（如与地球物理学、地理学、海洋科学、行星科学等交叉）以及跨学部（如与数学、物理学、化学、生物学以及以人工智能为代表的现代信息技术和丰富的数据分析方法交叉）的合作薄弱。另外，近二十年来，随着分析测试和高温高压实验技术的进步，已经积累了海量的地球化学基础数据（矿物成分、岩石和矿床地球化学、年代学、元素和同位素、分子生物标志物或沉积有机质和实验地球化学等数据），但目前对关键区域地球化学大数据的有效整合不够，应用地球化学大数据从定量角度解决重要前沿科学问题的能力亟待加强。

4）地球化学核心仪器和同位素稀释剂对外依赖程度大，自主研发能力薄弱。科研仪器和工具研制对地球化学学科发展的重要性现已得到了广泛共识，但是，目前我国大部分的高端仪器设备（如高精度离子探针、多接收等离子体质谱、加速器质谱、热电质谱、高温高压实验设备、电子探针和透射电镜等）基本依靠从国外引进。一些重要的同位素稀释剂全部依赖进口，由于一些重要同位素稀释剂（如 Pb_2O_5）被国外限制出口，我国一些高精度同位素分析受限。考虑到现有能力储备，现阶段应注重提升我国高精度仪器设计和制造能力，以及特殊和高纯试剂的生产能力，加强与世界主要仪器厂家的合作，研制我国科学家设计、解决重大科技问题的仪器设备，为大幅提升创新能力奠定基础。

总之，我国的地学研究存在所谓"三多三少"的现象，即证明西方学者提出的假说和理论的研究多，提出我国自己的假说和理论的研究少；单一学科封闭式研究多，真正意义上的多学科交叉与综合集成研究少；模仿性的研究多，独创性的成果少。多数成果缺乏先导性，在国际上缺乏影响力。近几年来，尽管上述问题仍然存在，但是差距在逐步缩小，我们应该在今后5～15年或者更长一段时间努力改变这样的状况。

二、各分支学科发展现状

1. 元素地球化学

元素地球化学是地球化学学科的支柱之一，研究元素在自然界中的存在形式、分布与分配规律，活动和运移方式及其控制因素，为探讨地质过程、环境过程以及地球乃至行星的形成和演化等提供研究手段。微量元素地球化学以亨利定律为基础，引入分配系数的概念，用部分熔融和分离结晶等理想模型定量描述、研究元素在不同相中的分配。围绕元素分配系数开展理论和实验研究是元素地球化学研究的重要内容。以往对硅酸盐体系中的元素在不同体系和温压条件下的地球化学行为研究较多，近年来硫化物和氧化物体系中的元素地球化学行为研究得到了重视，更加注重氧逸度、硫逸度变化对元素行为的影响。不平衡是自然界的常见现象，相对于以往平衡状态下元素行为的研究，近年来对不平衡过程中元素行为的定量模拟、计算和应用正在快速发展。

在重大地球科学问题的研究中，元素地球化学继续发挥着重要作用，如利用亲铜、强亲铁元素的含量和分异作用探究地球与其他类地行星复杂的增生过程、核-幔分异过程以及挥发性元素的起源。基于极端条件下元素赋存状态的实验研究和自然观察，提出了地球氧气和生命起源的新机制。全球已经积累了海量的元素地球化学数据，近年来已经开始对其进行大数据分析并且应用到了重大地球科学问题的研究中，如板块构造的启动、俯冲带地球化学传输、大陆地壳的分异和大氧化事件等。先进的分析测试技术是元素地球化学蓬勃发展的重要支撑，高精度和高空间分辨率的微区原位分析与成像技术不仅可以揭示微米甚至纳米尺度元素变化所记录的复杂地质作用过程，而且可以促使单矿物元素地球化学指纹逐渐发展成为新的矿产资源勘查手段，进一步加速了元素地球化学与环境科学、海洋科学、材料科学及生命科学等其他学科的交叉融合。表生环境中元素组合、价态变化、赋存形态和分配规律，已经被广泛用于污染物溯源、迁移转化与归宿示踪、洋流运移路径、生态毒理效应的研究。

2. 同位素地球化学

同位素地球化学包含放射性同位素地球化学和稳定同位素地球化学（张

本仁和傅家谟，2005）。

（1）放射性同位素地球化学

核物理和地质学相结合形成了放射性同位素地球化学，它被广泛地应用在定年和示踪研究中。近年来，由于质谱仪的进步和分析技术的发展，同位素分析的精度和效率得到了很大的提高，不仅能够精确测量地质和地外样品小于 1×10^{-4} 的微小同位素差别，而且还极大地提高了分析效率，积累了海量微区锆石 Hf-O 同位素数据，为同位素地球化学大数据分析研究奠定了基础。在过去十多年中，短寿命同位素系统得到了很好的发展，如 ^{182}Hf-^{182}W、^{146}Sm-^{142}Nd、^{53}Mn-^{53}Cr、^{129}I-^{129}Xe、^{244}Pu-^{136}Xe 等。

铀系不平衡对于示踪万年尺度内的地球化学过程非常有效。最近的研究揭示了岛弧岩浆岩铀系不平衡是由地幔自身熔融产生的，因此流体再循环时间尺度被大大低估了。低温下，铀系破碎年代学已被广泛用于研究土壤风化速率和沉积物的迁移时间。

（2）稳定同位素地球化学

稳定同位素地球化学一直是地球化学学科的重要支柱。过去十几年来，在同位素非质量分馏、团簇同位素、位置特异性同位素、非传统稳定同位素等方向取得了重要进展，极大地拓宽了稳定同位素地球化学的内涵和应用领域。

三氧同位素的研究有长足进步，沉积物中较大的负 $\Delta^{17}O$ 异常为新元古代和古元古代的雪球地球假说提供了有力的支持。利用微小的 $\Delta^{17}O$ 异常可以重建沉积物中记录的相对湿度，记录矿物和水的相互作用，并且可以作为地质温度计。

多硫同位素体系在不同领域得到了拓展和应用。理论和实验研究揭示了非光化学途径的硫同位素非质量分馏新机制；利用多硫同位素，人们重建了地球早期大气和海洋的含氧量，探索了极端环境事件和生物演化方向的内在关联，示踪了地球不同圈层之间的物质交换和元素循环模式；多硫同位素还可以用来查明特定金属元素的富集成矿机制，构建海洋微生物群落的生态体系框架信息，评估工业革命后人类活动对环境的影响和改造。

团簇同位素的研究目前主要集中在，发展和应用碳酸岩团簇同位素地质温度计，提高团簇同位素分析的精度和准确度，以及对地质样品形成过程的非平衡团簇同位素效应和后期成岩过程对原始信号的改造研究。随着分析仪器和方法的发展，团簇同位素的研究已拓展到许多新体系，包括甲烷、乙烷、氧气、氮气、氢气、一氧化二氮、硫酸盐等，并成为地球化学示踪特别是气候环境演变和生物地球化学循环研究的有力工具。

位置特异性同位素组成（position-specific isotope compositions）是鉴别和量化大分子形成与分解途径的新工具，被用于研究生物代谢途径和挥发过程，区分有机分子来源。丙烷的分子内位置特异性同位素组成是一种很有前景的地质温度计。

得益于分析方法的突破，非传统稳定同位素地球化学在过去二十多年来发展迅速，极大地拓展了同位素地球化学的研究范围：大量非传统稳定同位素体系的技术方法被建立，并拓展应用到天体化学、地幔演化、地壳形成、环境和生态、矿床成因、生物地球化学、海洋大气等领域的研究中，为物质来源与演化、关键环境要素（如温度、pH 和氧化还原程度等）提供了更丰富、更精细的示踪证据。我国的地球化学工作者在这一领域取得了国际瞩目的进展，研究的同位素体系包括从最轻的 Li 到最重的 U，从比较成熟的 Fe 和 Mg 到挑战性极强的 V 同位素和 Cd 同位素。建立的高精度同位素分析方法包括 Li、B、Si、K、Ca、Ti、Fe、Cu、Zn、Cr、Rb、Zr、V、Mo、Sr、Nd 等 20 多个同位素体系，厘定了地幔、地壳等储库的多个新型同位素的组成，利用第一性原理计算、高温高压实验和自然样品观测获得了大量的同位素分馏系数数据；利用 B 同位素重建了海水 pH 演变历史，利用 B-Mo 同位素示踪了俯冲过程、流体过程，利用 Mg-Zn 同位素示踪了地球深部碳循环（Li et al.，2017），利用可变价金属（如 Fe、Mo 等）同位素示踪了海洋、地壳、地幔氧化还原状态及氧循环，利用 Ag、Hg、Cd 同位素等示踪了重金属元素在地表的循环等。

3. 地质年代学

地质年代学以放射性同位素衰变测年为主体，基于放射性衰变定律测定各种地质体（包括部分天体）的年龄，为研究地球及其各圈层的形成演化和各种地质作用发生的时间、速率和过程提供精确的时间坐标，是现代定量地质科学的一个重要分支学科。地质年代学的发展与社会整体科学技术的发展水平和地球科学的研究前沿密切相关，现代电子学、计算机科学、离子光学、等离子体、激光、真空和超净化学等先进技术的迅速发展和高新技术的集成对推动地质年代学学科发展起到了关键作用，固体质谱技术的同位素比值分析精度已优于十万分之一；SIMS 和 LA-Q/MC-ICP-MS 联用技术不仅实现了微米－亚微米级微区原位同位素比值精确分析，而且极大地提高了分析效率；色谱－加速器质谱技术联用将 ^{14}C 的探测能力从毫克级提高到了分子水平。

以提高时间分辨率为核心目标的"地时"（Earthtime）计划的实施，将 U-Pb 和 Ar/Ar 定年精度从约 1% 提升至 0.1%，并基本消除不同实验室和两个定年体系之间的偏差，实现了从测定地质事件年龄到追踪地质过程速率的飞越，以前所未有的高时间分辨率对火山喷发、岩浆演化、生命灭绝与复苏、成矿作用等重要地质事件的过程和机制开展精细研究；加速器质谱技术的进步填补了地质地貌过程和日－地活动研究的诸多技术盲区，使外动力地质过程的定量化研究成为可能；等离子体质谱技术将不平衡铀系定年精度提高至 0.5%，为 ^{14}C 年龄校正曲线提供了基准。

4. 有机地球化学

有机地球化学是研究地质体中有机质的来源、分布、迁移、富集与转化机制的地球化学分支学科，生物死亡后的有机质演化及其地球化学过程都属于该学科的研究范畴。作为地球科学与有机化学之间的交叉学科，有机地球化学学科的形成源自人类对化石能源的需求，其早期发展以研究化石能源的形成机理与富集机制为主，在烃源岩的类型与形成机理、干酪根热降解生烃与动力学预测，油气成因与成藏过程的生物标志物和分子同位素示踪体系等领域取得了重要突破，并直接催生了油气地球化学这一新的分支学科。基于化石能源勘探过程中大量分子与同位素数据的积累，有机地球化学学科开始从地球演化的角度出发，系统研究关键地质时期与重大地质事件过程中的有机地球化学行为和过程，发展了一系列具有明确生物来源与古环境指示意义的分子标志物和分子同位素指标，在揭示地球早期生命形成与演化规律，阐明生物有机质向沉积有机质、成岩有机质直至变质有机质的演化路径，以及古海洋、古生态与古环境重建等方面取得了长足的发展。近十几年来，伴随着地球系统科学的发展，生物圈与岩石圈、深部与浅部地质过程的相互作用机理、过程也成为有机地球化学学科新的研究方向，在揭示宜居地球的形成与演化中发挥了不可替代的作用。

5. 分析地球化学

分析地球化学是一门研发和应用各种仪器设备、方法、技术、策略获得有关地球和部分天体物质在空间、时间方面组成与性质信息的一门学科。分析地球化学的发展极大地推动了现代地球化学乃至整个地学的发展。分析地球化学同时也是各学科发展的桥梁，已成为我们认识世界和改造世界的重要工具。现代分析地球化学在理论体系、技术和方法、仪器设备等方面均取得了显著进展。相应地，在获取相关信息的种类、数量、质量、效率等方面都有极大的提升。在分析信息数据快速增长的同时，数据的处理、储存、管理等越来越被人们所重视。随着地球科学向全球尺度巨系统研究和微区（微米至纳米级）精细研究两极发展，高时间和空间分辨率（如定年、原位成像分析）、高准确度和精度（如同位素分析）、高灵敏度和选择性（如低含量样品测定）的分析检测要求对分析地球化学家提出了新的挑战。虽然目前我国大部分的高端仪器设备都还依靠国外引进（高精度离子探针、多接收等离子体质谱等），但科研仪器和工具研制的重要性现已得到了广泛共识，人们越来越重视采用先进的仪器设备、分析技术等手段，来探索、认识和理解地球科学，最终为人类的生产和生活服务。我国分析地球化学家已迈出了自主创新的步伐，各种新技术、新方法、新应用层出不穷，特别是近年在微区分析和高精度同位素分析方面的优秀研究成果呈井喷出现，整个学科面貌为之焕然一新。

6. 实验与计算地球化学

实验地球化学以高温、高压实验技术为依托，能够在限定的温度、压力和不同挥发分逸度的条件下研究行星与地球物质体系的物理化学性质。其实验结果可以对地球物理和地球化学观测进行多角度的解析，弥补了难以直接获得地球深部岩石样品的不足。实验地球化学目前在国际范围内蓬勃发展，实验的温度、压力已经从 20 世纪 50 年代的几千巴[①]和几百摄氏度发展到目前的上千吉帕和上万摄氏度，相应地其研究领域也从 20 世纪的地壳范围扩大到

---

① 巴（bar），$1bar=10^5Pa$。

当今的核幔边界和超级地球范围内。目前，实验地球化学的主要研究领域包括：行星和地球核幔分异过程中元素的分异与同位素的分馏；行星和地球地幔条件下的岩石化学组成及矿物相关系；地球壳幔分异过程，如岩浆熔体和流体的演化以及成岩成矿；地球不同圈层物质的交换过程和机制；行星和地球物质材料的物理性质，如波速、电导、热导、流变等。

计算地球化学使用量子力学、统计力学、热力学和流体力学等领域的方法，通过使用高性能计算资源，模拟和预测地球物质的化学成分、状态与动力学过程，从而为地球化学领域的所有分支提供理论支持。随着 E 级超级计算机的逐渐普及和基于神经网络的机器学习的应用，计算地球化学获得了极大的发展助力。目前其已经深度融于地学的各个分支，并为不同尺度的地质问题的解决提供帮助。例如，在同位素分馏的计算上已经获得了长足进步，而元素分配的理论计算也逐渐拉开了帷幕。这两个方面的理论和计算的最终解决，将使以地球化学为工具的地学分支学科获得深入的发展。

7. 宇宙化学和行星化学

宇宙（或天体）化学是研究宇宙物质的化学组成及其演化规律的学科，是天文学与化学之间的交叉学科。宇宙化学主要研究陨石、月球、行星系天体、行星际物质、太阳、恒星、星际物质、宇宙线、星系和星系际物质等的元素与同位素组成及分布规律，以及相关的各种过程，揭示太阳系及其各个天体的形成和演化历史。行星化学以陨石和地外返样为主要研究对象，通过测量不同类型陨石和地外样品中的化学成分与同位素组成来研究太阳系物质的分布及演化规律，并与地球物质组成进行对比，从而制约地球的物质来源和分异演化过程。除了对地外样品开展的实验室研究外，遥感和就位探测也能对行星表面的物质组成提供重要的制约。20 世纪 70 年代美国阿波罗计划的顺利实施以及对 Allende 陨石的系统研究极大地推进了宇宙化学和行星化学的发展。得益于现代分析技术尤其是质谱仪技术在宇宙化学中的广泛应用，灭绝核素定年、前太阳系颗粒和宇宙尘的研究、行星尺度核合成同位素异常、非传统稳定同位素制约行星过程、微区 U-Pb 定年等领域得到了极大的发展，在太阳系形成时的天文物理环境、太阳系早期各类行星物质的凝聚和分异的时间序列、形成过程和物质来源、月球的起源等重要科学问题的理解上，已经获得了诸多全新的认识。然而，受国民经济和科技发展等众多因素的影响，我国目前的宇宙化学和行星化学发展还存在着不足，与欧美发达国家差距明显。从整体发展水平来看，我国尚处于"跟跑"阶段。

8. 化学地球动力学

化学地球动力学以板块构造理论为框架，以同位素和微量元素地球化学为主要研究手段，结合矿物岩石矿床学、大地构造学乃至地球物理学等方法，研究地壳－地幔－地核体系的化学和物理结构及其相互作用过程，从物理和化学过程的本质上认识地球及其各组成部分的起源和演化、相互关系以及它们对资源、能源、环境和自然灾害的制约。化学地球动力学作为地球化学和地球动力学之间的年轻交叉学科，在解决许多重大基础性地球科学问题中发挥了关键作用，为深入认识地球内部的运作机制提供了重要支撑。

化学地球动力学这一交叉学科起源于 20 世纪 70～80 年代对地幔地球化学的研究，但是过于强调了地幔柱的作用，忽视了地壳再循环的机制和效应。进入 21 世纪以来，随着板块构造理论的发展、分析技术的进步以及学科交叉融合的增强，国内外化学地球动力学在广度和深度上都得到了大大拓展，不仅研究引起地幔不均一性的机制，而且深入理解地幔成分的长期演化规律，特别是俯冲板片对地幔演化的影响、大陆如何演化、地球内生作用如何影响外部环境等重大科学问题（Zheng，2012；Zheng and Chen，2016）。灭绝核素（^{146}Sm-^{142}Nd 和 ^{182}Hf-^{182}W 体系）、稳定同位素（^{17}O 和 ^{33}S 等）的高精度分析技术的进步极大地推动了对地球深部化学地球动力学的认识。例如，在现代洋岛玄武岩中发现 ^{182}W 和 ^{142}Nd 同位素异常以及硫同位素的非质量分馏信号，促进了对地幔动力学特别是地幔对流特征和板块俯冲时空尺度的理解。非传统稳定同位素分析技术和地球化学应用的飞速发展，人们发现洋岛玄武岩和大陆玄武岩中 Mg-Zn 等同位素显著异常，揭示了东亚地块下部大尺度 Mg-Zn 同位素异常区与地幔过渡带俯冲滞留板片形成的大地幔楔的耦合关系（Li et al.，2017）；高温、高压实验揭示了地幔可能存在过氧化物和含氢的过氧化物，这些新进展极大地深化了对地球深部碳氢氧循环的认识。地球化学、地质学、地球物理学等学科近年来呈深度交叉融合趋势，推动了地球早期板块构造特征与演化、造山带岩石圈演化、大陆碰撞过程与俯冲带壳幔相互作用、碰撞造山带成矿机理以及火山喷发对气候和生命演化影响等方面的研究进展。

与国际先进水平相比，我国化学地球动力学研究还存在明显差距。虽然对岩石圈和上地幔深度的俯冲带地球化学传输有了一定认识，但是缺乏对俯冲进入地球深部（地幔过渡带到下地幔）的地壳物质物理化学特征、元素和同位素分异、熔/流体－橄榄岩反应等方面的高温高压实验研究与天然样品研究。非传统稳定同位素、高精度同位素、原位微区同位素分析技术在化学地球动力学示踪方面的重要应用仍相当缺乏。此外，研究工作主要集中在国内地区，缺少对世界典型地质区域进行全球视野、揭示普遍规律的研究；在对地球早期、地球圈层协同演化、现代大洋和古大洋俯冲带壳幔相互作用的化学地球动力学研究方面还很薄弱。

9. 岩石地球化学

岩石地球化学通过研究各类岩石中的主量元素、同位素组成及其分布规律，探讨岩石源区、岩石成因、岩石演化、岩石产出的环境及其与成矿、气候、环境演化之间的关系，为探讨固体地球与其他天体的物质组成及形成演化提供制约。近年来，随着现代地球分析技术的快速发展，国内外岩石地球化学研究出现了新的趋势，主要表现在：①研究手段从岩石、矿物的全分析向原位微区元素和同位素分析转变，从传统的 Sr-Nd-Pb-O 同位素向新兴同位素（Os、Hf、Mg、Fe、Cu、W、Mo、Ca 等）过渡，从单一学科向多学科的综合研究过渡；②研究对象从全岩、单矿物向多种矿物组合和矿物中的流体或熔体包裹体过渡，从主要造岩矿物向副矿物和稀有矿物过渡；③与最新的理论（如板块构造、大陆动力学、圈层作用、地球系统科学和岩石成因等）以及新学科、新方法（如地球物理学、数值模拟、高温高压实验、大数据等）的结合越来越紧密。

近年来，我国岩石地球化学学科得到了迅速发展，取得了一些重要成果，如大陆俯冲带壳幔相互作用、岩浆作用与超大陆演化、岩浆作用和造山带演化与成矿、岩浆作用与显生宙地壳生长、花岗岩成因和大陆再造与成矿、大火成岩省与地幔柱、矿物表－界面的地球化学过程、主量及微量元素分配的热力学制约、埃达克质岩成因与成矿等。然而，我国岩石地球化学研究存在一系列亟须解决的问题，包括：①传统的矿物学和岩石学基础研究队伍正在萎缩，部分岩石地球化学研究学者岩石学和矿物学基础薄弱，同时缺乏对地球化学原理和新兴分析技术的理解与把握；②学科发展不均衡，有关火成岩和变质岩的岩石地球化学研究发展良好，但有关沉积地球化学的研究较为薄弱；③原创性成果不多，多应用西方发达国家主导的岩石地球化学原理对我国区域性问题进行研究，缺乏"从零到一"的开创性研究。

10. 矿床与勘查地球化学

矿床地球化学利用地球化学的原理、方法和手段研究成矿作用过程中元素与同位素的地球化学行为，揭示成矿金属元素和成矿流体的来源、性质与演化，阐明矿床成因机制并最终服务找矿目标。我国矿床地球化学的发展很大程度上得益于各种分析技术和方法的进步与创新。矿石矿物和蚀变矿物单矿物元素与同位素组成微区原位分析方法的建立，不仅为成矿物质来源及成矿流体物理化学性质演化的示踪提供了重要途径，而且使从微观尺度上精细刻画复杂的成矿过程成为可能。纳米和原子尺度的高分辨原位观测和分析技术更是为研究成矿金属元素赋存状态、富集机理及其影响因素提供了崭新的视角。

同位素定年是准确限定成矿作用时间、揭示成矿作用历史、查明成矿作用与各种重大地质事件内在联系的关键手段。目前已经实现了对多种矿石矿物（如黄铁矿、黄铜矿、闪锌矿、硬锰矿、铌铁锰矿、沥青铀矿、黑钨矿、赤铁矿、锡石等）和蚀变矿物（如石榴子石、金红石、磷灰石、榍石、独居石、磷钇矿、褐帘石、绢云母、方解石等）的高精度定年，甚至将岩浆/热液成矿作用的时限精确到万年尺度。单个流体包裹体的成分分析长期被国外实验室主导，近年来该技术在国内取得重要突破，对深入认识成矿流体演化过程，揭示金属元素在热液体系中的分配行为、迁移富集和沉淀机制具有极其重要的意义。通过成矿作用的实验和数值模拟定量刻画成矿作用的本质与机理是国际矿床学、矿床地球化学的前沿研究课题，但迄今为止这方面的研究仍是我国矿床地球化学较为薄弱的环节，亟待加强。

勘查地球化学为我国找矿重大发现做出了历史性巨大贡献。进入 21 世纪以来，传统的化探方法不断推陈出新，原生晕分带模型进一步完善，为老矿区的攻深找盲和资源增储提供了重要支撑。勘查地球化学呈现出两极发展的趋势，一方面向更微观尺度发展，开始了纳米尺度和分子水平的勘查地球化学研究，为深刻认识不同介质中的元素迁移机理和致矿异常原因提供约束；另一方面向更宏观尺度发展，开展了全球尺度化学元素空间分布特征研究，为全球成矿作用背景研究提供依据。与此同时，发展了覆盖区深穿透地球化学、蚀变矿物勘查标识体系、金属同位素勘查等新技术，研发了分形/多重分形、地质内涵法等新兴异常识别和评价手段，显著提高了对覆盖区和深部矿产的地球化学探测能力。地球化学勘查理论研究也取得了长足进步，如地球化学异常模型从推测走向实证，大规模多层套合地球化学异常理论已成为地球化学填图和建立全球尺度地球化学模式的理论基础。高精度地球化学分析实验室和大数据处理管理平台的建设与完善，显著提高了勘查地球化学的理论和应用水平。

11. 化石能源地球化学

化石能源包括煤炭、石油和天然气，是由地质历史时期沉积的生物化石形成的碳氢化合物或其衍生物的聚集体，是人类必不可少的天然燃料资源和一次能源。化石能源地球化学研究化石能源的来源、聚集成藏、分布规律及勘探利用，与石油天然气地质学、煤地质学、有机地球化学、勘察地球物理等学科紧密交叉。化石能源是沉积型矿产，是地球特定时间、特定条件下的产物，本身又包含地球演化的独特信息，也是地球系统科学的研究对象之一。同时，作为地质体中巨量有机质的堆积体，煤、石油天然气又与地球早期演化、生命起源、古环境和古气候等密切相关。近十几年，煤的清洁利用、煤层气成藏理论及煤伴生金属矿床等方面取得了突破性进展，而石油天然气随着勘探领域由常规走向非常规、由浅层走向深层、由陆地走向海域出现一系列理论技术问题。近年来，我国在海相深层油气、海相页岩气、陆相致密油气等方面也取得了勘探突破与研究进展。另外，随着有机质分析技术的进步，研究层次从油气藏、有机分子向元素、同位素（体），尺度从宏观到纳米，从定性到定量，从离线到原位在线分析的趋势也日益明显。同时，与现代物理化学模拟、大数据、人工智能及现代信息技术的结合也日趋紧密。

12. 地球表层系统地球化学

地球表层系统地球化学是宜居地球研究最为核心的部分，近年来的主要进展表现在：①地表过程年代学稳步发展。加速器质谱技术的发展使基于

^{14}C、^{10}Be 等宇成核素的定年手段逐渐成熟；低温热年代学、释光年代学技术不断突破；铀系定年技术（如 ^{238}U-^{230}Th 定年和 ^{234}U/^{238}U 破碎年代学）不断完善。这些技术为晚第四纪沉积物的年代框架、物质搬运剥蚀和构造地貌演化的速率提供了精确的制约。②地表物质循环和环境指标极大丰富。传统同位素比值、元素比值、矿物组成、生物标志化合物等经典研究手段快速发展，多样的指标不仅限于物源示踪和温度重建，在复原降雨量、大气 CO_2 含量、海水 pH、大气和水体的氧化还原程度等方面均有所建树，且精确度不断提高（Chen et al.，2007）。随着质谱技术的快速发展，同位素分析的精确度、准确度和测试效率大幅度提高，并出现许多新型同位素体系，广泛应用于地球表层系统研究。以碳酸盐 Δ47 为代表的团簇同位素技术提供了全新的基于单相体系的温度信息，在深时古温度、古高程重建等传统研究难点中展现出巨大的应用前景（Eiler，2007）；以三氧和多硫为代表的高维度稳定同位素体系揭示出新型非质量分馏机制，为恢复大气氧化等过程提供了新手段；几乎涵盖整个元素周期表的非传统稳定同位素体系的发展不仅极大地丰富了物源示踪手段，还能实现温度、湿度、盐度、酸度和氧化还原程度等环境要素的量化恢复；基于原位定年技术的锆石等碎屑矿物年龄谱成为物源示踪的重要手段（Li et al.，2010）；红外激光光谱技术显著提高了特定气体稳定同位素组成的测试效率，实现了特定环境下的在线观测。

13. 环境与生物地球化学

20 世纪中叶环境地球化学与生物地球化学的建立，促进了生物过程和环境问题的结合，从而推动了这两个分支学科的共同发展，迄今已经拓展到大气、河流湖泊、土壤甚至海洋等地质体，并在环境污染、全球变化、人类健康、生态效应、生命过程等领域形成一些前沿交叉学科。在与人类活动相关的现代环境，构建了环境物质源汇及迁移转化的同位素示踪方法与理论体系，明确了金属环境过程机制和地球化学行为，掌握了典型和新兴有机污染物的环境转化过程与归趋，了解了金属和有机污染物的环境、生态与健康效应，剖析了环境金属和有机物与生物演化的相互作用及调控机理，奠定了环境与生物地球化学服务全球变化和人类社会可持续发展的理论基础。生物地球化学在形成宜居地球的古环境研究方面发挥了核心作用，在一些重大地质事件，特别是在前寒武纪的两次大氧化事件以及显生宙的五次生物大灭绝期间的碳、氮、硫和铁等元素的生物地球化学循环方面取得了重要突破，同时在白垩纪、古新世—始新世之交等一些极端气候环境时期的碳循环、海洋和陆地深部生物圈的微生物地球化学方面也有显著进展。

14. 前沿交叉地球化学

前沿交叉地球化学分为科学和技术两大方面。科学前沿针对元素、同位素、有机分子等地球化学要素在地质和生物过程以及人类活动中的存在形式、行为规律等开展理论研究与实验验证工作；技术前沿则是利用地球化学原理和方法，通过学科交叉与融合，构建将地球化学作为关键工具解决地球科学及其他相关科学问题和社会需求问题的理论框架与方法体系。目前，地球化学研究已从经典的地球内部扩展到地球表层的土壤、水体和大气，涵盖与自然或环境过程有关的所有学科研究。近年来，随着分析技术的日益进步和社会需求的不断扩大，地球化学的原理与方法已被用于解决事关人类生存命运的地学和非地学问题，如生命-环境协同演化、太阳系形成和演化、资源能源勘探与开发、食品、生命健康与致病机理以及刑侦领域中的物证分析等。地球化学与其他领域的交叉融合衍生出很多新的生长点，反映出前沿交叉地球化学的活跃性和强大生命力。例如，将地球化学大数据与全球地质事件相结合，探讨地质历史时期发生的全球性事件及其对资源和环境的制约；"华北克拉通破坏"重大研究计划，通过地球化学与地质学、地球物理学、数理科学等学科之间的交叉融合，在大陆形成和演化的认识与理论方面做出了原创性贡献。

第四节　学科发展布局

一、战略目标

地球化学是固体地球科学的重要支柱学科之一，是地球科学开展定量化研究的核心学科；地球化学学科的发展在保持地球化学优势分支学科（如化学地球动力学、元素地球化学、岩石地球化学、矿床与勘查地球化学、有机地球化学和同位素地球化学等）的同时，进一步加强各分支学科（如宇宙化学和行星化学、实验与计算地球化学等）的均衡发展；聚焦国际前沿［如板块构造、大陆动力学、"三深"（深地、深海和深空）科学、地球系统科学以及宜居星球演化］，探索未知领域，产出一批原创性成果，带动地球化学学科向前发展；面向国家和社会需求，为解决资源、能源、环境、人类健康乃至社会经济问题提供科学支撑；加强跨学科交叉融合，发挥地球化学大数据的优势，促进定量地球科学向前发展；加强平台建设和人才队伍建设，致力于核心分析技术和仪器研发，造就一批具有国际视野的创新领军人才和研究团队。

二、战略布局

1. 元素地球化学

综合考虑地球化学学科整体发展趋势，元素地球化学的战略布局应以重大科学问题和社会需求为牵引，以分析测试技术创新为驱动，以地球系统科学和学科交叉思想为指导，通过进一步发展和完善自身的理论体系，扩大应用领域，服务现代社会高质量发展需求。

1）推动元素的分布－分配及其变化机理与规律的基础理论研究，包括完善元素的性质和分布－分配与迁移规律，尤其是在高温、高压条件下的物理化学性质、存在形式和分配系数等；发展有关元素活化－迁移沉淀的实验和数值模拟技术与方法，建立相关模型，发展新的理论；开展重要成矿元素的分配系数及迁移、富集条件的实验研究。多学科交叉融通是未来科学研究的主要趋势，元素地球化学与化学、物理和数学等基础学科的交叉融合是实现本学科原创性突破的重要保障。与人工智能技术和大数据科学相结合，针对重大地球科学问题对已有的海量数据进行二次或多次开发，是元素地球化学的一个重要发展方向。

2）继续发挥元素地球化学在解决重大地球科学问题中的作用。太阳系与行星早期演化、地幔与地核的分异和演化、岩石圈形成演化与物质循环，以及火山与岩浆作用依然是元素地球化学研究的重要内容。同时，元素地球化学在风化剥蚀和关键带、海洋与大气化学、环境地球化学，以及生命与环境协同演化等方面将会发挥越来越重要的作用。

3）提升元素地球化学解决重大经济社会发展需求问题的能力。社会和经济的飞速发展对矿产资源、能源开发与利用的需求日益增强，与国家发展和安全战略息息相关。元素地球化学是关键金属元素超常富集成矿机制、有效勘查和高效利用研究的关键手段。伴随着我国在深空、深海和深地等方面的大力投入和长足进步，元素地球化学研究将会在更广的时空尺度中发展。为了满足社会发展需求，需要开展元素的生态效应及其对生物圈的影响和反馈研究，做好与环境污染及其检测、评价、治理和修复有关的元素地球化学工程。进一步促进元素地球化学在人文科学和解决经济社会发展问题方面的应用，如食品与药物溯源、物证分析、古文化传播研究等。

4）大力推进微量元素的检测能力和水平。元素地球化学的发展非常依赖先进的分析仪器和分析测试技术。我国的高精度仪器设备主要依赖进口，加大国产仪器研发力度和投入是我国元素地球化学研究取得突破性进展的基本保障。随着地球科学研究由宏观向微观的转变，元素地球化学的分析测试技术将向更微区、超低含量和疑难元素准确测定等方向发展，分析测试流程将越来越方便、快捷和绿色环保。

2. 同位素地球化学

同位素地球化学是国际上发展最快的地球化学领域。依托新技术的开发和交叉学科的发展，同位素地球化学在分析方法、示踪原理和重要应用等方面一直都是重要的前沿方向。

（1）放射性同位素地球化学

1）分析技术：原位微区是同位素分析的重要发展方向，可以产生突破性的观察结果。车载同位素分析仪器和技术的研发，将大大扩展现有的测量手段和收集的数据类型，极大地丰富月球与火星计划的科学研究成果。

2）同位素绝对含量的测量：放射成因同位素的一个重要应用是同位素定年，这需要利用同位素的绝对含量。双稀释剂测量技术为测量各类同位素的绝对含量奠定了技术基础。

3）新同位素系统的探索：随着分析技术和分析仪器的发展，我们可以精确地测量各种以前不能测量的同位素体系，如 ^{138}La-^{138}Ce，这将导致新的发现和假说。

4）放射成因同位素数据（包括铀系不平衡和灭绝核素）和其他物理化学数学手段相结合，可以为认识地质和天体过程做出新的贡献。

（2）稳定同位素地球化学

1）非传统稳定同位素：需要建立更精准、更灵敏、更普适的分析方法，微区原位的同位素分析方法是未来努力的方向；对陨石、地球各个圈层、月球、行星等重要储库的测量还比较有限，很多储库数据还有较大的争议；实验和理论研究同位素分馏机制的工作极其匮乏，熔体、流体、气体之间的分馏亟待突破；非传统稳定同位素的应用才刚刚开始，应充分利用某种同位素的特殊优势试图解决一些重大地球科学问题，未来会有极大的发展；利用非传统稳定同位素体系对关键环境参数，如温度、酸度和氧化还原程度等进行定量化的重建可极大地提高其示踪精细程度，拓展其应用范围。

2）团簇同位素：发展更多团簇同位素体系的理论和分析技术，探索生物和非生物成因的团簇同位素分馏效应和机理，校正非平衡分馏的效应；解析后期成岩和改造过程对原始团簇同位素信号的改造机理；拓展团簇同位素在新体系中的应用；应对团簇同位素分析技术的挑战研发新一代的仪器和分析方法。

3）多硫同位素：厘清光化学和非光化学途径的非质量分馏机理；限定地球早期大气组成及氧气浓度；探讨显生宙数次生物灭绝事件的环境因素（如火山喷发、海洋缺氧）；定量评估地质时期及近代大气－地壳－地幔的物质循环时空尺度；对现代环境污染，尤其是大气污染物的来源及其传播途径进行甄别和判断；发展原位测试高精度的多硫同位素的方法。

4）三氧同位素的发展需要更高的 $\Delta^{17}O$ 分析精度以及校准目标反应的本征同位素分馏值。自然界中非质量依赖分馏导致的 ^{17}O 异常的最终来源是大气 O_3 化学，特别是平流层 O_3-CO_2-O_2 反应网络。当前迫切需要观测数据来确认当今大气的模型，尤其是高层大气的成分，提高重建古大气成分的能力。同时，质量依赖分馏过程可产生微小 ^{17}O 异常，因而迫切需要厘定各种地质过程的平衡尤其是动力学三氧同位素关系，同时发展反应－运移模型来定量描

述微小 ^{17}O 异常的自然变化。此外，位置特异性同位素的研究聚焦于开发测试方法、研究理论等方面。

3. 地质年代学

1）高精度年代学：高精度年代学是研究深时重大地质作用及其生命－环境响应的时代、速率和机制的关键。我国虽然锆石等副矿物微区原位 U-Pb 定年技术总体达到国际先进（部分领先）水平，但高精度同位素稀释－热电离质谱法（ID-TIMS）定年技术仍未获得实质性突破；在地时中国 [Earthtime-CN（China）] 支持下，我国 Ar/Ar 测年精度提升至 0.3%，但与国际领先水平（≤0.1%）仍存在差距；从事高精度 Re-Os 定年的实验室极少。因此，降低实验本底、降低样品测定量、拓展测试对象、提高测量精度并与国际一流技术水平接轨是高精度定年的当务之急。稀释剂和标样研制与标定、衰变常数等基本参数的测量、数据处理软件开发等是高精度年代学的核心技术，目前我国的参与程度极低，亟待加强。我国年代学实验室在重大地质事件高精度定年和地质年代表等核心领域的贡献仍较少，亟待突破。

2）大数据年代学：快速高效的微区原位分析技术使副矿物年代学数据呈爆炸式增长，为综合理解地球环境演化、大陆生长与再造、超大陆聚合与裂解等重大科学问题提供了重要资料，同时也对数据处理、集成与共享提出了新的要求，亟须引入人工智能技术及标准化处理算法，以提高数据处理效率并增强可重复性；对海量的年代学数据进行集成和开发再利用是大数据年代学重要的发展方向，这依赖数据挖掘技术和存储服务的支持；此外，国内尚无专门的年代学数据库存储海量的测年数据，国际上相关数据库在持续性、开放性和用户活跃度等方面也有待提升，应重点扶持并长期资助。

3）行星早期演化年代学：早期地球的年代学制约从地球形成至中酸性大陆地壳大规模出现这一时段（即早期地球）中的重大事件的起止时间是地球科学重要的基本问题。考虑到与深空探测和嫦娥工程的对接，这一领域的研究需要大力加强。通过月球锆石的 ^{238}U-^{206}Pb、^{235}U-^{207}Pb 和 ^{182}Hf-^{182}W 定年，可以制约月球形成（即地球核幔分异）的年龄；通过古老地球和月球样品的 ^{190}Pt-^{186}Os、^{187}Re-^{187}Os、^{87}Rb-^{87}Sr、^{138}La-^{138}Ce、^{147}Sm-^{143}Nd、^{146}Sm-^{142}Nd 定年，可以制约月球和早期地球岩浆洋过程以及壳幔分异和壳幔相互作用；通过研究月球撞击角砾岩和冲击变质矿物的 U-Pb 等长半衰期同位素定年体系,可以制约月球撞击坑的形成年龄。此外,还可以通过研究月球或其他内太阳系类地行星表面的撞击坑频率,制约早期地球可能经历的陨石撞击过程。

4)年轻年代学:进一步提高测量精度和效率、培育新的技术方法是第四纪年代学发展的主要方向。在 U 系年代学方面,推进 $10^{13}\Omega$ 高阻法拉第杯技术的应用或者激光原位 U-Th 测量技术,发展多同位素系统联合应用,进一步提高定年精度和效率。加强宇宙成因核素技术方法的研究,完善宇宙成因核素理论模型,进一步提高 ^{14}C 和 ^{10}Be、^{26}Al 的定年精度,开发超微量环境样品与原位成因 ^{14}C 和新核素(如 ^{41}Ca、^{53}Mn 和 ^{60}Fe)的分析技术,并拓展应用领域,为全球变化与人地关系、人类起源与演化、高原隆升与环境效应、日-地活动等重大科学问题的研究提供可靠证据和有力支撑。

5)基础性支撑技术:现代质谱技术已经能够支持优于 0.01% 定年精度的测量,精度的提高使不同实验室的定年结果之间的偏差显现出来;此外,衰变常数的误差(通常比测量误差高一个数量级)逐渐成为同位素定年误差的主要因素。为进一步提高定年精度,需要在衰变常数等基本参数测量、稀释剂标定共享、标准物质(溶液和矿物等)研发、测量技术改进和数据处理技术标准化等领域开展深入研究。

4. 有机地球化学

与国际发展相比,有机地球化学研究在我国仍以满足国家重大需求为主要目标,在基础性、前瞻性与系统性研究上仍显薄弱。2035 年前,我国有机地球化学应提高其在解决关键地质时期与重大地质事件过程中古气候、古环境与古生态演变、生物演化、有机质富集与贫化机制等重大科学问题的能力。

1)加强近代表生有机地球化学环境研究。解剖第四纪以来典型生态环境有机质从生产力到埋藏的沉积演化过程及其控制因素,加强微生物参与有机质沉积成岩作用的过程研究;重视潜在指标分子化合物的分离与结构鉴定,从分子组成及其碳、氢、氧、氮、硫等元素的同位素分馏特征入手,揭示沉积有机质对现代表生环境动态过程的响应,为探索地质历史时期生物与环境对有机质发育和演化制约作用的研究提供理论基础。

2）加强"深时"有机地球化学研究。针对前寒武纪地层化石较少这一地质现状，加强与地球早期生命起源与环境演化相关的分子标志物的研究，通过古基因测序技术，系统研究显生宙与隐生宙分子标志物的成因关系和演化路径，厘清具有潜在断代意义的分子标志物的生物来源与成岩演化特征，探讨早期地球大气氧浓度变化、海洋化学环境演变与真核生物辐射之间的关联性，进而为宜居地球的形成与演化这一重大科学问题的解决提供关键证据。

3）加强"深地"有机地球化学的研究。重视深部与浅部地质作用中碳、氮、硫、铁等元素代谢有关的微生物功能群和地质环境协同演化的关系；重视高温、高压下有机－无机相互作用，明确深部气体的形成机制；重视高温、高压下固体有机质组成与结构特征的研究，建立相应的谱学表征方法，为开展地外生命探测与宇宙有机化学研究提供理论和技术支撑。

4）加强极地及特殊地质条件下的有机地球化学研究。重视极地不同地质环境中生物标志化合物指标的研究，建立海－冰－气变化的长期关系，对未来冰盖动态演化和海洋－冰冻圈相互作用关系的预测模拟提供限定模型；重视热液喷口、冷泉和水合物界面与甲烷代谢、硫代谢相关的生命活动，明确微生物功能群参与的生物圈对全球生态环境变化的响应；重视非产氧光合微生物的代谢路径及其对早期生命演化过程的启示。

5）有机地球化学学科的发展与新技术的发展密不可分。今后需要重视如下新技术的进展与发展：反映天然气形成温度与聚集过程的甲烷等气体的团簇同位素技术；反映同位素交换反应中不同官能团反应优先度与化学键断裂和形成方式的分子内同位素技术；用于极性大分子化合物鉴定的傅里叶变换－离子回旋共振－质谱技术（Fourier transform-mass spectrometry-ion cyclotron resonance spectrometry，FT-ICR-MS）；用于复杂烃类化合物鉴定的全二维气相色谱双质谱技术（comprehensive two-dimensional gas chromatography-mass spectrometry-mass spectrometry，GC×GC-MS-MS）；用于有机质组成非均质性表征的纳米红外、纳米拉曼与纳米二次离子质谱等微区分析技术。

5. 分析地球化学

分析地球化学居于地球化学学科的上游，分析地球化学在地球化学乃至整个地球科学中具有重要的地位和作用，已成为衡量地球化学乃至整个地球科学学科科学技术水平的标志之一。在今后的发展中应重视以下布局和发展：

1）加强有原创性思想的科研仪器和关键部件研发，为地球科学研究提供新的技术和工具，同时应重视培养高水平的地球化学分析仪器的研发人才，逐步解决我国目前大量高端科学仪器设备依赖进口的问题。智能化、自动化和微型化仪器与工具的研制已成为国际一大发展方向。英国著名科学家汉弗里·戴维爵士曾经说过，"没有什么比开发出一种好的仪器更能产生好的科学了"。一种新的科研仪器或工具，往往成为开辟新研究领域的"金钥匙"。这对于带动相关学科发展，拓宽研究领域，提升我国科学研究原始创新能力具有重要的意义。

2）要重视分析地球化学原创性的研究，既要注重新原理、新技术和新方法的探索与开发，又要注重方法的综合集成，通过联合运用来解决地球科学的问题。将分析地球化学的发展与国家需求结合起来。

3）进一步强化原位微区分析。地质学的研究越来越侧重于地质样品的微观结构和精细矿物学的研究，原位微区分析是目前地质学的主要发展方向。由于微小空间尺度的制约，可供分析的样品量和区域很小，元素和同位素等变化更微小，微区分析地球化学对仪器分析的精密度、准确度和检出限提出了更高的要求。

4）开展微区元素和同位素分析标准物质的研制。标准物质是国家测量体系的重要组成部分，是科学研究和分析测试必备的物质条件，也是开发新技术和新方法不可或缺的材料。我国已拥有大量国家一级、二级地质矿物标准物质。但用于单矿物微区（微米级）元素－同位素分析的国家标准物质极少。高质量微区元素和同位素分析标准物质是开展高水平微区原位地球化学分析与同位素年代学研究的基础。我国地球科学领域的高校和科研院所拥有大批现代微区原位元素与同位素分析仪器（如离子探针、激光等离子体质谱等），但绝大部分只能依靠少量的国际标准物质在相关有限领域开展工作。微区元素和同位素分析标准物质供需矛盾突出。这与我国微区元素和同位素分析大国与强国的地位极不相称。研发高质量的国际通行的微区元素和同位素分析标准物质势在必行。

5）加强创新观念的绿色地球化学分析技术研究。绿色地球化学分析是目前国际地球化学家持续提倡的前沿研究领域，目的是最大限度地减少有毒有害化学品对环境的负面影响，同时实现高效安全分析。脱离传统重污染、重消耗的分析模式，开展创新观念的绿色地球化学分析技术研究是当前的又一大发展趋势，这也是地球化学分析实验室自身可持续发展的需要。

6. 实验与计算地球化学

为实现我国对欧洲、美国、日本等发达国家或地区深地和深空科学的追赶与超越，以及为将我国深地和深空科学推向国际最前沿，我国应首先着眼于建立若干个具有极强国际竞争力的综合性高温高压实验地球科学平台，并积极开展以下方向的研究：①研究地球、月球、太阳系类地行星形成过程中元素的分异和同位素的分馏，包括行星物质的凝聚和蒸发过程以及行星圈层分异过程中元素和同位素的行为。②通过实验地球科学、天体物理、天体化学、地球化学的多学科交叉，将地球置于太阳系及银河系中，研究地球和类地行星形成过程的普遍规律，制约类地行星形成物质在太阳系内的时空分布，限定类地行星形成过程所吸积物质的化学组成和来源。③高温、高压实验研究生命所必需的元素在不同行星圈层分异条件下的化学行为，探索地球发展为宜居地球的控制因素及独特性。④研究地球和超级地球深部物质的物理化学性质及矿物相关系，从而理解地球、类地行星及太阳系外超级地球的深部物质组成及演化，探索系外宜居星球的形成。

计算地球化学最重要的任务是提供新的地球化学示踪理论。它通过研究同位素分馏和元素配分的各种影响因素，来提供新的地质温度计、压力计和定年技术，并以此为基础，建立各个研究方向的理论框架。目前，计算地球化学的一个主研工具是密度泛函理论。一般是用基于局域密度近似（local density approximation，LDA）和广义梯度近似（generalized gradient approximation，GGA）的第一性原理的分子动力学方法（first-principles molecular dynamics，FPMD），研究溶液、矿物及熔体的各种性质，能够达到实验所不能达到的温度和压力。但更加精确的 meta- 广义梯度近似、杂化泛函和双杂化泛函能够处理较弱的相互作用，在未来会有更多的发展。此外，第一性原理的分子动力学方法计算量很大，大部分研究工作的体系大小仅限于400 个原子以内，这使得其在计算元素分配、相变、扩散系数等性质时受到限制。发展接近线性标度 O（N）（时间复杂度）的新算法是未来的一个解决方案。同时，使用深度神经网络方法等，也可以构建经验势函数，简化密度泛函理论（density functional theory，DFT）计算。

量子蒙特卡罗方法是 DFT 方法之外的另外一种具有潜力的新方法。它能精确处理电子多体体系并求解薛定谔方程，并且在密度泛函方法极为薄弱的两个方面，即处理强关联电子体系（如过渡金属元素）和弱相互作用体系（涉及氢键和范德瓦耳斯力），量子蒙特卡罗方法有非常出色的表现。在超级计算快速发展的推动下，预期量子蒙特卡罗方法能够广泛应用于复杂的地学体系，并取得更为准确的结果。此外，对反应过程及过渡态复合物结构的计算，是计算反应速度和同位素动力学分馏效应的关键；基于流体力学传热传质方程，结合有限元、光滑颗粒模型等方法，可以对大尺度的地质过程进行计算地球化学动力学的研究。多尺度的模拟研究在未来会成为一个重要趋势。

7. 宇宙化学和行星化学

随着嫦娥工程的顺利实施，我国正在从航天大国向航天强国迈进。我国行星化学的发展须紧密结合我国的探月工程和深空探测任务，结合发现的大量南极陨石和沙漠陨石以及收集到的宇宙尘与星际物质，综合遥感和就位光谱数据分析、地外返样和陨石的实验室分析，以及数值模拟等多种手段，加强月球起源、地球物质来源、火星的宜居性演化等研究，并最终牵引我国深空探测任务的发展方向，同时为我国行星化学领域培养一支年轻的人才队伍。

1）研究行星物质来源和太阳系早期物质的分布、迁移和混合历史。结合我国和国际的小行星探测计划返回样品和各类原始与分异陨石，通过岩石矿物学分析、非传统稳定同位素分析、同位素年代学、核合成异常分析、高温高压实验等多种手段，开展多学科交叉研究，对行星主要物质储库的形成和分布、太阳系物质凝聚和分异历史、小行星早期撞击事件、行星物质后期增生历史，以及水和其他挥发分在太阳系的时空分布进行全面的制约。

2）研究月球的起源、演化和月球物质来源。现在普遍接受的观点是月球是一次碰撞体与地球发生大碰撞之后的产物，但是对碰撞体的来源、碰撞角度和能量这些关键参数仍缺乏准确制约。通过对嫦娥五号样品和月球陨石的研究，建立高分辨率月球起源大碰撞定量模拟模型，重建月球形成模型和月球岩浆洋结晶冷却历史，以及月壳的形成和演化历史；结合月球表面撞击坑形貌、分布和同位素年代学，重建月球的撞击历史和月海玄武岩的形成历史；结合月球遥感探测数据分析和月球样品实验室研究，探明月球水的分布、来源和演化。

3）重建火星重大地质事件、挥发分演化历史和寻找生命相关物质。火星作为太阳系中与地球的物质成分、大小、表面环境最接近的一颗行星，其形成和演化历史一直受到学者的关注。我国火星探测是深空探测计划最重要的组成部分之一，包括天问一号（2020 年发射）和 2028 年火星返样两次计划。因此，我国行星化学家要在火星研究上尽早做好相应的准备。通过天问一号任务和国际火星探测任务数据，探测识别火星早期沉积环境和现代环境中水与其他挥发分（有机物、生物标志物、关键挥发分等）的主要储库分布、丰度、来源、循环、强度及存在的绝对或相对时间。通过火星陨石和火星返回样品，建立火星重大事件的相对和绝对地质年代，寻找火星生命相关物质、生物标志物、有机物和挥发分的含量、赋存状态及保存潜力。通过轨道观测、就位探测和样品分析，确定火星表面挥发分储库、地表和大气挥发分交换平衡机制及演化历史。

8. 化学地球动力学

1）早期地球板块构造和大陆地壳的起源、特征与演化。板块构造和长英质大陆地壳是地球区别于太阳系内其他类地行星的关键标志。理解地球板块构造和大陆地壳何时出现、怎样出现、为什么出现、出现后如何演化，以及大陆地壳出现与板块构造起源是否存在成因联系等，对认识整个地球的演化具有至关重要的作用。

2）汇聚板块边缘物质循环及地球动力学。限定地球不同历史时期、不同热结构条件下汇聚板块边缘熔 / 流体活动和地球化学分异特征，制约俯冲板片 - 地幔楔界面俯冲隧道过程和俯冲带深部壳幔相互作用过程与机制，查明俯冲岩石圈物质在地幔中的命运以及如何影响地幔的演化，深入理解地壳物质循环和地球壳幔动力学行为。

3）限定再循环地壳物质在上地幔底部到下地幔的状态。进行深部地幔再循环地壳物质的物理化学特征、元素和同位素分异、熔 / 流体 - 橄榄岩反应等方面的高温高压实验与天然样品研究。通过高温高压实验或天然样品，限定地壳物质在上地幔底部到下地幔的状态、地球化学分异，以及熔/流体-橄榄岩反应过程和机制，为理解岩石圈物质在深部地幔的物理化学变化、地壳-地幔相互作用提供直接依据。

4）现代大洋洋岛玄武岩与地幔端元形成。现代大洋中洋岛玄武岩地球化学成分变化很大，指示其源区不均一性。但目前对不同地幔端元，特别是富集地幔端元 1 和 2（EM1、EM2）、高 ^{238}U/^{204}Pb（high-μ）地幔端元的源区位置、岩石学特征及记录的地壳俯冲历史争议很大。对这些问题的深入认识，能更好地制约地幔对流特征与地球动力学。

5）特提斯构造域化学地球动力学。特提斯构造域是全球大陆地质现象最全面、地球科学研究内涵最集中的地域，包括我国中央造山带和喜马拉雅造山带。它汇集了板块演化中块体增生拼贴—俯冲—初始碰撞—陆陆碰撞—碰撞叠置等一系列大地构造演化模式。以现代大洋为参照，限定现代大洋板块中俯冲带的起始过程和机制；以特提斯域为主要对象，确定地球历史上大陆裂解—聚合和大洋开启—消亡的规律与深部地球动力学机制。

6）大陆碰撞带成矿元素活化迁移与金属矿床形成。需要从化学地球动力学角度查明大陆碰撞带形成之前大洋俯冲带成矿元素的活化迁移与金属矿产资源形成之间的继承关系，包括成矿元素的来源、成矿元素富集机制、成矿过程等，特别是俯冲带流体所起的作用，以及对矿产勘查的意义。

9. 岩石地球化学

（1）岩浆岩作用、深部过程及资源、环境效应

1）花岗岩成因与大陆地壳生长和再造：大陆地壳生长和再造的时间与机制这一前沿领域涉及花岗岩成因这一核心问题，需要重点研究不同时期的花岗岩成因及其形成机制、不同构造背景中大陆地壳净增生长量的估计，以及大陆生长和再造的机制等。

2）安山质岩石的成因与大陆地壳形成：大陆地壳的平均成分是安山质的，大陆地壳的形成与大洋俯冲带之上安山岩的成因密切相关，需要重点研究不同构造环境中安山质岩石的成因及其与大陆地壳形成之间的关联。

3）地幔岩、玄武岩的成因与深部动力学：来自地幔的橄榄岩、辉石岩及

其产生的玄武质岩浆是研究深部动力学过程的"岩石学探针",需要重点研究幔源原始岩浆与地幔源区的组成、玄武质岩浆作用与动力学机制、不同地幔储库的形成与物质循环。

4)碳酸岩与地球深部碳循环:深部碳循环是目前地球科学研究的前沿领域。地球的碳90%以上赋存在地球深部,是地表碳循环的主要物质来源。需要重点研究碳酸岩岩浆的起源深度、形成机制及其对地幔的交代作用,俯冲带变质过程中脱碳机制、含碳物质相的转变及碳的循环通量,以及深部碳循环对地幔氧逸度的影响。

5)岩浆过程、储库演化与资源、环境效应:岩浆过程不仅控制了巨型岩基的形成或爆炸式的灾难性火山喷发,并进而影响气候环境,而且制约着关键成矿物质的迁移和聚集。然而,岩浆演化的精细过程仍不清楚,需要重点研究火山喷发区岩浆储库及其储运体系、岩浆储库中晶体-熔体和熔体-热液-挥发分的分离及环境效应、矿物微区的扩散年代学与岩浆过程的时间尺度、熔体-热液-挥发分演化过程中关键成矿元素的迁移和聚集规律。

(2)变质作用与深熔作用的地球化学记录

1)变质过程中物质分配的物理化学效应:变质作用相平衡模拟是研究变质作用的有力手段,需要完善矿物-熔体-流体热力学数据库、优化矿物与熔体活度模型,模拟各类岩石变质过程和开放体系下的变质作用,建立新类型地质温度计与压力计等。

2)变质过程的热演化和流体作用:在岩石温度、压力或热状态发生改变时常会发生变质作用,并伴随流体活动,这对揭示造山带动力学具有重要意义。需要重点研究汇聚板块边缘热梯度变化过程中的变质作用及其衍生的流体、熔体与矿物组合之间相互作用的基本规律,在极端条件(即超高温、超高压)下的变质作用及其衍生的熔/流体成分,以及各类变质作用压力-温度-时间(P-T-t)轨迹的建立与热演化机制等。

3)变质作用与深熔作用:变质作用伴生的深熔现象一直是造山带演化、地壳形成和演化方面的热点研究方向,需要重点研究地壳岩石部分熔融过程中的温度、压力及时间尺度,流体逸度、熔体成分和熔融方式,以及熔融作用、花岗岩的形成与麻粒岩相、超高温麻粒岩相变质作用之间的关联等。

（3）重大地质事件和古气候、古海洋演化的岩石地球化学记录

1）重大地质事件的岩石地球化学记录：重大地质事件是地球系统在演化过程中所发生的、对地球系统产生了深远影响的事件，这些事件一般具有全球规模，会在沉积岩中留下广泛记录，为全球对比提供了条件。可以通过岩石地球化学记录辨识重大地质事件的发生和过程，揭示其对气候和环境变化的影响，完善地球宜居性的调控机制。

2）古气候、古海洋演化的沉积地球化学记录：研究地质时期地球大气圈和水圈的物理特征、化学组成、演变历史及其与岩石圈、生物圈的相互作用对于重建古气候条件、古海洋环境演化过程具有重要意义。主要通过建立可靠的地球化学替代指标体系，重建不同地质时期的古气候、古海洋演化记录；完善气候－海洋演变模型，剖析其控制机理，预测气候－海洋演变趋势等。

（4）岩石圈演化的深部动力学过程

岩石圈组成、结构、热状态等不仅反映了现今地球深部的构造特征和相互关系，而且蕴含了区域乃至全球动力学演化和机制的可靠信息，是板块构造学说、大陆动力学、地幔动力学等理论发展的基础，也一直是国际地质学研究的热点领域之一。重点研究地球早期圈层组成与演化的岩石地球化学记录、大洋和大陆岩石圈地幔形成与演化的动力学机制、不同环境（汇聚带和陆内）岩石圈演化的动力学机制。

（5）大洋岩石圈的热液蚀变与物质循环、生命起源

大洋岩石圈从生成到消亡的过程中存在与海水之间巨大的物质和能量交换，深刻地影响着全球的地球化学循环和生命活动。然而，大洋岩石圈的热液蚀变与物质循环、生命起源之间的关联仍然不清楚。需要重点研究大洋岩石圈与海水之间的元素交换过程和海水元素循环，蚀变大洋岩石圈的再循环及其对地幔挥发分和氧逸度的影响，以及大洋蚀变（如地幔橄榄岩蛇纹石化）、甲烷的形成与生命起源等。

10. 矿床与勘查地球化学

矿床地球化学要始终坚持为成矿理论创新及矿床模式和成矿规律研究服务，重点是为成矿金属元素和流体来源、元素迁移富集与沉淀机制、成矿作用时限与演化过程、成矿流体物理化学性质、成矿作用与重大地质事件成因

联系、成矿动力学背景等重要科学问题的研究提供更加精准有效和可靠可行的手段、数据与约束。为此，矿床地球化学的学科布局应重点关注壳幔相互作用与元素循环、重大地质事件成矿效应、超大型矿床成因机制、稀有稀散元素超常富集机理、岩浆/热液系统中的元素地球化学行为、成矿作用过程的实验和数值模拟等方向。要加强对关键金属元素赋存状态、循环迁移、富集机理等方面的研究，为保障关键矿产资源安全做出应有贡献。关注各种岩石/矿石中有用、有害元素的赋存状态和分布规律及其在矿山开采和选矿过程中的地球化学行为，为元素综合利用、矿山环境修复和污染治理提供重要的理论依据。一些薄弱方向的研究和资助亟待加强，如成矿作用过程的数值模拟、地学大数据与矿床地球化学的交叉研究。

近年来，我国矿床地球化学研究主要集中在相关技术方法的开发和应用上，但在矿床地球化学基本原理和普适模型方面的研究还较薄弱，由中国学者提出的在国际上有重要影响力的矿床地球化学理论和模型不多，今后需要重点布局这方面的研究，鼓励和促进矿床地球化学的原创研究。高水平的实验平台建设是促进矿床地球化学理论创新和学科发展的重要途径，要大力加强以解决矿床地球化学根本问题为导向的平台建设，重点包括金属矿物微量元素和传统稳定同位素的微区原位分析平台、金属同位素微区原位分析平台、单个熔体和流体包裹体成分分析平台、重要矿床类型和不同成矿条件的成矿实验模拟平台、不同温压条件下的数值模拟（如分子动力学模拟）平台，同时要大力加强矿石矿物元素和同位素微区原位分析的标样研制。

多尺度、多领域、全球化是勘查地球化学在新形势下的战略发展需求和选择。应继续开展地球化学调查理论与技术方法研究，为矿产资源潜力评价和靶区圈定提供科学依据；加强纳米和分子水平元素迁移机理及相应的含矿与致矿信息提取，完善和发展地球化学异常成因理论。推进深穿透地球化学和矿物微区地球化学等新方法的试验与示范，提高覆盖区和深部隐伏矿的找矿水平与效果。积极推广同位素勘查地球化学在矿产资源勘查与评价中的应用，丰富传统的基于元素含量的地球化学异常获取方式。研发识别和评价弱小地球化学异常的大数据处理方法与流程，促进隐伏矿和难识别新型矿种的发现。致力于全球地球化学基准建立，实施"化学地球"国际大科学计划，为了解过去地球化学演化和预测未来全球化学变化提供定量评价标准。同时，要重点加强成矿元素高精度地球化学分析实验平台建设和地球化学标准物质研制，构建勘查地球化学数据处理与大数据管理和开发平台。

11. 化石能源地球化学

（1）有机质的多尺度物理化学表征与页岩油气富集机制

烃源岩特别是页岩是一个多尺度、多相共存且复杂的有机–无机复合物，有关页岩物理性质（如硬度、弹性、蠕变、孔隙度、渗透率和电导率等）的研究对页岩油气的勘探开发都具有重要的理论意义。然而，页岩的强非均质性和各向异性、热成熟作用以及有机–无机相互作用大大增加了页岩物理性质的表征难度和不确定性。其核心科学问题是有机质的多尺度物理化学表征与页岩油气富集机制。重点研究方向如下：

1）发展和完善有机质物理性质纳米尺度的表征技术，揭示影响各种物理参数的关键因素以及它们随时间和温度等因素的变化规律；

2）页岩微观物理性质演化模型及跨尺度转化；

3）复杂富有机质页岩体系中宏观尺度和纳米/微观尺度力学性质的精确预测；

4）我国主要页岩层系非常规油气潜力与成藏动力学。

（2）沉积盆地热演化与多种油气类型特征、潜力及动力学模型

传统评价中原油分为正常油、凝析油、湿气、干气等，但对于轻质油并没有重点研究与评价。随着埋深的加大，油气类型日益多样，其中轻质油/凝析油的来源与形成模式是目前关注的焦点，特别是我国西部叠合盆地目前有大量轻质油气发现，而且与正常油、凝析油、湿气、干气共同产出，相态类型复杂，其形成机制需要深入研究。与北美页岩油相比，我国陆相页岩油偏重、偏稠，轻质页岩油的形成模式对于我国页岩油勘探至关重要。与原油相比，天然气的类型更为多样，各种常规与非常规天然气的成因和示踪也非常重要。重点研究方向如下：

1）海相及陆相轻质油/凝析油的生成模式、相态、控制因素与评价；

2）深层原油的稳定性、相态分异、裂解成气动力学及次生改造；

3）页岩气、致密气、煤层气、非生物成因气等新类型天然气的形成与成藏过程；

　4）稀有气体及非传统同位素成藏示踪技术。

（3）煤系气形成、赋存与成藏动力学机制

　我国煤层气目前的探明率只有2.5%，煤系气探明率不足0.5%，发展空间十分可观。但煤系气成藏地质条件特殊，赋存态和储层岩石类型多样；煤系不同岩性储层频繁薄互层，旋回性极强，气、水分布关系复杂多变，形成机制多变。重点研究方向如下：

　1）煤系气中多种类型气的来源与成因；

　2）煤中显微组分地球化学与生烃在线模拟；

　3）煤系气储存空间及气体的赋存形式；

　4）煤系气成藏的主控因素及成藏动力学。

12. 地球表层系统地球化学

　地球表层系统地球化学的战略布局应着力于以下两个方面。

（1）不断发展新的年代学方法和地球化学指标，完善方法指标体系

　地表关键过程如风化剥蚀、搬运、沉积的速度是了解地球表层系统演变的关键参数，其准确性高度依赖这些过程的年代学结果。依托加速器质谱的 ^{14}C、^{10}Be 等宇成核素年代学方法相对成熟，但仍需要加强方法的适用性探索和推广应用（Zhou et al.，2014）；以 $^{234}U/^{238}U$ 碎屑颗粒破碎年代学为代表的新型年代学显示了巨大的潜力；低温热年代学、释光年代学在地表过程定年方面也将发挥重要作用，需要加强方法学和应用研究；此外，地表矿物的高精度 Ar-Ar 年代学对限定化学风化等长时间尺度地表演变具有极大的潜力（Vasconcelos，1999），是值得关注的新生长点。

　地表环境要素定量化恢复是地球表层系统研究的发展趋势，这方面的突破往往仰仗于更新、更精细的地球化学指标体系。古温度的定量化恢复除了进一步加强元素比值、^{18}O 等单同位素体系和生物标志化合物这些传统指标体系的精细化限定外，团簇同位素会起到重要的促进作用。除碳酸盐 $\Delta 47$ 外，CH_4、O_2、氮氧化物、硫酸盐和有机单分子等更多分子的团簇同位素体系可极大地丰富这一研究方向；除温度外，降水量、大气 CO_2 含量、水体盐度、pH以及大气和水体的氧化还原程度等环境要素的定量化重建也将是地球表层系统研究需要重点关注的方向，这往往需要多个地球化学体系的联合限定，特

别是非传统稳定同位素和高维度稳定同位素等新型同位素体系的协同制约；矿物内部不同晶格位置元素和同位素的分异也是指标建设值得关注的一个新兴发展方向（Miller et al.，2020）。

地球物质循环示踪仍将是地球表层系统研究的重要内容。碎屑物质来源示踪是其中的重要环节，各种碎屑组分的元素和同位素组合，可以更加准确地限定物质来源；结合多种元素和同位素地球化学体系，特别是多体系的非传统稳定同位素，追踪 P、Si、Fe 等营养元素的活动、迁移和生物利用过程，对了解环境和生物协同演变具有重要意义；地表过程中的重要金属，如过渡金属和稀土元素的迁移富集过程示踪有助于了解离子吸附型稀土矿物等重要表生矿物资源的形成，以及金属元素给环境和人类健康带来的风险；限定通过化学风化作用由陆地向海洋输入的溶解物质通量则是了解大陆风化和海洋化学组成演变的关键；需要进一步加强特定地表过程的地球化学示踪体系的构建，如滑坡、冰川、坡面等不同侵蚀机制的区分，水岩相互作用中微生物作用的痕迹，以及矿物溶解和沉淀的界面动力学机制等。

（2）构建关键过程的地球化学数值模型，完善相关的理论体系

以往地表系统过程的地球化学观测在研究区域和研究时段的选择上往往较为分散，所获得的地球化学数据系统性差。选择关键系统、关键过程开展时间序列和空间分布的综合性物理与地球化学观测，如关键带观测（critical zone observatory，CZO）、河流时间序列观测、海洋特定生态系统时间序列观测等，获取具有较高时间和空间分辨率的观测结果，可以更准确地揭示关键系统和关键过程中地球化学体系的变化特征与控制机制。发展在线地球化学观测手段可以大大提高观测效率，获取更丰富的第一手资料。在此基础上构建地球化学大数据系统，并结合人工智能、机器学习等方法构建地球化学数值模型，剖析地表关键系统和关键过程的运行机制。在这方面，地表地球化学数据库建设的标准化、集成化尤为重要。

13. 环境与生物地球化学

全球变化和人类活动是环境与生物地球化学发展面临的机遇及挑战。以同位素、同步辐射等先进技术为依托，聚焦元素、同位素、有机、生物等环境地球化学前沿方向，拓展生态、健康等新兴交叉学科，发展古环境地球化

学，服务全球变化和人类社会可持续发展。重点布局现代人居环境和宜居地球形成研究。

1）进一步巩固金属、有机物（新兴有机物）和生物的迁移转化，污染物生态环境效应及源－汇过程与生物相互作用机制研究，加强环境非传统稳定同位素示踪和解析、金属及有机物与环境介质和微生物等微观作用过程与机制、金属和有机物的环境过程与源－汇过程及演化模型模拟、生源要素和生态系统服务功能关系等领域的布局。拓展气候变化和人类干扰下金属、有机物和生物环境行为及演变趋势，关键带和地球表层系统下物质（金属、化合物）与生物转化规律及其调控机制，金属和有机物的生态效应的评估与防治技术等交叉学科。重点关注非传统稳定同位素健康医学、金属－有机物复合污染过程及生态效应、极端气候或区域金属（或有机物）及生物地球化学行为和演变、环境污染物处理科学和技术、生态环境大数据开发和应用等前沿方向。

2）加强关键地质时期的元素生物地球化学循环研究，涉及生命起源、大氧化事件、生物大灭绝和大辐射、雪球地球和极热事件等关键地质时期的碳、氮、硫、铁的生物地球化学过程和循环，加强元素的源、汇和流等重点环节的研究。加强微生物地球化学及其对地质环境的影响研究，实现各类地质微生物功能群从基因组学到生物地球化学过程的完整链接，评估微生物地球化学过程对地质环境的作用。研发定量重建古气候、古环境的生物地球化学指标，构建和完善古温度、干湿古气候、古大气 CO_2 浓度、古海洋分层和缺氧、古海洋酸化和硫化等古气候、古环境参数的生物地球化学代用指标。

14. 前沿交叉地球化学

学科交叉是实现地球化学学科发展的重要驱动力。目前，地球化学与物理和数学等基础学科及其他前沿学科领域的交叉融合还不够深入、广泛。地球化学的前沿研究方向可以分为科学性前沿和技术性前沿两个方面。学科交叉融合过程中首先应知晓地球化学自身的原理和科学属性，而不能片面地强调地球化学学科的实用性和工具性。

1）将其他学科的先进理论、方法、工具应用于发展和完善地球化学自身科学理论与方法的研究，包括开展地球化学与数学、化学、物理学、生物学、生命科学等基础学科的深度交叉研究,开展地球化学与大数据科学、人工智能、计算技术、生物技术等快速发展的新兴前沿科学的深度交叉融合研究。地球化学与大数据科学和人工智能技术相结合,对已有数据进行二次或多次开发,是地球化学的一个重要学科发展方向。

2)加强利用地球化学原理和方法,就地球科学领域其他传统分支学科的科学问题开展综合研究。例如,加强地球系统深部与浅部相结合、有机与无机相结合等方面的地球化学研究。

3)鼓励将地球化学作为重要手段应用于解决其他新领域、新方向问题的探索研究,进一步完善和拓展地球化学的工具性属性,增强前沿交叉地球化学学科的功能,服务于社会高质量发展和国家安全需求。例如,利用地球化学方法开展食品溯源、古文化传播、刑事侦查、人类健康、军事科学等非地学领域的研究。

4)培养前沿交叉地球化学学科及新兴前沿领域的人才,为其创造更多机会和更好的成长环境,争取使一部分人成为具有重大国际学术影响力的领军人才,依靠高水平学术带头人,组建跨学科的科研团队。

三、学科优先发展方向和交叉学科

地球化学学科发展布局的指导思想是:大力支持和加强地球化学的基础研究,开阔国际视野,坚持探索,激励创新,力争在地球化学若干重大研究领域赶上世界先进水平,并在某些领域实现国际领先;在保持地球化学各分支学科均衡发展的同时,为能源、资源、环境、气候变化和人类健康等问题提供有力的科学支撑。

地球化学分支学科的发展是地球科学发展的核心之一,地球化学的发展为分支学科的发展和新学科的形成不断创造新的机遇。地球化学学科布局的原则如下:

1)在保持地球化学优势学科的同时,进一步加强各分支学科的均衡发展。随着我国地球化学研究工作的快速发展,学科交叉总体上处于成长阶段,新型学科不断兴起,传统学科的发展不断受到挑战。以微量元素地球化学、岩石地球化学、矿床地球化学、有机地球化学和同位素地球化学等为代表的传统学科的发展，是地球化学许多领域不可或缺的基础。随着现代高新技术的发展，传统学科的研究广度和深度进一步拓展，出现了很多新兴的研究方向。因此，2035年前需要夯实基础和传统学科，为地球化学全面发展奠定良好基础。同时，要关注和大力推进新兴学科的发展，注意各分支学科（如行星化学、实验与计算地球化学等）的均衡发展，促进学科结构的合理调整。

2）聚焦国际前沿，探索未知领域，产出一批原创性成果，带动地球化学向前发展。聚焦板块构造、大陆动力学、"三深"（深地、深海和深空）科学、地球系统科学、宜居星球演化等重大国际前沿问题，积极探索地球与宇宙天体的物质组成、性质及动力学过程的未知领域，同时注重地球化学领域的重大基础问题，以重大地球科学问题为导向，通过多学科交叉综合研究，产出一批原创性和基础性的重要成果，促进地球化学各学科的进一步发展。

3）面向国家和社会需求，为解决资源、能源、环境、人类健康乃至社会经济问题提供科学支撑。瞄准"深空、深海、深地"国家战略目标，以国家经济社会发展需求为导向，以服务国家目标为宗旨，以资源、能源、环境、人类健康乃至社会经济问题为重点，开展地球化学的基础与应用研究，为解决上述问题提供科学支撑。

4）放眼全球，在经典地质构造单元开展多学科综合交叉研究，促进地球化学学科的发展。我国有明显的地质区域优势，地处特提斯、中亚和环太平洋三大构造-成矿域的交叉处，形成了中国独特的地质构造带和地质现象。在充分利用我国地质区域优势的同时，要放眼全球，特别是关注国际上一些经典地质构造单元（如特提斯构造域和环太平洋新生代汇聚带、全球广泛分布的太古宙绿岩带等）的地球科学前沿问题，开展多学科综合交叉研究，加强新技术、新方法的应用，产生新的立典式成果，全面走向国际地球化学研究的前沿。

5）加强跨学科交叉融合，发挥地球化学大数据的优势，促进定量地球科学向前发展。大力支持跨学科（如与地球物理学、地球化学、海洋科学、地理科学、行星科学和大气科学等）、跨学部（如与数学、物理学、化学、生物学、天文学、环境科学）、不同技术方法（如数值模拟与高温高压实验模拟、以人工智能为代表的现代信息技术和丰富的数据分析方法）与地球化学的深度融合，发挥地球化学海量大数据的优势，从基本原理和逻辑思维上创新研究方法，推动基于地球化学大数据的计算和模拟工作，促进地球科学的定量化。

6）加强平台建设和人才队伍建设，造就一批具有国际视野的创新领军人才和研究团队。针对我国地球化学发展中核心技术薄弱、仪器研发能力欠缺的现状，通过国际合作和人才培养，引进一批国际一流的地球化学青年才俊，选送一批有潜力的博士生或青年科研人员到先进国家和地区进修，实施"引进来、走出去"战略，加强国际科研合作，加快人才培养步伐，培养和造就一批具有国际视野的创新领军人才。同时，通过平台建设和团队项目的资助，促进地球化学研究团队建设。

根据上述原则，通过分析国际科学前沿和国家社会经济发展战略需求中的科学问题，结合我国地球化学的优势和面临的挑战，我们认为地球化学发展应实施以下优先发展方向和交叉学科。

（1）非传统稳定同位素地球化学

以金属为主的非传统稳定同位素地球化学主要研究包括 Li、B、Mg、Ca、Ti、V、Cr、Fe、Cu、Zn、Se、Mo、Cd、Hg 和 U 等元素的同位素体系在物质示踪与地质过程解译方面的重要作用。这些同位素体系已应用在古气候、海水酸化、地球早期大气和大洋水体氧逸度变化、地球深部过程、地－月体系形成和演化、环境污染示踪等方面。建立对地质样品的高精度分析方法是研究前提，确定它们在物相之间的同位素分馏系数和元素扩散系数等基本化学、热力学与动力学参数是研究基础，应用它们来解决重要科学问题是发展关键。

（2）地球系统挥发分物质循环

挥发分物质包括水、碳、硫和氮等物质。大气和海洋中水与碳等挥发分元素的循环会对地表生态系统和环境以及全球气候变化产生重要的影响。揭示地球深部水和碳等挥发分元素的循环与地球动力学过程、生命起源和演化、非生物成因燃料的关系是近年地球科学发展的前沿领域，备受地质学、生命科学、能源科学等领域学者的关注。

（3）高精度同位素年代地层学研究

精确的地层年代确定需要利用高精度 ID-TIMS 方法对地层中火山灰中的锆石进行 U-Pb 定年或对透长石进行 Ar/Ar 定年。建立高精度 ID-TIMS 锆石

U-Pb 定年和透长石 Ar/Ar 分析技术及相关的同位素稀释剂和标准参考物质标定，提高同位素年龄测定的精确度和准确度；实现对关键地层的高精度定年分析。

（4）地幔地球化学与地球内部运行机制

通过对不同构造背景产出的天然样品开展多学科联合研究，加强地幔及其来源岩石的属性、起源、成因与壳－幔动力学过程研究，为深入探讨地球内部运行机制及其浅表地质、资源与环境响应的化学地球动力学过程提供关键支撑。

（5）地球深部物质化学组成与动力学

加强高温高压条件下熔／流体与矿物／岩石之间物理化学作用的精确研究，为定量研究地球内部不同圈层的物质结构、化学组成和地球动力学过程提供精细实验证据，为地球等类地行星的深部物质组成提供关键地球化学证据。

（6）地球早期构造范式与陆壳生长

地球是太阳系八大行星中唯一具有液态水圈和板块构造的星球。目前，国内外学者对于地球早期构造样式以及地壳形成机制研究正处于探索和快速发展阶段。可以预见，在不久的将来，这一研究领域将取得重大突破。我国学者应抓住机遇，放眼世界，争取在这一国际地学前沿研究领域占据重要地位。

（7）地－月体系形成与地球早期演化

在地球与月球的成因联系、地核组成和核幔分异过程、地球早期陆壳形成的构造环境、地球早期大气组成等很多领域仍存在很大争议。需要结合天体物理、天体化学、地质学、地球物理和地球化学等各个学科进行交叉研究。

（8）新型、二次污染物的污染机制及其对生态环境的影响

重点研究污染物在不同环境界面之间的迁移机理与通量强度，关键地球化学影响因素，污染物在水－沉积物、土壤等不同界面间的吸附、解吸、转化、形态变化等机制，大气细颗粒物的时空分布特征、来源、形成机理，以及重要毒害污染物的传输规律和环境暴露风险评估。

（9）地球化学分析新技术与新方法研究

开展地球化学分析新技术与新方法研究，建立具有更高分析效率且绿色环保的分析方法，获得更高分析精密度、更高准确度和更高分辨率的分析数

据是目前国际地球化学学科最为活跃的研究领域之一。我国应继续加强仪器的开发与利用以及新技术与新方法的研究。

（10）地球化学分析仪器研制

目前，我国大部分高端仪器设备基本依靠国外引进，设计和制造分析仪器的能力明显不足，短板亟待补齐。科研仪器和工具研制的重要性现已得到广泛共识，但这也是一个异常艰巨的任务。

第五节　优先发展领域

一、优先领域发展目标

遴选优先研究领域和重要方向的原则是：①对地球化学发展具有带动作用，具有良好基础，能迅速提升我国地球化学的国际地位；②解决制约我国经济与社会可持续发展瓶颈中的若干关键科学问题，以满足国家重大需求；③突出学科交叉和融合，通过多学科联合攻关实现地球化学基础研究的重大突破。

根据上述原则，在充分吸纳有关战略研究成果的基础上，加强综合分析与归纳，认真分析国际科学前沿和国家社会经济发展战略需求中的科学问题，结合我国地球化学的优势和面临的挑战，制订 2035 年前的优先发展领域。

1）新的地球化学示踪体系和高精度年代学；

2）早期地球构造范式与地幔温度；

3）深地过程与地球气候恒温机制；

4）地球内部状态与物质循环；

5）板块构造过程与大陆形成和演化；

6）地球内外系统的联动机制；

7）地球与行星表层系统动力学；

8）海洋地球化学运作机制与工程；

9）碳循环跨时空联系机制和气候－生态响应。

二、优先领域重点方向

1. 新的地球化学示踪体系和高精度年代学

（1）高精度年代学

我国 ID-TIMS 锆石 U-Pb 定年水平主要受实验室本底水平和稀释剂约束，降低实验室全流程本底并研制与 Earthtime 接轨的稀释剂是当务之急。Re-Os 体系在成矿作用和沉积岩直接定年等领域具有独特优势，测量精度已经接近 0.1%，但其衰变常数不确定度较高（约 1.2%），不利于高精度年代学研究。基于 U-Pb 体系交叉校准并提高 Re-Os 定年体系的准确性，降低不同定年体系之间的系统误差是重要发展方向。我国二次离子质谱和激光剥蚀电感耦合等离子体质谱（laser ablation inductively coupled plasma mass spectrometry，LA-ICP-MS）微区原位定年实验室是年代学大数据的核心力量，但不同实验室的技术水平还参差不齐，急需开展国内外多实验室参与的质量监控、比对分析与评估。目前，二次离子质谱锆石原位微区定年的误差约为 1%，急需开展技术攻关，实现高空间分辨率定年精度的新突破（优于 0.5%）。

（2）灭绝核素

灭绝核素体系是制约地球和其他类地行星早期事件的主要定年手段。目前我国在该领域的研究还相对薄弱，需要加强实验测试平台和分析方法的建设，各类陨石和行星样品的系统收集与测量，以及国际合作和国内交流协作。除了在天体化学方面的应用外，还需要加强其在地球化学中的应用。可以利用 ^{182}W 和 ^{142}Nd 来指示地幔的不均一性，从而制约地球的后期增生和分异演化过程。^{107}Pd-^{107}Ag 可以被用来指示地球获得挥发分物质的特征，^{129}I-^{129}Xe 可以被用来研究早期地球原始大气的形成。结合我国逐步开展的深空探测和行星科学研究，应大力支持灭绝核素体系作为优先发展方向。

（3）多维度地球物质循环示踪体系

地球深部过程的示踪重点关注跨圈层的物质和能量交换。结合地质观测、实验模拟和理论计算等，精确限定重要的元素分配系数和同位素分馏系数，了解其与温度、压力和氧化还原程度等要素之间的关系。需加强多维度元素与放射性和稳定（包括非传统）同位素示踪体系的理论、技术及方法研究，探索跨圈层物质和能量的传输、交换规律及其对表层系统的控制与影响；研究主要挥发分在地球各层圈的分布、赋存状态及演化，揭示其与地球宜居性的关联机制。

地球表生过程的示踪重点为，关注地球表层系统中的物质转换、循环及其对环境要素的响应：深入探讨光化学和非光化学过程中的同位素非质量分馏，发展多体系的团簇同位素分析技术，完善同位素非质量分馏和团簇同位素分馏理论体系，揭示 C-H-O-N-S 等循环的调控机制；系统研究非传统稳定同位素在表生过程中的分馏与控制机制，构建其与温度、pH 和氧化还原程度之间的量化关系；准确示踪地表和海洋过程中重要物质的循环，精确重建关键环境要素的演变记录，以及限定生物活动与环境变化的协同演变。

2. 早期地球构造范式与地幔温度

早期地球被定义为从地球形成至地壳形成这一时段，跨度是 36 亿～45.7 亿年，是地球从停滞层盖构造转变成活动层盖构造的关键时期。早期地球研究应包括地球组成材料及来源、地月系统的形成、核幔分异与地核形成、地球早期大气和水圈的形成、古代板块构造的形成等。美国国家自然科学基金委员会连续多年将早期地球列为优先资助方向，欧洲研究理事会布局了两个重大项目（Infant Earth 和 Accrete），德国科学基金会布局了两个超大型跨学科协作项目（Habitable Earth 和 Late Accretion on Planets），瑞士启动了 PlanetS 国家卓越中心项目。早期地球领域之所以成为各国竞争的焦点和需要抢占的战略制高点，是因为早期地球研究是连接行星科学和地球科学的桥梁，涉及大量一级地学问题，是构建地球演化体系的起点，是发展和孕育新一代地学理论的重要场所。

早期地球研究涉及的问题复杂艰深，可使用的工具少，对理论要求较高。因此，结合目前的研究现状和国内研究力量的分布，我们认为应将以下方向作为早期地球研究的重中之重。

（1）原始地球的吸积增生过程

原始地球的形成发生在地球形成及演化历史的最初阶段，是早期地球研究的起点。具体侧重方向应包括：①从陨石和古老地球岩石样品（>36 亿年的地幔来源样品）的角度研究原始地球的物质组成、来源与演化。测定陨石和早期地球的稳定同位素组成、短半衰期同位素定年体系、核合成异常等是制约地球建造物质的重要手段。②地球主增生阶段（早于月球形成大碰撞）的具体过程和影响。原始地球的主增生过程伴随着温度的升高、挥发分的反复丢失和凝聚、金属相与硅酸盐相的分离、硅酸盐的多次熔融与结晶等多种复杂过程。利用多体数值模拟研究这些过程的具体机制，以及利用高温高压实验和理论计算元素与同位素的地球化学行为是对其进行制约的最佳方式。③月球形成大碰撞（地球质量达到现今90%以上时）的方式及其对地球化学组成和物理性质的影响。月球形成大碰撞是地球形成末期最重大的行星事件，通过光滑粒子模型研究月球形成大碰撞的不同机制及后期行星盘结构的差异演化，并结合地月之间的元素和同位素特征是研究地月大碰撞的有效途径。④晚期薄层增生（月球形成大碰撞之后）的物质组成。一般认为，晚期薄层增生为地球带来了重要的铂族元素和挥发分，但是对于具体的机制及这一过程与更早期的地球增生过程的关系尚不清楚。利用挥发性元素和铂族元素稳定同位素与核合成异常是研究这一过程的重要手段。

（2）早期地球圈层分异及协同演化

这一部分的演化过程与现今地球的物理化学状态及宜居性的形成紧密相关。具体内容如下。

1）核幔分异从根本上重置了地球的物质和能量。但是目前对于核幔分异的具体机制，以及其发生的温度和压力条件与化学影响研究争议较大。因此，通过高温高压实验和理论计算相结合的方式研究核幔分异过程中的温度、压力和成分效应对于重要元素（亲铁元素和地核中的轻元素）分配系数和同位素分馏系数的研究是制约核幔分异的重要手段。

2）核幔分异、内核结晶与地磁场的形成。地磁场的存在是地球生命的保护罩。地球磁场的形成与相关地核的结晶以及元素在地核内部的扩散和分配有着密切的关系。通过高温高压实验和理论计算可以了解这一过程。

3）板块构造的形成和演化。地球表层岩石圈构造方式的形成和演变是地球科学研究的重点与难点。早期地球与太阳系内的类似行星或许有诸多相似之处，因此从比较行星学的角度，分析太阳系类地行星的构造样式对理解地球前板块构造时期的深部与浅表的相互作用机制有重要价值。

4）早期地球壳幔分异与大气成分的演化。地球增生过程中的熔融与去气作用和早期地球原始大气的形成有重要关系，与此同时，随着地壳构造形式的演变，原始大气的成分也逐渐发生变化。研究古老地球样品（>35亿年的沉积物）的亲气元素的同位素组成是制约早期地球大气成分演化的重要手段。

3. 深地过程与地球气候恒温机制

地球是唯一已知的基于碳水化合物生命形态的宜居行星。至少从40亿年前开始，地表温度就长期维持在液态水存在的狭窄区间，地球生命也因此得以开始连续性的演化历程。而与此同时，太阳亮度、海陆分布、地幔CO_2气体排放等气候控制因子发生了剧烈变化，与地表温度的长期稳定性形成鲜明对比。因此，地表温度的长期稳定性是理解地球宜居环境形成的关键。盖亚假说认为地球生命的出现是重要的一环，生命系统最终会演化到一种状态，使生命系统与无机环境一起组成有机整体，具有维持地球宜居环境的能力。地质碳循环研究则从无机角度出发，认为地表温度的稳定性与大气CO_2含量和地球气候之间的负反馈机制有关，特别是在液态水的环境中，大陆风化吸收大气CO_2的速度响应大气CO_2的温室效应，从而扮演了地质空调的角色。但是，地表温度的长期稳定性究竟是无机碳循环反馈过程，还是存在生命系统调节，抑或是两者相互作用的结果还不清楚。这其中最大的难点在于缺乏可靠的地质记录和有效的指标体系，因而无法解析地球自形成以来地表环境、大气CO_2含量、碳循环、大陆风化如何与太阳的演化、太阳与地球宇宙空间环境的变迁、固体地球的调整和生物系统演变之间协同。这其中，大陆风化是最为关键的环节，联系了深时地球大气圈、水圈、生物圈、岩石圈之间的相互作用。

受海洋化学沉积保存条件的限制，在新生代大量基于海水化学成分的风化指标（如Sr和Li同位素），往往不能成功应用于深时地球，特别是寒武纪以前化学风化的恢复。低温水岩相互作用导致地壳亏损可溶元素，氧同位素等稳定同位素发生分异，并可能通过沉积物的俯冲影响到地幔成分。因此，可以从地壳岩石甚至地幔中提取大陆风化留下的化学指纹信息。可能的途径包括利用不同阶段从地幔中分异出的岩石恢复地幔成分的演化，通过不同时期的冰碛物、陆源碎屑沉积恢复大陆地壳成分的演化等。大量样品和大数据统计可能是避免记录时空不均一性、恢复深时地球化学风化的重要途径。特别地，锆石等碎屑矿物已经展现出初步的应用前景。例如，有研究提出通过大数据统计，利用碎屑锆石的 O-U-Pb-Hf 同位素体系重建大陆风化历史的全新手段。锆石氧同位素组成反映了产生锆石的岩浆所在地壳的风化程度；锆石的 U-Pb 年龄和 Hf 同位素模式年龄还可以把地壳风化的时间限定在锆石结晶年龄与壳幔分异年龄之间。锆石或其他碎屑矿物的元素和同位素信号将是重要的发展方向。通过大陆风化历史的恢复，最终可以建立大陆风化与地幔排气、陆壳生长、超大陆循环、大气氧化、生物和气候演化等地质事件的关联，解析宜居地球的形成机制。

4. 地球内部状态与物质循环

地球是动态演化的行星，在增生完成后经历了强烈的分异，形成了核-幔-壳三个基本圈层。不同圈层又经历了长期、复杂的相互作用，如火山作用将地球内部物质带到地表，板块俯冲将地表物质输送到地球内部，从而控制了地球内部和表层系统的物质与能量平衡，创造并维系了地球的宜居性。然而，由于对地球深部难以直接观测，对地球内部物质状态及其变化仍然知之甚少。因此，探索地球内部不同深度的物质状态及其受到的不同地质历史时期俯冲物质的改造是当前也是未来相当长一段时间的研究热点和难点。

地幔占了整个地球的绝大部分，是大多数元素的主要储库，揭示地幔物理和化学状态及其变化是正确理解地球内部分异演化的关键。在地球经过高度分异演化和物质循环后，地球内部是否还残存原始未受改造的地幔信息？如何利用大火成岩省、洋岛玄武岩、金伯利岩等幔源岩石的地球化学特征揭示地球内部的原始信息和地球内部的演化过程？对这些问题的回答是揭示地球内部运行机制的基础。

尽管板块俯冲起始时间和机制还存在巨大争议，但确定的是长达 40 亿年的板块运动，特别是超大陆旋回导致了长期、大规模的地壳物质俯冲再循环作用，深刻改造着地球内部的物质成分与结构。大洋俯冲和大陆俯冲以不同原料经过复杂的俯冲工厂而诱发广泛的地幔交代反应作用，通过改变地幔的化学成分、矿物组成、氧逸度结构等显著影响地球内部元素的赋存形式与迁移活化，导致地球内部化学成分高度不均一性（如不同地幔地球化学端元的形成已经被广泛认为与不同类型的俯冲物质有关）。反过来，持续的地幔对流使地幔在化学和物质组成上的不均一性减弱。俯冲物质对上地幔化学成分与氧逸度结构的影响，可能会引起地幔中亲硫、亲铁元素的活化迁移，这可能是形成一些特殊巨量金属矿床的重要因素；下地幔异常结构（如大剪切波速异常省）的性质极大地影响着地幔对流形式，俯冲物质与其形成和演化之间有何联系？俯冲物质（尤其是水、碳、硫等挥发分）再循环作用对地幔化学成分的影响也会显著改变地幔固相线和幔源熔体化学组成，那些和地表重大灾变事件耦合的大火成岩省的形成与俯冲再循环作用对地幔物质改造的关系需要深入研究。核－幔边界长期被认为是长期保存再循环地壳物质的主要场所。最近的高压实验表明，俯冲地壳物质在核幔边界深度与周围物质的反应可以释放大量氧气，被认为可能与古元古代大氧化事件有关。近年来，超深金刚石中的矿物包裹体证据和幔源岩石特征的微量元素分馏特征都表明，地幔过渡带可能是另外一个长期保存再循环地壳物质的重要场所。地幔过渡带可能存在大量的俯冲残余物质，如大量的水、碳和硫等关键挥发性元素，识别这些物质的来源、保存及其释放对认识地球的内部演化及其与地球表层系统的耦合非常重要。因此，俯冲再循环地壳物质在地球内部的最终归宿、存在形式与变化及其对地幔物理化学状态的影响应是固体地球科学未来的重要探索方向。

由于天然样品的局限性，在研究手段上急需将高温高压实验与计算机数值模拟技术和对天然样品的地球化学研究相结合来揭示地球内部物质组成状态与物质循环改造作用，以拓展人类对地球内部的认知能力。

5. 板块构造过程与大陆形成和演化

板块构造理论是当今固体地球科学最重要的理论，长英质大陆地壳是地球区别于其他类地行星最重要的岩石学特征。地球早期的热管构造变化到板块构造有可能使地球大陆地壳发生了由基性向酸性成分的逐渐转化，新形成的酸性地壳由于长英质（长石和石英）风化作用形成了地球自由氧。因此，板块构造有可能是导致长英质大陆地壳形成、地球向宜居性转化的重要驱动力。板块构造启动的时间和动力学机制、俯冲带壳幔相互作用过程、板块构造过程与大陆地壳生长和演化的关联，是当前国际地质学研究的前沿领域。

（1）板块构造启动的时间和动力学机制

迄今为止，板块初始俯冲的动力学机制并不清楚。这不仅是固体地球科学领域最基本的科学问题，也是国际大洋发现计划组织最重要的研究内容和科学任务。目前，初始俯冲模型包括诱发式和自发式两类。诱发式初始俯冲主要与大洋板块俯冲过程中的大洋高原或大洋中脊和俯冲带碰撞所诱发的俯冲带迁移、俯冲带极性反转有关。自发式初始俯冲被认为可能在三种边界发生，分别为被动陆缘的洋陆过渡带、大洋中的断裂（包括转换断层、拆离断层或扩张脊）以及大火成岩省周边等。然而，在地球上仍未发现被动陆缘或者转换断层转化为俯冲带的确切例子。因此，针对初始俯冲的研究目前还停留在理论探索阶段。未来，需要重点关注的研究领域包括：洋－洋俯冲起始的标志；洋－洋俯冲的地质岩石记录；洋－洋俯冲的成因机制与数值模拟；板块构造的启动时间及其驱动机制；全球板块构造动力学联动模拟。

（2）俯冲带壳幔相互作用过程

板块构造理论的核心是俯冲带，俯冲带过程是地球圈层演化的核心机制。俯冲带是地球物质循环最重要的场所，大量的物质通过俯冲进入地幔甚至核幔边界，改变地球深部的物理、化学性质（如氧化还原状态、深部新化学等）和组成（如地幔的不均一性）。俯冲带壳幔相互作用涉及变质作用、流体/熔体交代作用、岩浆作用等一系列复杂的地质过程，这些过程发生的机制和方式与俯冲带板块边界的地质结构、物质组成、热状态、俯冲速率、俯冲角度等因素密切相关，但对它们之间的具体成因联系还缺乏足够的认识。未来，需要重点关注的研究领域包括：俯冲带物质组成；俯冲带变质演化与流体活动；俯冲带俯冲板片来源熔/流体的物理和化学性质；俯冲壳幔相互作用的岩石学和地球化学记录、俯冲带岩浆源区形成和熔融机制。

（3）板块构造过程与大陆地壳生长和演化的关联

大陆地壳的生长机制是国际地学界长期关注并持续攻关的重大基础科学问题。一些基本问题仍然没有解决，如大陆地壳生长时间、速率和机制。一般认为，地壳生长主要形成于前寒武纪特别是太古宙，但是前寒武纪大陆地壳的生长机制及其与地幔柱、板块构造之间的关系仍然是当前国际地质研究中争论的热点问题。另外，尽管俯冲带通常被认为是陆壳形成的主要场所，但以玄武质组分为主的弧岩浆无法直接解释以花岗岩为主的上地壳和全球陆壳安山质成分的特征，这也被称为陆壳成分悖论。构成地壳的长英质岩石无法与地幔达成化学平衡，因此目前解决陆壳成分悖论的主要方式有两类：一是通过幔源弧岩浆或弧地壳的演化和改造形成安山质成分，如分离结晶和基性－超基性弧根的拆沉、沉积物的大量底辟和化学风化等；二是玄武质地幔楔岩石直接部分熔融形成安山质大陆弧岩浆，汇聚于板块边缘的镁铁质地壳部分熔融产生长英质熔体。以上两种形式的地壳形成和演化过程与板块构造过程之间的关联仍然是当前国际地质学关注的热点。未来，需要重点关注的研究领域包括：地球早期初生基性和长英质大陆地壳的岩石学、地球化学特征及其产生时间与机制；太古宙大陆地壳的生长机制；花岗岩的成因与大陆地壳演化；不同构造背景中大陆地壳净增生长量的估计；增生、碰撞造山带中地壳生长和演化机制。

6. 地球内外系统的联动机制

地球系统科学将地球各个圈层作为统一的整体，通过多学科交叉、多尺度观测来认识深部与浅部圈层间的联动和互馈机制及其对宜居地球演化的控制作用，是地球科学研究中极具挑战性的前沿。地球是太阳系唯一具有水圈、大气圈、生命活动、长英质大陆地壳和板块运动的行星。地球内部是一个动态的且充满活力的系统，是地球圈层间物质和能量交换、塑造并改变生命宜居环境的重要引擎。地球内外核间的相对运动导致了地磁场的形成，对生物圈和水圈起着重要的保护作用；地球深部圈层或界面的结构、组成和流变学特征等控制着地球深部的动力学过程（如地幔对流、板块俯冲、地幔柱、超大陆聚散、壳幔相互作用和地震等），以及物质循环和能量交换；地幔对流是板块运动的主要驱动力，而板块运动又形成了巨型造山带、地震带、岛弧岩浆岩带和成矿带；核幔间的相互作用导致了地幔柱的形成，软流圈－岩石圈相互作用的强弱程度则决定了板块的厚度大小及其运动速率的快慢；深地新化学研究初步揭示，当一个体系的两端处于不同的物理化学条件下时，即能产生极端的势能差，从而为地球系统提供最强劲的深地引擎。

尽管在其漫长的演化历程中，地球经历了多次灾难性事件，但地球宜居要素基本维持在一个相对稳定的范围。目前，对维持宜居地球稳定性的方式和机制还缺少深刻的了解，但最有可能的是俯冲作用、大规模火山作用，以

及大陆风化对大气 CO_2 的负反馈机制、生命活动参与圈层相互作用的效应、深部过程对地球宜居性的调控机制等。构造－风化－气候演变互馈机制的核心是通过深部地质过程和地表风化调控大气 CO_2 含量，从而调控温室效应的程度，缓冲地球气候的变化，使之波动保持在适宜生物生存和发展的范围内：地表风化消耗大气 CO_2，释放 Si、P、Fe 等营养物质以促进生物繁盛，并将溶解 Ca^{2+} 和无机碳等物质输运到海洋；沉积作用生成 $CaCO_3$，连同部分生物形成的有机物被埋藏在沉积物中，并随同板块俯冲被送达地球深部；在地球深部通过变质和火山作用将深部 CO_2 再次释放到大气，补充被风化消耗的 CO_2；地壳构造抬升，提供新鲜岩石供风化反应持续进行，同时营造促进风化反应的场所。在这些过程中，风化是地表物质转换的重要环节，受反应物供给和环境因素双重控制，深部地质过程如板块俯冲、火山作用、构造抬升等，特别是地球内部和外部圈层物质循环之间的相互衔接，则是控制构造－风化－气候演变互馈机制正常运转的关键环节。

长期以来，这些圈层间物质循环的诸多环节都是地球科学研究的重要内容，但以定性研究居多，对其中的重要过程开展更精细的系统研究，定量化限定物质循环的途径和通量，可以更准确地把握圈层间物质循环对构造－风化－气候演变互馈机制持续运行的影响，厘清其对维持地球持久宜居的作用机制。

2035 年前，需要重点关注的研究领域包括：地球内部结构、组成与深部动力学；壳幔相互作用与深部储库的形成；地球深部挥发分与氧化还原状态；大规模火山作用的资源环境响应；深部过程与浅表圈层之间的相互作用及构造－风化－气候演变互馈机制。

7. 地球与行星表层系统动力学

地球与行星表层系统过程是美国地球物理学会在 2008 年新开设的跨学科研究分支，旨在研究地球与行星表层系统的一系列动力学过程，以及地球表层系统与人类活动、构造运动和气候系统的相互作用。这一跨学科研究领域融合地球化学、地貌学、水文学、地球物理学、构造地质学、构造地貌学、沉积学、遥感与数据科学等学科，揭示物质、流体与元素在地表环境的运移规律以及地表环境的时空演化。该研究领域的重大研究问题包括：地球与其他行星表面的宜居性、地表环境对重大灾害事件的响应、地质与水文灾害的物理机制及预测性，以及地表关键物质（如水、土壤、碳）的收支与循环。

8. 海洋地球化学运作机制与工程

海洋是地球环境的重要组成部分，对表生地球化学系统的运作有着举足轻重的影响。对于海洋地球化学体系和海洋生物地球化学系统的研究将会帮助人类了解地球表生系统物质收支、循环及自我调节机制，认识人类活动对地球自身运作系统的影响，并探索可能采取的地球工程措施。海洋是冰期间冰期尺度调节大气二氧化碳浓度的决定性因素，因此近年来国际海洋地球化学界逐渐意识到，海洋将不只是碳排放的受害者，若对地球工程领域加以合理利用，海洋更将是解决碳排放和全球气候异常的重要途径。

9. 碳循环跨时空联系机制和气候-生态响应

20 世纪地球科学的一个重要进展是，发现人类活动有可能导致气候变暖、海平面上升、生物多样性锐减等一系列威胁人类生存的全球变化问题，全球变化具有全球性、同时性和不稳定性，如同特大传染性疾病一样构成对人类安全的巨大威胁，因此开展气候变化驱动机制和全球变化应对路径研究是地球科学的前沿。

以碳为代表的温室气体，其失衡驱动气候变化，因此需要开展碳在地球不同圈层之间跨时空的联系机制研究，明确其气候－生态响应，解决国家重大安全问题，最终建立碳循环理论。研究地球不同圈层物质交换过程中碳的运动规律及其对全球气候变化、生态质量演变的控制和影响，查明和理解不同时间尺度的地球内部与表层碳循环及其联系机制，寻找减排 CO_2、减缓全球变暖和降低极端气候事件的方法。该研究领域包括三个层次的重大科学问题：深时碳循环和重大地质－气候－生态事件的联系机制；新生代碳循环驱动机制和全球变化响应；全球 CO_2 源汇变率机制及未来大气 CO_2 浓度调控技术。

三、重大交叉研究领域

由于地球内部和表层问题的复杂性，需要结合多学科、多种分析手段对同一问题的不同方面进行综合制约。学科交叉和地球系统科学的理念在地球化学研究中得到越来越多的体现。要使地球化学学科发展有更大突破和更大发展空间，必须进一步加强对地球化学与其他学科的交叉研究，充分发挥不同学科的优势，用地球化学的方法、技术和手段解决其他学科的重大科学问题，或者将其他学科领域先进的研究思路、方法或技术应用于地球化学学科研究。2035 年前的重大交叉研究领域如下。

1. 地球内部运行机制及其浅表地质、资源环境效应

在国家自然科学基金委员会"华北克拉通破坏"重大研究计划的支持下，对华北克拉通开展了地质、地球物理、地球化学等综合研究，获得了对华北克拉通破坏的深部过程、浅部效应及矿产资源、能源、灾害控制机理的新认识，提升了对大陆形成与演化的认知水平。该领域的重点研究方向包括：克拉通破坏过程与机制及其资源环境效应、克拉通破坏与陆相生物演化、利用高温高压实验和数值模拟研究元素和熔/流体在地球深部的迁移机制、地球内部挥发分物质的化学循环等，不应只局限于克拉通破坏。

2. 造山带与俯冲带的形成和演化

聚焦汇聚板块边缘地质学、地球化学和地球物理研究结果，结合高温高压实验岩石学和地球动力学模拟，揭示不同类型造山带和俯冲带的结构与构造、形成与演化过程。该领域的重点研究方向包括：从大洋板块俯冲到大陆板块俯冲的转换过程与机制，板块俯冲过程中高压－超高压变质岩石的形成与折返过程及其动力学机制，俯冲带深部壳幔相互作用及地幔富集过程，不同类型俯冲带的地震成因机制，从大陆碰撞到碰撞后再造的转换过程与机制，不同类型造山带形成的地球动力学过程及其环境资源效应等。

3. 超大陆旋回的岩石圈、水圈、大气圈和生物圈效应

元古宙以来多次超大陆聚合－裂解旋回及其所导致的洋－陆转变不仅直接影响地球内部的岩石圈，而且对地球外部的水圈、大气圈和生物圈也有重大影响。该领域的重点研究方向包括：超大陆聚散对全球古海平面升与降的控制；超大陆聚散所引起的极端气候变化及其机制；导致超大陆裂解的超级地幔柱所引发的大规模岩浆作用和释放的 CO_2 量及其气候效应；罗迪尼亚超大陆裂解与新元古代"雪球地球"的耦合关系；超大陆聚散所导致的大陆海

岸线变化及其对环球洋流的控制；等等。

4. 关键地质时期生命－环境协同演化

某些关键地质时期一系列重大地质事件的发生往往伴随生物的剧烈变化，并形成生物大灭绝及其后的复苏和大辐射等重大生物演化事件。结合地质学、地球化学、生物学和天文学等多学科进行交叉研究，在高精度时间框架的基础上，建立大型数据库，开展深时生命－环境协同演化研究，揭示地史时期区域性乃至全球性重大地质与生物事件和地球环境之间的因果联系。

5. 亚洲新生代构造过程、环境演化历史及其与全球环境变化的联系

该领域的综合研究要求地质学、地球物理学和地球化学相关分支学科的多学科交叉。其重点研究内容包括：山地和高原隆升、边缘海扩张等重要地质事件的年代序列；自然过程和人类活动的相互作用；新生代不同类型沉积物地层年代学、古生物学、古生态学、考古学、古气候学和高精度测年的综合研究；不同时空尺度高分辨率的气候环境历史及其驱动－响应/反馈机制的数值模拟；构造变动与新生代全球变冷过程的关系；等等。

6. 跨学科与跨学部交叉研究

利用计算机技术和量子化学计算取得的进展，对同位素分馏和元素分配开展理论计算，将研究领域从地核深部拓宽到太阳系行星体系，从平衡态到极端不平衡态。结合物理和化学技术的进步，开拓原位、微区、无损的测量方法，可以得到更多、更准确的观测结果。结合大数据、人工智能和机器学习，归纳总结近百年的地球化学观测数据，站得更高，看得更远。

第六节　国际合作与交流

国际合作对地球化学学科发展的作用呈现出明显的阶段性特征。改革开放后，早期的国际合作主要得益于外方先进的仪器设备，外方科学家对前沿

科学问题的把握。我国在这个阶段通过学者的访问交流、青年学生的派出、我国地质样品的提供，在大部分领域迅速跟上了国际研究前沿，初步建立了较为完备的地球化学学科体系和研究主题。近年来，随着国内先进仪器设备的大量采购和分析技术的建立，分析测试已不再是国际合作的主要内容。相反，我国某些分析测试领域（如激光微区分析）开始服务全球科学家。我国科学家也大多能开始自主把握学科的前沿问题，开展独立研究。但是，当前形势下国际合作对学科发展仍然具有重要作用，仍需得到足够重视，主要表现在以下几个方面。

1. 从跟踪到引领的需求

虽然我国地球化学学科已发展成较为全面的学科体系，但国际地球化学领域日新月异，常出现全新的理论和分析测试方法。中国学者在跟踪科学前沿方面已经积累了相当多的经验，但在开展从 0 到 1 的研究、引领学科发展、创建中国学派等方面还有很长的路要走。保持常规化大范围的学术交流，特别是与国际顶级科学家的交流和合作是加快赶超步伐的关键。

2. 全球视野下的国际合作

地球系统科学是 21 世纪地球科学的发展趋势，它将地球作为一个整体来研究，因此要求全球视野，能够开展大区域时空对比。我国虽然地大物博，但仍然缺乏许多关键的地质、地貌区域。走出国门，在全球最典型的区域开展研究是必由之路。高效、高质量的国际合作将会起到事半功倍的效果。

3. 先进仪器和分析手段的引进、消化和制造

近年来，我国地球化学学科的迅猛发展得益于大量高端分析仪器的引进和基于已有仪器的新技术研发。但必须清醒地认识到，我国分析装备的对外依存度过高，技术方法的引领性也显不足。这可能与我国科研体系不利于实验技术人员的发展有关。加强仪器研发和技术研发人员的培养与引进，以及与世界主要仪器厂商在需求和设计阶段的介入及合作，通过建立国家统一的大型分析平台和科学分析商业机构，利用仪器购买等方式开展反向收购，逐步解决我国地球化学研究长期依赖国际仪器设备的"卡脖子"问题。

4. 主导国际重大合作计划，增加国际学科话语权

当前我国科学家在地球化学学科的国际话语权还比较薄弱，与我国大量的科学产出并不匹配。国际话语权也在很大程度上妨碍了在其他国际合作领域能达到的高度和深度。国际话语权的薄弱固然与语言障碍有关，更重要的是对积极参与国际学术活动的内在驱动力不足。主导创立国际大科学计划、主持承担国际重要会议、积极任职国际主要学术组织、加入国际学术期刊编委会、集中力量加速建立具有国际影响力的地球化学英文期刊（如 *Acta Geochimica*），都是今后一段时间需要重视的国际合作内容。

本章参考文献

胡建芳，彭平安 . 2017. 有机地球化学研究新进展与展望 . 沉积学报，35（5）：968-980.

欧阳自远 . 2018. 中国地球化学学科发展史 . 北京：科学出版社 .

张本仁，傅家谟 . 2005. 地球化学发展 . 北京：化学工业出版社 .

Chen J，Li G J，Yang J D，et al. 2007. Nd and Sr isotopic characteristics of Chinese deserts：Implications for the provenances of Asian dust. Geochimica et Cosmochimica Acta，71：3904-3914.

Eiler J M. 2007. "Clumped-isotope" geochemistry—The study of naturally-occurring, multiply-substituted isotopologues. Earth and Planetary Science Letters，262（3/4）：309-327.

Li S G，Yang W，Ke S，et al. 2017. Deep carbon cycles constrained by a large-scale mantle Mg isotope anomaly in eastern China. National Science Review，4（1）：111-120.

Li X H，Long G，Li Q L，et al. 2010. Penglai zircon megacrysts：A potential new working reference material for microbeam determination of Hf-O isotopes and U-Pb age. Geostandards and Geoanalytical Research，34（2）：117-134.

Miller H B D，Farley K A，Vasconcelos P M，et al. 2020. Intracrystalline site preference of oxygen isotopes in goethite：A single-mineral paleothermometer. Earth and Planetary Science Letters，539：116237.

Vasconcelos P M. 1999. K-Ar and ^{40}Ar/^{39}Ar geochronology of weathering processes. Annual

Review of Earth and Planetary Sciences, 27: 183-229.

Zheng Y F. 2012. Metamorphic chemical geodynamics in continental subduction zones. Chemical Geology, 328: 5-48.

Zheng Y F, Chen Y X. 2016. Continental versus oceanic subduction zones. National Science Review, 3 (4): 495-519.

Zhou W J, Warren B J, Kong X H, et al. 2014. Timing of the Brunhes-Matuyama magnetic polarity reversal in Chinese loess using ^{10}Be. Geology, 42 (6): 467-470.

第四章

地球物理学

第一节 战 略 地 位

　　地球物理学是物理学和地球科学的交叉学科，研究地球内部物质组分、状态、结构以及地球内部各圈层相互作用和演化过程。地球物理学基于物理学原理，利用仪器开展多物理场观测，发展和应用地球物理正反演技术，揭示地球内部物质和结构的三维分布信息。这些地球物理信息记录了地球演化的历史和现今状态，可以用来演绎地球深部物质与能量的运行行为、方式和过程，推演地球形成和演化的动力学过程与机制，评估其对自然资源、灾害和环境的影响效应。

　　作为地球科学的分支学科，在地球科学演化的历史上，地球物理学对获得地球形状、地球圈层结构、各圈层物性、地核发动机等重要认识做出了不可替代的贡献，为固体地球科学的基本理论——板块构造学说的建立奠定了关键基础。地球物理学在实际应用中也催生了一系列独特的理论和技术，促进了数理和信息科学的发展。在为人类社会服务方面，勘探地球物理是资源和能源探测，特别是石油、天然气勘探最重要和最基本的应用方法，很难想象如果没有地球物理勘探技术，人类如何寻找支撑过去几十年社会发展的石油能源。

地球物理学涵盖的领域非常广泛，主要包括：以地球深部探测与动力学机制研究为重点的固体地球物理学与地球动力学；以地震孕育发生物理过程研究为重点的地震物理学；以矿产资源和油气资源勘探开发研究为重点的勘探地球物理学；以对地观测理论和技术研究为重点的大地测量学；以岩石高温高压实验研究为重点的实验地球物理学和地球物理观测仪器研制；等等。

我国幅员辽阔，地质构造背景复杂，地震灾害频发，是地球物理科学研究的大国，具有得天独厚的地学研究资源与条件。地球物理学是我国最早在国际上产生重要影响的现代科学学科之一，具有长期的积累和人才队伍储备。我国地球物理学领域已建立了完整的学科布局和全球规模最大的观测体系，总体水平处于世界前列，培养的地球物理学家是活跃于世界地球物理学研究舞台的中坚力量。但目前我国在地球物理学研究方面还不是世界强国，主要表现为：尚未提出过指导某一领域或分支学科发展的重要基础理论，也没有提出前瞻性或规范应用的技术方法，技术集成和应用方面的创新不足，地球物理学各个分支方向之间以及与其他学科的深度交叉融合还需加强，对其他学科的影响和辐射力不足，尚未在国内外地球科学界形成引领地位。

地球物理学不仅是地球科学发展的战略重点学科和面向世界科学前沿创新的重要领域，也是面向国家需求、国民经济总战场，促进社会和谐，满足人类居住安全性和生活资源可持续性的基本保证。地球物理学的战略定位主要体现在以下四个方面。

1. 资源能源勘探

地球物理学方法由于具备全空间探索地球深部的独特优势，对于探寻地球深部结构和物质，解决可持续发展中面临的资源和能源问题至关重要。进入21世纪以后，我国能源与矿产资源供需矛盾日益突出。截至2019年，我国石油和诸多大宗矿产的对外依存度远超国家经济安全警戒线。可以预测，2035年前，我国重要战略资源、能源的对外依存度将长期保持高位。发展地球物理新理论、新方法和新装备，针对深层油气资源、非常规油气、关键金属矿产等新兴资源能源开展大规模勘探与开发，解决地下能源与资源勘探中存在的难题和在更深尺度上寻求新的能源，是地球物理学必须面对和解决的紧迫问题。

2. 自然灾害防护

地震、火山和滑坡等自然灾害对人类生存与发展构成重大威胁。中国地处太平洋板块构造域和特提斯构造域的交汇地区，构造活动强烈，是自然灾害多发、频发的国家，仅2008年汶川地震就造成了8万多人的死亡和8000多亿元的直接经济损失。随着我国工业化和城市化进程的迅速推进，工业化基础建设和人类的生活空间将更为集中，超大城市的形成已经是一个势不可挡的大趋势。人类的这种活动方式，已经完全改变了原来地震、台风、滑坡、极端气候等地质灾害的破坏程度和风险防范，同时也会诱发一系列自然灾害，严重威胁经济建设和社会发展。因此，基于更高精度的地球深部结构模型、更详细的地质地表调查结果、更明确的工程建设和人类活动信息，开展自然灾害的预测、模拟与设防，是地球物理学必须承担的公共安全服务职能。

3. 生态环境保护

党的十九大报告指出，要"加快生态文明体制改革，建设美丽中国"，绿色发展、环境保护是全球的共识。健全绿色低碳循环发展的经济体系，离不开低碳能源的供给。地球物理学的分支地热学是研究地下热状态和演化历史的科学，为干热岩（增强地热系统）地热资源的开发利用奠定了基础，有力地推动了我国地热资源的勘探、开发和利用。地球深部动力作用和地壳形变改变着地球表面形态，深刻影响着生态环境的变化，地球物理学通过研究地表形态变化机理服务于生态环境变迁机理研究，是环境科学和生态治理不可缺少的基础学科。另外，加大生态系统保护力度，需要准确评估重大人类工程的环境应力并加强地质灾害防治，地球物理学特别是地震学方法是研究地质灾害的重要手段。

4. 地球奥秘探索

地球是人类赖以生存的母亲星球，认识和探索地球的起源及演化历史是永恒的科学主题。国际地球科学界逐渐认识到地球深部运动是地球多圈层演化的主引擎，地幔对流驱动板块运动是板块构造理论发展的基础。大陆动力学不仅涉及地幔对流，还要考虑到深部物质上升与回流构成的循环系统。精确描述大陆物质运动的时间与空间行为，计算、对比它们之间的联系，进而从全球尺度，在时间与空间范畴，自地表到深部地幔，建立起表征大陆结构和演化的基础框架，了解地球历史状况并预测它们对自然资源、灾害和环境的影响是科学创新的基础需求，是认识地球的重要任务。地球物理学通过发展新方法、新手段，提高观测的分辨率和精度，刷新对地球深部结构和过程的认识，成为不断提高对地球系统新认知的基础学科。

第二节　发展规律与发展态势

一、基本定义与内涵

地球物理学作为地球科学分支学科，旨在运用物理学和相关学科的理论与方法，结合观测和实验手段，认识地球内部物质、结构、运行与演化的基本规律，探寻地球内部资源，揭示地球与人类宜居环境的变化特征和机理。核心目标在于认识地球内部结构和深部动力过程，满足人类社会探寻资源能源分布、防震减灾等重大需求。

二、学科发展规律

地球物理学是 19 世纪末问世的交叉学科，在诞生时期，地球物理学是一门观测、实验科学，然后逐步演化为同时具备观测、实验和理论的"三位一体"的现代学科。20 世纪中下叶，在板块构造理论孕育与形成、阿波罗计划、第二次世界大战后的能源需求等背景下取得了突飞猛进的进展。进入 21 世纪以来，现代数字技术和信息技术的迅猛发展，带动了地球物理学进入大规模密集观测、超级计算的时代，观测能力、解析分辨率与 20 世纪不可同日而语，推动了地球科学向多圈层系统观、行星观方向的发展。

纵观 100 多年以来地球物理学的发展，其主要受到三个方面的驱动。

1. 科学前沿与社会需求的共同驱动

对地球内部结构和深部过程的好奇心是催生地球物理学的第一驱动力。地球物理学在世界科学前沿、国家重大需求和国民经济中的重要地位，决定了其具有受科学前沿与社会需求共同驱动的属性。

国家需求是地球物理学应用发展的重要驱动力。例如，寻找油气资源推动了勘探地球物理的发展；第二次世界大战对海洋环境信息的需求推动了海洋地球物理的发展；海底磁异常条带的测量为板块漂移提供了决定性证据；页岩气革命推动了人工诱发地震学研究的发展；随着高新技术产业的不断发展，越来越多的国家意识到关键矿产对高新技术的支撑和保障作用日趋重要，纷纷展开对关键矿产资源的研究，掀起了多尺度、多属性地球物理综合观测的浪潮。可以预见，地球科学领域在深部物质组成与结构、非常规能源开采与环境效应、矿产资源可持续开发与综合利用技术等需求的牵引下，将获得更加重要的突破。

2. 地球重大事件的突发驱动

地球重大突发事件是对国家和人类社会经济、科技等综合实力的检验与"大考"，同时也是学科发展的"催化剂"。在地球物理学研究历史上，重大事件在短时间内可引发公众对地球物理学的关注，吸引众多的科学家从事研究，从而推动社会加大对地球物理学研究的项目资助，进而促进地球物理学在特定时期的蓬勃发展。例如，1906 年旧金山大地震的发生拉开了现代地震学研究的序幕，推动了地震学从观测到数据解释，再到地震学理论形成的全面发展。

由于地震学观测能够从震源特征上分辨爆炸源和天然地震源，20 世纪 60 年代监测核试验的需求推动了全球地震观测台站的布设，快速揭示了地震的全球分布图像，在很大程度上催生了板块构造理论。

我国现代地震学的突飞猛进起源于 1966 年邢台地震，地震灾害对全国经济和社会的破坏引起了社会与政府的高度重视，国家迅速调集全国各行各业的精兵强将投入地震研究，形成了我国地震学研究的人才队伍，使我国地震学在短期内迅速发展起来。

3. 科学技术进步的创新驱动

"科学引领，技术先行"的规律同样适用于地球物理学学科建设。本质上，以观测为基础的地球物理学，其发展对观测仪器的依赖效应从诞生之初就十分明显。地球物理学的发展与电子技术、计算机技术、材料技术、通信技术、机械制造技术的发展相关，地球物理观测设备一方面动态范围不断增大、频带范围逐渐加宽、记录精度逐渐增加、抗干扰能力逐渐增强，另一方面逐渐向小型化、集成化发展；观测系统的灵活性、便捷性和密集性逐渐增加，带动了地球物理学的发展。

空间对地观测技术的发展推动了大地测量学的突飞猛进，使得定量、实时地研究现今构造变形成为可能。数字地震技术的发展促进了现代地震学从全球研究发展到区域的精细探测。20世纪初，地震学的观测手段仅仅能分辨地核、地幔、地壳等一级界面的存在，到21世纪初，全球地震学甚至能在全球尺度提供数十到数百千米的分辨精度，区域的地球物理勘探甚至能达到米级的观测精度。新一代分布式光纤声波传感技术是近年来快速发展且前景良好的一种地震观测技术，该技术依托于规模巨大的光纤传感产业，其超高的观测密度和良好的环境适应性较好地满足了众多应用场景下的地震观测需求，特别是可以探测地震波场引起的光纤轴向应变，实现了米级的观测密度，预期将为地球物理学的发展提供更大的契机。

三、学科的研究特点

在研究特点上，地球物理学是以观测为基础、分析为桥梁、问题为导向的现代学科。

1）观测为基础。地球物理学是一门以观测为基础的科学。总体的研究思路是通过观察获取资料，基于资料分析提出理论，依托理论指导应用。地球物理学的观测对象涵盖地核、地幔、地壳、浅表层，因此观测需要发展对地观测技术、深部探测技术、空间遥感技术、分析测试技术和实验模拟技术。

2）分析为桥梁。在深部地球物理的研究中，地球内部物理学是以地球物理学基本原理、微观物理属性实验测量和宏观地球物理观测技术为基础，以信号处理、数学建模和计算技术为桥梁的学科，不同温压条件下的岩石地球物理实验是将地球物理场信息转化为岩石信息的重要纽带。

3）问题为导向。地球物理学以解决地球重大科学问题为目标，在基础科学方面研究地球内部精细的圈层结构、耦合效应与能量交换的深层动力学作用、强震孕育和发生的物理机制等；在应用方面，探究地球浅部造山、成矿、致灾等地质作用的深部物理过程等。这就要求其与地球科学其他分支学科如地质学、地球化学等的深度融合与综合集成。

第三节　发　展　现　状

一、地震学发展现状

1. 地震波理论与计算地震学

地震学最重要、最基础的观测数据是地震图。现代地震学的大部分工作是从地震图中"解读"出地震震源参数、破裂过程以及地震波传播路径上介质的速度结构等重要的地球内部物理参数，进而认识地震的物理过程和地球内部的三维物性结构，为防震减灾和油气藏勘探提供科学支撑。"解读"地震图的理论基础就是地震波理论，因此地震波理论是现代地震学的理论基石。

经典地震波理论主要是基于"理想地球模型"或"零阶近似"地球模型的理论。"理想地球模型"一般是一维模型，如水平层状模型、物性参数随垂向连续变化的一维模型和球对称模型（物性参数的变化仅依赖于径向深度）。针对这些"理想地球模型"，地震学家发展了一系列地震波传播理论，包括基于反射率方法的广义反透射系数理论、广义射线理论、WKBJ（Wentzel-Kramers-Brillouin-Jeffreys）地震波理论、地震自由振荡理论、地球简正振型理论等。这些理论的发展和建立过程就是现代地震学建立与发展的过程。这些经典理论至今仍是地震学的基石，指导着地震学的科学研究与相关应用实践。

尽管一维的"理想地球模型"对于很多问题尤其是大尺度的问题是一个很好的近似，但是实际地球模型是三维的。因此，从地震资料中"解读"出地球三维结构不仅是揭示大地构造及其动力学演化的重要基础，而且是资源勘探、地下空间探测的核心工作，同时也是防震减灾工作的基础。随着地震观测能力的快速提升和计算技术的飞速发展，从海量的地震波观测资料中"解读"出地球内部三维结构的信息、更加详细的地震震源破裂过程的信息，甚至是微弱的速度结构随时间的变化等，已经或正在成为可能。"解读"地球三维结构需要的是三维地震波理论，而地震波在复杂三维介质中传播的理论无法解析求解，只能利用计算机进行数值求解，因而形成了计算地震学。

目前，计算地震学已经可以实现三维全球地震波传播模拟，包含地形起伏的复杂介质模型中的地震波模拟、双相介质地震波模拟和震电耦合的模拟等。为了高效、准确地计算不同情况下的地震波激发和传播问题，地震学家发展了多种地震波数值模拟算法，包括边界元法、有限差分法、伪谱法、有限体积法、有限元法、谱元法和间断伽辽金有限元法等。其中，有限差分法由于理论简洁易懂、易于并行、使用简单，很容易与地震波成像和反演算法相结合，是地震波数值模拟应用最为广泛的一类算法。传统有限差分法由于不能准确施加起伏地表的自由表面条件，不能应用于地形起伏显著的地区。最近十几年的发展中，地震学家发展了能够稳定实现起伏地形自由表面边界条件的牵引力镜像方法，结合任意弯曲网格，成功克服了有限差分法在地形起伏地区应用的限制。为了进一步提高计算效率和降低使用难度，近年来研究人员针对有限差分地震波模拟算法，开展了高阶格式、优化格式、保辛格式的研究，在弯曲网格的基础上，进一步实现分块网格和自适应网格等。

有限元法、谱元法和间断伽辽金有限元法都属于有限元类的方法，其使用非结构网格，具有良好的复杂边界形状适应能力。谱元法可以在使用高阶格式的同时保证质量矩阵对角化，可以实现并行计算，目前是全球尺度地震波数值模拟的主要方法。谱元法在区域问题中应用的主要困难在于网格生成，如果能够生成高质量网格，谱元法也是区域地震波模拟的有效方法。间断伽辽金有限元法使用通量连接不同的单元，使各个单元的计算独立，易于实现高阶和网格加密，并且允许波场在单元之间不连续，近年来逐渐被应用于地震波数值模拟问题中，尤其是多物理场耦合和复杂边界形状的地震波模拟问题中。

基于高频近似的地震射线计算，计算成本远小于地震波传播数值模拟，是很多地震成像和反演算法的基础。射线追踪方法经过多年的发展，目前已经相对成熟，包括打靶法、弯曲法、波前重构法、快速追踪法、快速扫描法、最短路径法等。其中，快速追踪法和快速扫描法由于计算效率高、稳定性好，是目前应用较为广泛的方法。射线追踪计算问题中目前尚未完全解决的问题是各向异性介质中的快速稳定射线追踪计算问题。

计算地震学虽然起源于三维地震波数值模拟，但其内涵不断扩展，目前还包括地震震源动力学数值模拟和波形反演成像。经过几代人的努力，目前我国地震学家在计算地震学领域已处于国际先进水平，也不乏国际领先的科研成果。

2. 震源物理与强震机制

引发地震的震源，一直是地震学研究的核心问题，对震源的研究主要从运动学、动力学和实验室模拟三方面展开。

震源运动学的发展依赖于观测数据，随着观测数据的日益丰富，目前震源参数确定的稳定性和精确度都有了极大的提高。对于中小地震通常使用点源模型，而对于大地震采用有限断层解，提高了对地震破裂模式和破裂复杂性的认识。结合多种观测数据进行反演是过去十几年的进展之一，近期的进展还包括快速反演、引入复杂介质模型的反演，以及发展近实时点源及有限断层反演，有望为地震应急提供快速的震害分析。而利用运动学模型结合复杂介质及断层模型进行强地面振动模拟，可以为灾害评估提供有效参考。

震源动力学数值模拟主要分为同震过程与地震轮回模拟。数值模拟基于断层几何、初始应力和摩擦性质分布，其结果受到断层周边介质弹性及非弹性性质的影响。同震过程模拟早期研究主要聚焦于较小尺度的普适模型，利用相对简单的断层几何、介质参数、摩擦参数、初始应力等进行破裂动力学的模拟。随着计算能力的提高和不同数值方法的引进，更为复杂、真实的断层几何、非均匀的应力分布和摩擦性质分布被引入。由于介质结构对破裂传播的影响很大，更为精细的地壳结构也被引入破裂模拟中。此外，同震近断层介质的塑性变形也被考虑进来，用来模拟更为精确的同震响应。得益于计算能力的提高，大型地震破裂数值模拟可以在超算服务器上进行，已经可以达到 1Hz 及更高频的同震地表响应。近期一些破裂过程复杂的地震，如新西兰地震、印度尼西亚帕鲁地震，已经用动力学模拟实现。同震破裂动力学模拟的难点在于其初始条件的确定，近期提出的新方法利用震间闭锁分布来估算应力分布，并利用同震近场观测有效确定大地震之前的应力状态与滑移弱化距离。地震轮回的数值模拟大多利用边界积分方法，对于复杂介质难以处理，但目前已可处理复杂断层几何，而谱元法等数值方法的应用目前还有限。因为间震期与同震期的时间尺度相差很大，所以大多数模型采取同震过程准动态或者准静态近似，对同震破裂的地表输出与实际地震进行对比的研究还比较有限。目前已考虑了更为复杂的物理机制，如流体导致的扩容强化、热增压作用等。针对慢速滑移与地震的数值模拟在过去十几年应用很多。地震轮回模拟的优势在于无须预先假设应力分布以及进行人工地震成核，缺点在于大多数模型只能针对简单介质（无限半空间）以及对波传播过程进行近似。

实验室中针对地震机理研究的岩石摩擦和流变实验在过去几十年间也取得了长足进步。断层黏滑机制的提出，开创了地震机理研究的新纪元。此后，围绕断层强度、断层滑动稳定性开展了大量研究，为认识地震物理过程和机制、探索地震预测提供了重要基础。基于实验结果总结出的 Byerlee 定律为断层强度提供了限定条件，基于岩石慢速摩擦实验提出的速率－状态本构关系使得模拟断层滑动发生的地震旋回成为可能，地震成核模型、断层亚失稳模型等为地震前兆观测和研究提供了物理基础，岩石高速摩擦实验则揭示了断层同震力学性质、动态弱化行为及其物理机制，对地壳上地幔典型岩石流变性质的实验研究为了解岩石圈流变结构和地震孕育条件奠定了基础。

3. 地震活动性与强震灾害

地震活动、强震灾害和人类生命安全、工程建设等息息相关，是地震学发展过程中的重要分支。目前，国际上地震活动与地震灾害研究的趋势主要体现在：①作为地震灾害风险防治的重要手段，通过与地质学、大地测量学、空间对地观测等学科的交叉融合，地震活动与地震灾害研究成果和技术被广泛应用于活动构造、块体变形、强震孕育过程和人类诱发地震等多领域。②21世纪初以来国际上实施的地震可预测性合作研究（Collaboratory for the Study of Earthquake Predictabiliy，CSEP）计划、全球地震模型（Global Earthquake Model，GEM）、可操作的地震预测（Operational Earthquake Forecasting，OEF）、加利福尼亚统一地震破裂预测（Uniform California Earthquake Rupture Forecast，UCERF）等国际科学计划促进了地震活动与地震灾害研究的学科发展和技术进步。③地震活动的基本规律、与地震孕育发生和成灾演化物理过程相关的规律得到进一步揭示。④人工智能、深度学习、大数据等前沿技术快速引入应用，展示了巨大的发展潜力。

我国在该方面的研究目前处于加速进步但总体国际影响力有限的状态，主要体现在地震活动与地震灾害研究前沿理论和技术方法创新、重大地震灾害事件的科技响应等方面的差距。此外，近年来有重大影响的地震可预测性合作研究计划、可操作的地震预测等全球性的重大研究计划也均为美国牵头和主导。

近年来，由人类活动造成的诱发地震频频发生，对居民生命和生产安全带来了极大威胁，因此对诱发地震的研究也愈加被重视（Yang et al.，2012）。国内外针对诱发地震的科学问题已经展开了一系列研究（Nicholas et al.，2016；Dempsey et al.，2016），包括：①诱发地震活动的触发机制；②地震断层破裂成核、扩展及停止机制；③破坏性地震的发生条件；④诱发地震与天然地震之间的异同；⑤诱发地震的破坏性及其与天然地震的差别；⑥可预测性；⑦可控制性；等等。得到了一些基本认识，包括：①脆性地层中先存断层和足够大的差应力是发生较大诱发地震的必要条件；②在背景地震活动不频繁的相对稳定地区，由诱发地震活动引起的危害超过了天然地震；③建立了一些统计模型，如注水量与地震累积频度和最大地震震级的关系；④与地质环境有关，可能有不同程度的非地震性断层活动；⑤建立了一些概率预测模型，针对地热和页岩气开采的压裂活动建立了基于统计的针对单个现场的红绿灯信号系统等。但这些统计模型往往只对大范围的总体预测有一定效果，不具有普适性，对具体现场有很大的不确定性。尤其是对于破坏性地震的发生，无论是在预测还是在预防方面都还没有可靠和可行的策略。对不同地质环境、不同类型诱发地震，尚未形成完整的知识体系。在观测技术与数据处理方面，密集台阵观测和大数据处理技术的应用，也开始在诱发地震研究中发挥作用（Hansen and Schmandt，2015），但天然地震学方法与勘探地球物理学方法还没有实现充分融合。在诱发地震机理研究方面，基本上是套用天然地震的认识和理论，对流体作用下断层活化机制的系统研究不足。尤其重要的是，学术界和工业界的合作不够充分，使得应对策略研究进展缓慢。

4. 深部探测

基于天然地震学方法的地球深部结构探测是认识地球内部结构和物理过程的核心手段。20 世纪 60 年代随着世界标准地震台网（World Wide Standard Seismic Network，WWSSN）和国际地震中心（International Seismological Centre，ISC）的建立、计算机技术和数字信号处理技术的快速发展，以及 20 世纪 70 年代初层析成像技术的出现，天然地震学成像研究在 70 年代后期开始发展并迅速壮大，获得了全球和区域尺度的三维速度结构图像。20 世纪 80～90 年代，天然地震体波和面波走时成像与波形模拟技术快速发展，获得了一系列深部结构探测的重要结果，尤其是地幔三维结构成像，为约束板块俯冲和地幔对流的模式提供了重要证据。进入 21 世纪后，基于天然地震体波、面波走时数据的有限频成像、波形互相关走时伴随成像、全波形成像技术、二维及三维波形模拟技术的快速发展，以及计算能力的突飞猛进，进一步提升了全球和区域尺度三维结构成像的分辨率和精度。例如，实现了地壳上地幔精细三维结构、俯冲板片和地幔柱在全地幔的形态、下地幔大尺度低速体（large low-shear-velocity provinces，LLSVPs）、超低速带（ultra low velocity zone，ULVZ）等从几十千米到几千千米不同尺度异常结构体的成像。地球深部结构与矿物物理学和地球动力学的结合，也极大地促进了对岩石圈结构与演化、板块俯冲与地幔对流模式、深部地幔物质组成等一系列重大科学问题的认识。

21 世纪初期背景噪声成像技术的提出与迅猛发展进一步促进了台阵地震学的发展，提高了地壳上地幔结构成像的分辨率，极大地提升了我们对地壳三维形变状态和机制的认识。目前，基于密集或超密集台阵观测，联合多种地球物理观测资料，对地球深部速度与界面进行快速成像，已成为深部结构探测的主要发展方向。基于大规模宽频带地震台阵包括美国USArray计划、中国喜马拉雅台阵计划（ChinArray）、华北克拉通台阵、东北NECESSArray台阵、川西台阵、青藏高原INDEPTH台阵、Antelope台阵、欧洲AlpArray计划、非洲AfricaArray等。通过多种地震学方法的综合研究，极大地推动了区域深部结构探测能力，提高了成像的分辨率与精度（Gao et al.，2016；Zhao et al.，2020）。2011年美国Signal Hill石油公司在加利福尼亚州长滩布设超密集台阵（Long Beach Array），利用观测数据的背景噪声得到了浅层精细速度结构（Lin et al.，2013；Inbal et al.，2015）。中国科学院地质与地球物理研究所于2015年在青藏高原东北缘布设了一条点距500m、长170km的测线，进行了以深部结构为探测目标的短周期密集台阵天然地震观测，获得了高清晰度的地壳结构图像（Liu et al.，2017）。

观测技术方面，海洋区域地震波观测和分布式光纤声波传感技术是目前地震学深部探测技术取得的最重要的突破（Collins et al.，2001；Dahm et al.，2006）。由于海底观测网覆盖的范围有限，沉浮式海底地震仪（ocean-bottom seismometer，OBS）台阵是当前海底地震观测的主要形式。近期，浮潜式地震仪（也称为"美人鱼"）的海洋地震观测方法由于操作简便、经济高效、数据回收率高等优点，成为常规沉浮式海底地震仪观测的重要补充（Douglas et al.，2014）。光纤传感技术在地球物理场监测的应用由来已久，早期的分布式光纤温度传感器被广泛应用于温度场的监测。近年来兴起了一系列基于光纤传感技术的地震波场监测技术，如光纤旋转地震仪、超大型稳频干涉光纤地震仪和分布式光纤声波传感器。其中，分布式光纤声波传感（distributed acoustic sensing，DAS）技术可以探测地震波场引起的光纤轴向应变，并实现米级的观测密度。分布式光纤声波传感技术自2013年左右实现商业化以来，在油气勘探领域得到了广泛应用，也被逐步用于天然地震学观测中，是新一代地震观测技术中具有较大潜力的一种（Philippe et al.，2018）。近期，多个海底通信光缆的地震监测确定发现了数个断层，并且获得了部分有价值的相关学科观测数据（如海浪、海洋物质运移等）（Lindsey et al.，2019；Zhan，2020），2019年美国7.1级Ridgecrest地震之后，利用通信光缆进行了快速、大范围的余震监测。

二、重磁电热学科发展现状

1. 地球重力学

地球重力学的重大进展体现在观测技术的进步及地球科学领域的广泛应用。以美国和德国为代表的西方发达国家成功研制的卫星重力观测技术（CHAMP、GRACE 和 GOCE 等）已经得到广泛应用，对地球科学产生了重大影响。特别是在固体地球物理学、海洋学、大地测量学等领域，这一技术带来了革命性的变化，其意义不亚于全球导航卫星系统（global navigation satellite system，GNSS）的成功与应用。卫星重力技术提供了空间分辨率为 $5' \times 5'$ 的超高阶 EGM2008 重力场模型，提供了在气候变化时间尺度上地球水圈 / 气圈物质交换与循环的丰富信息，在研究与全球气候变化有关的海平面、两极和陆地冰川融化、地下水变化、大地震重力变化等方面取得了重要进展（Sandwell et al.，2014）。西方发达国家的绝对和相对重力测量技术已经成熟，量子重力技术已经取得突破性进展，重力梯度技术已经成功应用于矿产油气资源勘探和水下航行器辅助匹配导航，有效提高了其安全性和隐蔽性。我国重力观测技术和仪器明显落后，最先进技术均被西方发达国家垄断。对高精度重力仪的需求主要依赖进口，严重制约了科学研究和技术水平的提高。中国科学院和教育部等部门已经开展了传统重力仪与量子重力仪研制，先后研制了海空重力仪、绝对重力仪、超导重力仪、原子重力仪和原子重力梯度仪，取得了重要进展（孙和平等，2017，2018）。国家"十二五"重大科技基础设施项目——精密重力测量综合研究设施平台建设和在第十届全球绝对重力仪国际比对基础上建立的全球重力基准原点（北京）具有重要战略意义。中国大陆构造环境监测网络中的重力基准网络建设在国家基础测绘与地震领域起到了重要作用。

2. 地磁学

21 世纪的地磁测量技术和实验设备研究突出电子类磁学设备的发展与应用，在高效率、高精度、低能耗、智能化等方向进展突出，具体体现在磁通门、质子、光泵、超导、核磁共振、SERF 原子、NV 色心等新型磁力仪的发展和应用上。这些磁力仪的磁场、时间、空间分辨率都有极大的提高，如超导和 SERF 原子磁力仪的磁场分辨率达到甚至超越 fT，钻石 NV 色心磁力仪的空间分辨率可达微米级，并结合巡航器（包括卫星、无人机、潜航器等）或者自动样品架等实现智能测试。地磁卫星的应用使得陆地、海洋和空间磁测的分辨率与数据量都有极大的提高。在古地磁学领域，已实现对极微小样品（如矿物单晶中的磁性矿物包裹体）和极弱磁性样品（如石笋、生物礁碳酸盐）剩磁的有效测量（Liu et al.，2016）。1945 年埃尔萨塞提出的地球发电机假说，是目前关于地磁场起源的广为接受的观点。随着研究的深入，逐渐发现地磁场存在正 / 负极性超时、地磁极性倒转频繁期、地磁极性漂移和长期变化等现象。地磁场变化受控于下地幔结构和核幔边界状态。地球早期岩石的古地磁场记录反映了地球内核的形成过程和地球发电机的早期状态，并提供了地球早期板块构造启动和早期宜居性特征的重要线索。20 世纪 60 年代以来，全球海洋磁异常测量和板块视极移曲线逐步建立与完善，极大地促进了全球海陆分布格局和板块运动历史的重建；同时，地磁学研究与同位素年代学、天文年代学和古生物学相结合，构建了越来越精准的地磁极性年表，与地质年表一起构成了解译地质、环境过程的基准时间标尺。近年来，磁场与地球宜居性成为热门话题，研究发现太阳风与地球磁场相互作用形成地球磁层，地球磁层动力学过程揭示地磁场对带电粒子的加速和耗散机制。地磁场屏蔽太阳风中的高能粒子，减少其对微生物的辐射伤害；同时，地磁场也保护了大气层的粒子免于被太阳风携带走，减少了氧气和水的逃逸。

3. 地球电磁学

电磁学发展日新月异，随着国际岩石圈计划、地球深部探测计划等大科学计划的实施，国内外学者已经在岩石圈结构及其演化、地球动力学、地震与火山构造环境、俯冲带流体的富集和动力学过程、洋中脊和大洋盆地结构与流体运移、矿集区深部成矿背景等方面开展了大量卓有成效的基于电磁方法的研究。由于电导率参数对于地球内部的熔融、流体等低黏度相物质的敏感性，大地电磁法已成为估算地球深部流变学参数最重要的方法之一。中国的极低频探地工程和地震电磁卫星计划不仅为地震监测、预测等前沿研究提供了新的技术途径，而且对大地电磁场的特征、场源效应和地球曲率影响研究起到了关键的推动作用。大地电磁网格化阵列式观测系统正向高灵敏度的轻型磁棒、大通道数、低功耗、高稳定性、远程传输和智能化数据采集方向发展。大地电磁资料处理与三维正则化反演解释算法的推出以及高性能计算能力的提升,促进了大地电磁三维反演日趋成熟并向实用化发展(Nittinger and Becken,2013;董浩等,2014)。大地电磁各向异性反演研究也日益受到重视。针对天然电磁波及人文干扰问题的挑战,基于人工智能的去噪技术已开始在电磁法数据去噪研究中得到应用,有望在未来实用化电磁勘探数据处理技术中取得重要突破。针对电磁探测反演解释的非唯一性问题,基于贝叶斯理论、神经网络等的非线性反演方法以及基于深度学习理论的大地电磁正反演研究将成为未来几年的研究热点。近年来,在陆地和海洋深层复杂油气藏、水合物和深部多金属矿产探测中,海洋电磁、时频电磁、广域电磁理论的创新(Di et al.,2020)和新一代仪器的研发与应用,为石油勘探、矿产勘探领域带来了新的机遇与期望。为了满足大型桥梁、大坝、铁路等复杂地区大型工程建设的需求,以及山区活断层、滑坡、泥石流等地质灾害体监测预测的需要,地面与航空电磁法越来越受到关注,智能、小型、专用的地空电磁探测系统也是未来有潜力的勘查手段。

4. 地热学

大地热流数据是地热学的重要研究基础。在国家科技计划的支持下,我国热流数据汇编工作几乎每一个五年都能完成一轮。基于大地热流数据,结合我国大地构造背景,我国地热学研究从早期大陆地区"东高西低"与"南高北低"的热状态,藏南"热壳冷幔"与华北"冷壳热幔"的热结构,东部"热盆"、西部"冷盆"和中部"温盆"的含油气盆地格局,逐渐扩展至壳幔热驱动的物质运动与能量转换、重大地质事件的热作用机制、盆山热演化、地球内外的热耦合等重大课题,基本形成了地球热动力学的理论构架和研究方法。近十几年来,随着大地热流测量的逐步加密,特别是在我国华北、东南、西北、西南、邻近海域等空白地区的系统热流测量的填补,使得地热学研究愈加细化,逐渐聚焦岩石圈内各层系和局部典型地区的热演化及地质响应,揭示了中国大陆地区及近海地热背景分布与中生代、新生代岩石圈演化的关系。特别是完成了多条地学断面热结构研究,揭示了华北岩石圈减薄的地质过程。岩石圈高温、高压黏弹与流变学研究一直是国际研究前沿

（特别是上地幔部分），这主要得益于地震层析成像 30 余年的发展，为地球动力学研究提供了较为详细的地球深部速度模型（Davies，2013；姜光政等，2016）。高温驱动的矿物流变热作用机制是关键，基于先进的宽频、高温、高压矿物物理实验，结合地震速度模型，可以粗略地还原上地幔的温度环境，揭示矿物颗粒的细粒化、矿物含水性及部分熔融等现象，认识到岩石圈的热 - 流变结构及其非均质性是控制大陆内部变形和构造继承性的关键因素，强化了地热学与大地构造学等学科的交叉。地壳岩石生热率模型和古地温恢复模型长期困扰国内外地热学研究者，制约地热学的诸多研究方面，特别是我国盆山构造大多经历多期次改造。基于多期次构造演化模型，地热学研究结合地球化学方法，对非均匀多期次热体制进行了系统研究，建立了盆山热演化历史模拟系统，尽管推演的多解性问题不言而喻，但该成果为油气与矿产资源形成时的古地热条件重建提供了关键技术。近年来，对化石能源的减排压力和对绿色能源的巨大需求，有力地推动了我国地热资源的勘探、开发和利用，促进了地热学应用研究的蓬勃发展。其主要体现在系统研究了我国主要地热系统的地热地质条件，建立了规模地热田成因模式；系统总结了陆 - 陆碰撞型、古海水演化型和裂谷盆地复合型等地下热水富集模式，丰富了地热地质学的基础理论；提出了新型地热温标识别方法，为国外同行广泛引用；对传导型和对流型储热体开展了温度场 - 流场耦合模拟，用同位素示踪技术优化灌 - 采结合开发方案，为干热岩（增强地热系统）地热资源的开发利用奠定基础（庞忠和等，2020）。

三、勘探地球物理发展现状

1. 仪器研发

长期以来，地球物理仪器发展严重滞后，成为发达国家制约我国发展的手段。国家从"十一五"规划开始加大了科学仪器创新投入，对勘探方法技术、仪器装备和示范应用进行了联合攻关，取得了重要的进展与突破。代表性成果有中南大学研制的广域电磁探测仪，吉林大学研制的磁共振地下水探测仪、有缆 / 无缆混合遥测地震仪和地空协同时频电磁探测系统，中国科学院地质与地球物理研究所牵头研制的航空超导全张量磁梯度测量装置、多通道大功率电法勘探仪、深部矿床测井系统、组合式海底地震勘探和智能导向钻探装备，中国地质调查局自然资源航空物探遥感中心联合吉林大学等研制的直升机时间域航空电磁系统、航空重力仪、航空磁矢量仪和航空伽马能谱仪，中国地质科学院牵头研制的系列金属矿地球物理勘查系统。上述成果达到国际先进水平，甚至部分处于国际领先状态。

20多年来，传感原理与电子信息技术的变革为地球物理仪器创新带来了巨大推动作用。基于分布式光纤声波传感的高密度地震监测方法，具有成本低、密度大、连续工作周期长、对苛刻环境不敏感、布设简单等优势；基于超导量子干涉仪（superconducting quantum interference device，SQUID）的电磁探测和磁梯度测量系统，其高灵敏特性可显著增加电磁综合探测的深度；基于量子传感的航空重力梯度和航磁张量精密测量，具有超高灵敏度，已成为高端地球物理仪器的研究热点；基于微机电系统（micro-electro-mechanical system，MEMS）技术的微型高灵敏度探测系统为行星探测提供了可行的解决方案；突破硅基极限的新一代氮化镓功率晶体管技术，可将电磁、地震有源激发勘探所用的功率器件损耗、尺寸、重量等降低75%，大幅度提升仪器的轻便性。

目前，以加拿大CG-6为代表的地面重力测量仪，精度高达0.0001mGal[①]；以GT-3A（GT-2M）为代表的航空（海洋）重力仪，精度可达0.2～0.6mGal，分辨率优于2km；静态海底重力仪CG-5，精度达到0.001mGal；LaCoste & Romberg的井中重力仪精度可达0.0001mGal。重力梯度仪方面，法国国家航空航天研究局实验室的静电加速度计，成功应用于GOCE卫星测量，精度可达1mGal，空间分辨率优于100km。德国耶拿物理学高技术研究所（Institute for Physical High-Technology，IPHT）研制成了低温超导量子干涉地面张量磁梯度测量系统，灵敏度为7×10^2fT/m；Anglo American与德国耶拿物理学高技术研究所推出了超导量子干涉航空磁张量梯度系统，噪声水平达到1～2fT/Hz$^{1/2}$。国内目前的重力仪有北京地质仪器厂的ZSM系列，观测精度<0.005mGal；国防科技大学研制的捷联式航空重力仪，测量精度在

---

① 　1Gal=1 cm/s²。

1～2mGal。国内重力梯度仪的研制起步较晚,天津航海仪器研究所(中国船舶重工集团公司第七〇七研究所)的石英挠性重力梯度仪,正向着工程化方向迈进,其静态分辨率达到70E;华中科技大学、浙江大学等单位研制的超导重力梯度仪、冷原子干涉重力梯度仪和微机电系统重力梯度仪取得了重大进展。

目前,国外成熟的磁力仪型号较多、精度较高,如加拿大的GSM-19T质子磁力仪的分辨率为0.01nT;移动平台(机载、船载)使用的光泵磁力仪,如美国Geometrics公司的G^{-882}深拖系统,分辨率为0.001nT,绝对精度优于3nT。卫星磁测以欧洲太空局的Swarm为代表,精度可达0.5nT。澳大利亚BHP公司研制了磁通门航空三分量磁测系统,姿态校正后的噪声水平在50～100nT。航空磁力总场梯度仪有SGL公司的全轴航磁梯度测量系统,其铯光泵磁力探头的灵敏度达到0.005nT,横向噪声为5pT/m,纵向噪声为5pT/m,垂直噪声为20pT/m。北京地质仪器厂生产的CZM系列质子磁力仪,灵敏度在0.05～0.1nT,满足大多数矿产勘查的应用需求。中国地质调查局自然资源航空物探遥感中心研制了氦光泵和航空三分量磁测系统,已用于实际测量飞行,总体处于"并跑"水平。中国科学院上海微系统与信息技术研究所等单位研制的低温SQUID航空全张量磁梯度测量系统,梯度灵敏度达到50pT/m。此外,杭州应用声学研究所(中国船舶重工集团公司第七一五研究所)研制了RS-YGB6A型海洋光泵磁力仪,分辨率达到0.001nT,量程为35 000～70 000nT。研制的钾光泵磁力仪,基本达到实用化水平。井中三分量磁测系统主要有重庆地质仪器厂研制的GJCX-1,*X-Y*方向转向差≤100nT,*Z*方向转向差≤50nT。

ARKeX公司的EGG航空重力梯度仪,设计噪声水平优于1E。由斯坦福大学等联合研制的冷原子重力梯度仪,分辨率达到$3×10^{-9}g$,在基线为1.4m的情况下灵敏度能达到40E左右。随时间变化的相对重、磁测量以及随钻重磁传感器研制和测量也取得了重大突破。

2. 勘探技术和方法进展

重、磁勘探数据预处理技术大部分已成熟,但是由于方法的缺陷和技术的复杂,海洋和航空的磁补偿、国际地磁参考场更新和校准、不同改正后重力异常的应用等仍然是现阶段国内外研究的重要内容。频率域常规处理方法，如位场分离、化磁极、伪重力变换、上下延拓、分量变换、基于导数的滤波（边界识别等）、匹配滤波、小波分析等十分成熟，已广泛应用。但位场分离、大范围低纬度化磁极、大深度稳定向下延拓、基于多尺度的边界识别、感磁和剩磁分离、深度学习等方面仍在不断深化研究。常规异常源参数估计方法、人机交互反演和物性反演方法基本成熟，在重、磁数据解释中发挥着重要作用。目前，地质约束下的反演、多种地球物理数据相互约束下的反演等方面取得了重要进展；重、磁岩性识别与填图，三维地质建模，深度学习和人工智能的应用取得了令人振奋的进展。

作为实现重磁数据处理、解释方法的重要工具——软件系统发展迅速。加拿大 Geosoft 公司开发的 Oasis montaj 软件平台具有实用、稳健、高效、集成性强的优点，同时提供 GX 开发平台供用户二次开发；美国 Fugro 公司的 Fugro-LCT 重磁软件系统，同时支持 Linux 和 Windows 系统；澳大利亚 Encom 公司的 ModelVision 软件系统已成为重磁数据转化为地质认识的重要工具。国内的重、磁勘探软件主要是由高校和科研院所开发的，不同单位先后开发出了 RGIS 2010、AirProbe、GeoProcess 和 MAGS 等，但国产软件在数据管理、可视化环境、正反演新方法的有效使用等方面与国外尚有一定差距。

地震采集技术也取得了重要进展，低频震源、数字检波器等重要仪器装备，将地震信号的低频从 5Hz 拓展到 1Hz，有效地增加了每一道地震数据的低频信息含量。另外，宽方位、大偏移距、高密度采集技术，尽力拓展观测角度并提升信息保真度。数据采集的发展方向包括：①多分量测量；②四维观测；③空间多尺度观测；④多物理场的联合观测；等等。

数万道三维地震采集技术、复杂条件高精度偏移成像技术等极大地提高了成像精度和解决复杂问题的能力。大容量、大动态范围和超多道三维地震采集技术成为地震勘探近年发展的突出亮点，Sercel 和 Q-land 等地震勘探仪器具有一次性接收万道地震信号以上的采集能力；地震数据处理方法发展迅速，在消除多维多次波方面发展了基于数据非平稳褶积的预测多次波方法（surface related multiple elimination，SRME）、基于格林函数表达散射序列的多次波预测方法等；在速度估计方面，发展了聚焦分析、时深转换、层析成像等方法；二维和三维全波形反演地震数据处理显著提高了速度建模质量；叠前深度偏移成像技术发展迅速，基尔霍夫（Kirchihoff）积分、单程波方程深度偏移、逆时传播深度偏移等主要叠前偏移技术已在越来越多公司实现了实用化；各向异性偏移、高斯束偏移和逆时偏移等算法不断提高深层目标和逆掩推覆等复杂构造区的成像质量；三维三分量垂直地震剖面［three-dimensional（3D），three-component（3C），vertical seismic profile（VSP），3D-3C VSP］已经应用到裂缝分析和衰减因子计算等方面；在地震资料解释方面，新的技术层出不穷，叠前振幅随偏移距变化（amplitude variation with offset，AVO）及反演技术、裂缝检测技术、综合储层描述技术和虚拟现实技术等逐渐成熟。地震勘探技术发展的主要趋势为：地震数据采集向单点、高密度、三维和三分量接收的方向发展；多波、四维和井－地联合勘探逐渐成为勘探地震的发展热点；数据处理逐渐向提高地震波场模拟和成像精度及应对复杂地质条件、复杂油气藏的新方法发展。

在电缆测井技术方面，Schlumberger 公司推出了三维扫描成像仪器并商业化应用，引领了测井技术；Halliburton 公司和 Baker Hughes 公司也随之推出了各自的扫描系列 Xaminer 和 eXplorer。国内电缆测井技术实现了由常规测井向成像测井的重大跨越，打造出以 EILog 快速与成像测井成套装备为标志的测井产业；研发了新一代 CIFLog 大型标志性测井处理解释软件系统，将我国测井评价技术推向一个崭新高度。

四、地壳形变与地球动力学发展现状

地壳形变学通过多种测地技术，精确测定不同时间尺度（由秒至几十年）和空间尺度（由定点至全球）的现今地壳运动及时空演化过程，并通过运动学和动力学模型来预测未来变化。全球导航卫星系统和合成孔径雷达干涉测量（interferometric synthetic aperture radar，InSAR）技术的快速发展，使地壳形变发生了革命性的变化，全天候、大尺度、准实时和超高分辨率的测量，实现了对地壳运动的毫米级观测，使得现今构造变形运动学的定量研究成为可能，取得了一系列划时代的成果。例如，利用全球分布的全球导航卫星系统观测资料，验证了全球板块运动的图像和速率；全球导航卫星系统观测还揭示了青藏高原内部以连续变形为主，中国大陆其他地区的变形主要集中在活动地块边界；利用合成孔径雷达干涉测量技术，人类首次揭示了 1992 年美国 7.3 级 Landers 地震所产生的区域形变场；全球导航卫星系统和合成孔径雷达干涉测量技术对活动断裂的监测还发现，在板块俯冲带等地普遍存在慢地震等现象，震间期断层并不完全闭锁，地震发生后断层会出现持续几天至百年的"震后期"，以余震或者无震滑动的方式继续释放应力。这些研究极大地深化了对区域构造变形、断层活动和地震形变过程的认识。

地球动力学是地球物理分支学科在地质和地球物理观测以及岩石物理实验的基础上，借助物理、化学和数学的方法，研究地球的各种动力学过程。地球动力学领域应用计算模拟的方法系统地研究深部地幔对流和岩石圈尺度板块构造运动的地球动力学过程。早期的地球动力学模型主要研究地球内部的地幔对流，将地球看成纯黏性体，地球内部的热驱动着地幔物质运动，从而引发地幔对流，形成地幔热柱并强烈地影响着板块构造运动。后期的动力学模型考虑了更加复杂的岩石流变，大量地用于研究岩石圈的变形。开展地幔对流动力学数值模拟研究早期的概念化物理模型可以解释第一级尺度的观测现象。近年来，随着板块重构、成分变化、相变、流变性质等约束的加入，开展了将全球板块重构作为上表面边界条件约束和驱动的全球地幔对流正演，以板块重构和当前地球内部速度结构为约束的正演－反演相结合的区域混合演化模式研究，以及地幔对流的多尺度不均一性研究，代表了当代地幔对流研究的发展动向；发展了下地幔大尺度低速体的多组分及复杂矿物相变系统的演化模式和核幔边界小尺度超低速体的热－化学成因模式及相变成因模式，模拟了转换带和下地幔的流变性质跳跃及俯冲板块滞留、地幔柱的复杂地球化学及流变性质演化、水等挥发分在全球地幔对流中的动力学过程。随着地球动力学的深入发展，人们应用更加复杂的动力学模型研究岩石圈尺度的各种构造运动，包括大陆岩石圈的张裂、海底扩张以及转换断层的发育、板块俯冲和大陆碰撞。其中，板块俯冲作为板块构造运动至关重要的一个环节，成为地球动力学研究的热点方向。围绕板块俯冲的重要过程，在板块俯冲起始机制、俯冲带的单侧俯冲过程和机制、板块俯冲的动力学过程、上覆板块的动力学过程、板块俯冲驱动的地幔流动、俯冲向碰撞的过渡和大陆岩石圈的深俯冲等方面取得了一系列重要研究发现。

第四节 学科发展布局

一、战略目标

当前地球科学发展的主要方向是地球系统科学，主要集中在地球内部动力学、地球系统模式、气候与环境变化和学科交叉融合。我国地球科学基础研究的发展目标是：到 2035 年，我国地球科学有望实现在大多数领域达到全球前沿地位，在地球环境与生命、板块构造机理、气候环境预测、人地关系等研究领域成为领跑者。

地球物理学作为既具有国家重大需求又是国际科学前沿的战略学科，2035 年前的主要战略目标应包括下列方面。

1）瞄准国际前沿，在加强观测的基础上，开展原创性、前瞻性和战略性研究，发现新现象，发展新方法，提出新理论，在若干领域形成一大批有国际影响力的学术成果，通过十几年的努力，实现地球物理学"从跟跑到并跑，且在一些领域领跑"的战略目标。

2）紧扣国家需求，围绕资源开发、环境保护和灾害防治领域的重大科学问题，解决应用科学和产业发展所面临的具有共性的基础科学问题，研制新设备，开发新技术，发展新方法，解决困扰产业发展的"卡脖子"问题，为国家重大技术创新提供基础研究支撑。

3）坚持以人为本，造就国际一流的地球物理人才队伍。学科发展的根本是人，我国地球物理学学科的人才队伍正在经历着新老交替的过程，造就一大批具有扎实数理基础、宽阔国际视野和多学科综合能力的年轻地球物理队伍是学科发展的重要基础。

二、战略布局

围绕地球物理学学科发展的战略目标，需要在世界科学前沿、国家重大需求、人才队伍建设和观测设备研制四个方面做好战略布局。

1. 世界科学前沿

以地球科学的重大问题为导向，瞄准国际地球科学前沿，在全面提高地球物理学学科学术水平的基础上，开展原创性、战略性和前瞻性研究，解决一批重大科学问题，首先在具有地域优势、人才优势和研究基础的一些领域取得突破，如地球与行星动力学、多圈层耦合机制、大陆深部结构与动力过程、大陆强震机理与灾害评价、空间对地观测研究大陆构造变形、青藏高原构造变形与深部动力过程、人工诱发地震机理与调控等。

2. 国家重大需求

以资源开发、环境保护和灾害防治中具有共性的科学问题为对象，以国家和产业重大需求为目标，布局地球物理学的应用基础和实用性研究，支持仪器研发、方法创新和软件集成等方面的研究，解决相关产业的重大"卡脖子"问题，改变我国地球物理在探测设备、数据处理、分析解释和核心软件方面长期依赖于国外的现状。

3. 人才队伍建设

通过科研项目和人才计划的支持，培养一批在地球物理学不同分支学科具有广泛国际影响力的领军人才，整体提高学科的学术水平和综合影响力。在传统优势和新兴学科分支领域，多层次培养学科人才，造就一支具有卓越创新能力和国际视野的地球物理队伍，提升学科方向的国际话语权，实现从"跟跑"到"领跑"的转变。

4. 观测设备研制

地球物理学是一门以观测为基础的科学，高灵敏度、高分辨率、高可靠度和高智能化的观测－探测设备是获得有效信息的保障，在深地探测、深海探测、深空探测、地球系统科学研究以及国防现代化建设等战略布局中，地球物理观测设备均具有无可替代的基础和关键作用，以至于所有的国际地球科学计划都将开发和制造先进的观测设备作为不可缺少的重要内容。

三、学科优先发展方向和交叉学科

学科是人类知识体系的基本单元，在知识的生产、交流和传播等过程中发挥着重要作用。地球物理学学科发展布局的指导思想是：大力支持和加强地球物理学的基础研究，以国家重大需求为导向，以国际科学前沿为目标，坚持探索，激励创新，力争在若干重大领域实现从"跟跑"到"领跑"的转变。地球物理学学科布局的原则如下：

1）保持优势，均衡发展。随着科学技术总体水平的提高，新型学科不断兴起，传统学科发展不断受到挑战，巩固传统学科的同时，关注新兴学科的发展，注意各分支学科的均衡发展，促进学科结构的合理调整。

2）立足前沿，鼓励交叉。重视基础研究发展规律，瞄准科学前沿，促进地球物理学学科内的交叉融合，不仅要鼓励地球科学内部各分支学科，还要鼓励与其他学科的大跨度交叉综合，不断研究新问题、开拓新前沿、进入新领域、发展新学科。

3）需求导向，突出重点。以国家重大需求为导向，以资源、环境和灾害领域的重大科学问题为重点，解决技术进步和工程应用过程中遇到的重大科学问题，通过理论创新促进技术进步；同时，瞄准国际科学前沿，充分发挥我国地域优势和立足自身的研究基础，力争在若干重大科学问题上取得突破。

4）重视观测，发展技术。新技术在地球科学中应用产出的新资料是地球科学创新的源泉。地球物理学是一门以观测为基础的科学，没有高精确度、高分辨率、高智能化的观测设备和技术，科学创新就是无本之木。重视重大科学仪器的研制，鼓励新技术和新观测系统的开发是发展地球物理学的重要任务。

1. 地震波理论与计算地震学

作为现代地震学的重要理论基础，地震波理论与计算地震学是地震学发展的重要基石。该领域的任何实质性进展或进步都将直接促进地震学乃至地球物理学、固体地球科学等学科的发展和科学发现。该领域目前主要的发展趋势是与实际地震观测紧密结合，与大地构造、地球动力学等其他学科紧密结合，发展高精度、高效率的计算地震学模拟算法，为地球三维结构的反演成像、地震震源破裂动力学过程与强地面运动的模拟提供强有力的工具。该领域的优先发展方向包括：①模拟三维地球介质中地震波激发与传播的高精度、高效率的数值算法。为实现这一目标，需要解决大规模模拟算法的精度、效率、稳定性和适用性问题。这些工作不仅可以直接应用于强地面运动模拟与震害评估，还是高精度地震波成像的关键基础。②地震断层自发破裂动力学模拟。随着模拟技术的进步和近断层密集台阵观测技术的发展，人类有望成功揭示复杂断层的自发破裂行为和控制机理，研究破坏性大地震的产生过程和诱发地震机理。需要发展和完善面向复杂断层体系与复杂断层摩擦本构关系的自发破裂多尺度模拟算法，为揭示地震破裂过程的物理机制奠定基础，也为实现强地面运动定量预测提供具有物理依据的震源模型。③高分辨率地震波形成像方法。该方法是地球深部探测和油气藏勘探的重要手段。除了需要高精度、高效率的地震波正演模拟算法之外，发展高效率、高精度的反演算法、地震波成像算法同样非常重要。不仅需要发展"时间－空间域"的波形反演算法，而且需要针对不同情况发展"频率－空间域""频率－波数域""混合域"的波形反演算法。④基于物理模型的震害风险分析与预测方法。近年来，这一具有防震减灾实效的方法得到了进一步完善和发展，在国际上也已成为防震减灾的科学基础。该方法基于物理学原理，从震源模型、地壳介质模型和近地表场地模型出发，通过地震波数值模拟计算出由震源模型确定的地震事件造成的强地面运动。进一步完善和应用该方法体系，使地震学理论和计算地震学发挥防震减灾关键作用。

2. 震源物理与强震机制

未来，随着我国地震烈度与预警台网的建设、下一代测震与地球物理站网规划的确立，至2030年我国地震与地球物理监测台网将覆盖绝大部分地区，观测数据将海量增长，有望在震源物理研究方面取得突破性进展。新的观测应聚焦主要活动断裂带，深入了解能量积累过程，认识断层不同的滑动行为及其观测特征，揭示地震的孕育过程。针对大地震开展破裂动力学反演，结合破裂动力学与运动学对震源物理过程进行约束，认识断裂带地震学结构及其时空演化与断层深部韧性加载过程、孕震带应力积累之间的关系；同时，结合断层摩擦与流变实验，针对重点区域进行震级预测，并进行基于物理过程的地震灾害评估。在断层与地震力学方面，依托先进的实验技术，结合野外观测和数值模拟，深入研究断层从准静态滑动到动态滑动的全过程和物理机制，全面揭示地震成核条件、地震可能的前兆现象及物理机制、同震滑动及震后变形特征。该领域的优先发展方向包括：系统开展水热条件下断层从低速到高速摩擦全过程的实验研究，为深入了解大地震的发展、演化提供基础；开展可反映震前前兆时空演化的中—大尺度标本实验研究，获取与野外观测相适应的相关前兆现象的研究结果，如震前小震活动的规律及时空演化图像、应力释放区的时空演化等；开展基于速率与状态的摩擦本构关系的地震数值模拟，为震源过程研究提供理论指导，特别是加强与前兆相关的模拟研究，包括震前预滑、应力释放区演化及其与微震和小震活动的关系等；构建基于微观物理过程的断层摩擦本构关系，建立连接微观尺度（纳米至微米）、实验室实验尺度（毫米至米）和模拟断层尺度（百米至千米）的统一模型，为实验室、野外观测结果合理外推奠定坚实基础；深入开展断层脆—塑性转换带的力学性质研究，揭示从速度弱化的摩擦行为转化为速度强化的流变行为的因素，获得对震颤、低频地震和慢滑移的发生机理及其与常规地震关联性的系统性认识；系统开展非稳态流变研究，为同震和震后余滑研究提供约束条件，建立震源深度岩石间震期准静态变形、同震滑动和震后松弛过程的变形特征与变形模式，揭示震源深度岩石在强震孕育、发生全过程的变形机制。

3. 地震活动与地震灾害

依托监测设备、观测方法和信息技术的发展进步，推进地震活动与地震灾害研究在重大地震灾害风险防范和资源开发等领域的应用效益。该领域的优先发展方向包括：①拓展和完善从全球宏观尺度到工业开采微观尺度的观测布局；②研发新一代地震观测设备和技术，发展高精度和高可靠性的微地震监测分析关键技术；③推进人工智能、深度学习、大数据等前沿技术在地震活动和地震灾害领域的应用与创新，发展接近真实的地震活动建模技术，开展地震物理模式研究；④开展与地震孕育发生和成灾演化物理过程的关系研究，推进以物理为基础的综合地震预测的实验研究；⑤深入拓展在多学科交叉和物理模式指导下的地震减灾应用。

在诱发地震方面，需要研究如何才能最大限度地减小诱发地震活动尤其是有感地震和破坏性中强地震风险预测的不确定性，建立融合微震成像压裂效果评估技术、诱发地震预测技术和应对策略的通用平台。开发井下光纤综合观测（应变、流体压力、温度等）及大数据分析处理技术，通过地震及其他观测数据的综合利用，反演应力场、流体压力场、三维精细速度结构和断层成像，检测断层活化信号。推进断层活化及诱发地震全过程的基础研究，以及流体作用下不同成熟度断层的地震性/非地震性破裂的成核、扩展和停止机制的研究。开发复杂三维结构模型的地球物理反演技术及全耦合动态数值模拟技术，建立并在实践中验证和完善诱发地震风险管控框架，鼓励企业积极参与有关研究，发展产学研结合的模式。改建诱发地震控制实验场，开展诱发地震可控性实验的超前研究。

4. 深部探测

结合我国独特的地震数据积累和地震学方法研究基础，基于主被动源方法的地球深部结构探测工作，建议在如下方向进行战略布局，并有望在这些领域取得突破或重要进展。

首先，在探测方法方面：①依靠新技术、理论和仪器设备革新，发展高效的主动震源激发装置和便携式实时传输接收仪器，形成灵活、高质量的野外数据观测体系。②研究更为有效的宽频带、短周期和高频地震仪器组成的不同尺度和不同密度的观测体系，形成线面结合的台阵布设方案和主被动源结合的探测方案。③发展基于密集和超密集台阵的数据分析处理系统，引入大数据、人工智能等领域的先进方法，更为有效地开展台阵数据的分析处理和数据挖掘工作。④发展超算、云计算技术方法，形成深反射数据采集实时监控与高保真时间域、深度域成像处理技术，以及连续背景噪声数据的分析处理和成像技术。⑤继续发展多种主被动源地震波数据联合成像方法及全波形成像方法，尤其是考虑到复杂地形起伏和结构变化的反演成像方法。⑥针对深地震探测，发展从二维剖面到交叉或三维剖面的高密度观测布局，形成以深地震反射为骨干的多技术手段的有效融合及多学科结合的综合布局，凝练形成适应复杂地质条件的高精度动态探测技术，创建具有国际先进水平的深地震反射和深地震测深剖面探测技术体系。⑦在分布式光纤声波传感技术研究方面，实现从 10km 到 100km 的突破，使其可以在传统地震台网难以覆盖的区域开展观测，在深井、深海、冷冻圈乃至地外天体的环境中开展长时间连续地震观测，发展新的全波形成像、偏移成像等能发挥分布式光纤声波传感技术观测优势的成像方法，针对大规模、高密度观测带来的 TB 乃至 PB 量级的数据，发展大数据挖掘技术也是重要的发展方向。⑧在海底观测方面，将最新的水声通信技术应用于沉浮式海底地震仪的研制，使其具有交互功能，提高记录数据的有效率，应用智能装备技术大幅度提高沉浮式海底地震仪水平分量的数据质量，只有通过多次实践和反馈，才能提高仪器性能，改善数据质量。

其次，在重大科学问题方面：①围绕具有重要科学意义的构造带、块体边界带、活动断裂带等重点区域，开展主被动源结合、线面结合的密集地震台阵和大地电磁测深台阵的探测工作，深入研究区域地质构造演化，复合构造体作用下岩石圈结构、流变性及动力学意义，岩石圈深浅部介质变形特征与机制，矿产资源形成和地震孕育发生的深部结构与构造背景等一系列重大科学问题。②针对我国重点构造区域和地震危险区采用地震学联合反演方法及波形成像方法，基于固定及流动台阵观测数据，构建可靠的多尺度三维地壳上地幔公共速度结构模型，采用大地电磁测深方法构建三维电导率参考模型。③深入研究俯冲板片在全地幔中不同尺度上的几何形态，尤其是西太平洋俯冲板片的形态，以及印度岩石圈板块向欧亚大陆南缘俯冲时的板片结构、撕裂形态及其地表响应。④采用综合地震学方法研究地球内部主要界面／间断面的特征，以及和岩石圈演化、俯冲板片、地幔柱的关系。⑤研究针对深部地幔的地震学成像新方法，获得深部地幔的三维速度模型（包括各向异性）、密度结构和衰减结构，获得地幔柱的地震学证据。⑥研究下地幔的大尺度低速体的边界特征，确定核幔边界小尺度超低速体的物理特性及全球分布特征，以及与下地幔的大尺度低速体和地幔柱的空间关系，进行 D'' 层速度跳变和厚度的全球对比研究。⑦综合利用不同地球物理观测方法，研究中国大陆主要地震带的深部结构、物性变化和动力过程，理解强震发生的深部作用和孕震机理。

5. 重磁电热学科

依托观测技术、仪器设备和大数据平台建设，重、磁、电、热学科优先发展领域应重点考虑以下方向，并力争获得重大突破。

重力学方面，需要发展：①海陆天空一体化的重力观测网络布局和体系建设。卫星重力、地表重力和海空重力测量技术是未来获得高精度重力数据的必备条件，推进重力学与海洋学、地震学、天文学和系统科学等的交叉与融合，重点布局地月引潮力场演变及其地质与地球物理效应研究，发挥重力学在地球圈层、质量迁移和全球变化研究中的作用。②海陆天空重力数据及其他地球物理数据融合的处理技术与方法。推进物理大地测量边值问题严密化理论，重点引入和发展量子（原子钟、光钟）技术及广义相对论，实现亚厘米级大地水准面与全球高程基准的统一。③海洋重力测量与科学研究。其包括海洋重力基准、海底静态和近海底动态测量，发展海洋动态（海平面变化、海洋动力和构造动力）重力变化的探测、建模和分离的理论与方法。④面向深空探测和国家安全的重力学任务。重点布局基于重力技术的航天和地表测绘与空间基准、中远程飞行器的精确制导、水下航行器无源导航与飞行器航行保障、海洋环境与海底地形的科学研究，以及面向月球与行星的空间重力场探测。

地磁学方面，需要发展：①地磁测量技术和实验设备。随着地磁卫星等无人巡航磁测在陆地和海洋研究中的应用，地磁测量的空间范围也会进一步扩大。超高灵敏度超导磁力仪和磁力显微技术将逐步应用于古地磁学，实现对微小样品和极弱磁性样品剩磁特征的精细刻画，更加精确地获取精细的地球和行星磁场过程的行为特征。②地磁场与地球内部过程。地磁场与地球内部过程仍是地磁学领域一个历久弥新的重大研究方向，许多重大问题仍待突破，包括地球发电机理论、地球发电机起源与早期演化、地核的形成时间与生长过程、地磁极性倒转过程与机制、地磁极性超时和地磁极性倒转频繁期等特征地质时期地磁场时空分布及其原因、地磁场方向和强度变化及其与地球内部过程的关联等。这些问题的解决依赖于更多高精度的地磁场观测与实验数据、更丰富的地球内部物质组成和圈层结构参数信息，以及更加精确的数值模拟计算。③地磁场与地质过程。与地质学、地球化学、地球生物学、海洋科学和地球环境等学科/领域进行深度交叉融合，研究固体地球不同圈层和不同时间尺度（从地质尺度到生命尺度）地质作用的过程与机制，揭示地球内部过程对表层过程的调控机理，理解宜居地球的形成及可持续性。④地磁场与地球宜居性。从比较行星学角度出发，研究金星、火星和地球的磁场演化过程，揭示三个星球大气环境迥异与磁场的关系。研究氧离子和水逃逸的物理机制与过程，发展中国的地磁卫星计划，重点研究南大西洋异常区的磁场快速衰减原因，分析南大西洋异常区空间环境的特殊性，预测未来地磁场的变化趋势，评估其对人类生存环境的影响。

电磁学方面，需要发展：①基础研究重点领域。对于深部结构探测与动力学研究，研究主要造山带和地质构造区的深部结构及动力学过程，大型矿集区的成矿背景，西太平洋俯冲及动力学演化，大火成岩省深部结构和成因，新生代陆内火山成因，大陆强震孕震机理等。对于考虑场源效应和地球曲率影响的大地电磁场研究，结合空间物理和卫星电磁观测成果，完善考虑复杂地球电磁场源和地球曲率影响的地球深部电磁探测理论与方法，开展卫星数据和地面大地电磁阵列数据的联合反演研究。对于全球和区域尺度全时电磁观测与应用探索，逐步构建全球和区域尺度全时电磁观测台网，发展涵盖音频、宽频及长周期的超宽频带陆地大地电磁阵列观测方法和多台站远参考技术，研究电磁场与其他地球物理场的耦合机理，探索地震电磁监测、预测新方法。②三维正反演理论与建模技术领域。对于三维电磁正反演理论与算法，重点研发有自主知识产权的三维各向同性/各向异性大地电磁和多地球物理参数联合正演、反演的算法及软件，提高三维电磁反演的实用性。对于新型电性结构模型的智能化构建，发展基于人工智能的电性结构建模技术，发展基于深度学习的地球电磁法正反演方法、深部地球电性结构的精确建模方法及信息融合技术，推动深部结构模型的深度学习共享模型机制。对于电磁数据处理与解释的核心算法研究，结合人工智能技术、互联网技术和超算资源，发展电磁观测数据的自适应处理技术、自适应反演结果评价技术和远程云计算技术，研发并推广相应的可视化集成软件系统。③地球电磁学拓展新技术、新方法研究领域。对于海洋电磁探测与成像技术及应用，研发海底电磁探测技术和海洋拖曳式电磁探测技术，开展基于地震约束的海洋电磁数据反演成像和联合反演成像技术研究，形成海洋电磁采集和数值模拟与解释系统。对于智能电磁仪器设备，研发陆地网络式智能大地电磁仪、长周期大地电磁仪、海洋电磁观测系统、井中/井地电磁仪、地空/航空电磁仪，攻关高精度、宽频带的电磁场传感器等"卡脖子"技术，重视系统的集成与产品化。

地热学方面，需要发展：①矿物岩石热作用变形理论研究。对于多矿物构成的岩石，由于热物性的非均质和胶结强度的差异性，需要深入研究其非均质热变形表征的本构理论；岩石热物性参数随温度变化、岩石孔裂隙热变形、高压固化流体的热作用机制等问题挑战传统热动力学理论基础。②突破地热学观测技术瓶颈。从盆地深层到地球深部的高温压环境引起岩石线性–非线性弹性变形、矿物黏滞与流变、流体相变等物理化学过程，形成特定的岩石矿物结构及构成，对地球物理场特别是地震波频散与衰减产生巨大影响，构成了地球内部异常温压带地球物理探测的基石。因此，发展基于岩石热弹性–声弹性地震波动力学理论的现温度（或古温度）地球物理全波形反演成像技术，提前布局关于岩石热弹性–声弹性地震波动力学理论研究，有望突破地热学的观测技术瓶颈。③地热资源的规模开发利用。要大力发展地热地质学，完善地热资源成因、赋存机理和评价的理论体系，加强和重塑地热地球物理勘探，关注严重制约深层地热资源探测的关键技术的研发。开展系统的案例调查研究和关键技术梳理，为建立适合于我国地热地质条件的干热岩高效开发技术提供重要依据。

6. 地壳形变与地球动力学

全球导航卫星系统、合成孔径雷达干涉测量、激光雷达（light detection and ranging，LiDAR）、光学影像匹配等手段的发展，为研究从全球到局部多尺度、三维的地壳形变时间序列提供了可能。将这些手段有效融合，有望获取全球高时空分辨率、高精度的地壳变形场，为认识地壳形变机制和岩石圈流变等提供创新性的认识。地壳形变学的发展开拓了活动断层运动学研究的新思路，利用高精度的形变观测技术，结合岩石力学实验、数值模拟等多学科综合研究典型活动断层的运动学特征及其控制因素，特别是闭锁与蠕滑分布以及人类活动对地震的诱发作用，将深化对地震孕育和发生机理的认识，为破坏性地震预测提供理论指导。速率–状态摩擦本构关系是断层动力学研究的理论基础，断层摩擦强度不仅与矿物组分、温压条件相关，而且可能随时间和断层的宏观运动状态变化，这需要积累大量的形变观测数据，并结合断层摩擦特性的实验研究，以获得天然断层动力学物理机制研究的突破。

地球动力学未来的发展方向是继续深化和完善传统的热－力学耦合的地球动力学模型；在此基础上，结合其他地球物理学分支学科，进一步发展更广义的、多学科交叉的动力学模型，研究更复杂的地质问题。重点发展的方向可能包含以下几个方面：①地球内部的多种地质构造运动都涉及液－岩相互作用（如俯冲带中的孔隙水、部分熔融的岩浆），需要发展新的、液－岩耦合的地球动力学两相流模型，这是当前国际计算地球动力学研究的前沿方向。②发展多尺度变形耦合的动力学模型，如在大尺度岩石圈和地幔变形的动力学模型中，耦合微观的晶体颗粒演化。③断层对地震发生的控制作用依然需要系统和定量的研究，尤其是发展地震－热学－力学耦合的动力学模型，模拟断层破裂、应力累积释放和地震周期性等。④开展地球动力学反演计算，如类比于震源反演的初始状态反演用于板块重构，以及类比于全波形反演速度结构的物性参数反演用于深部黏性结构成像。⑤地幔与地核的动力学过程是通过重力作用、电磁作用、热化学作用耦合在一起的，完整自洽的地球动力学模型需要考虑核幔之间的相互影响和耦合机制，发展核幔耦合的地球动力学模型。

7. 勘探地球物理

地震勘探研究的发展布局如下：①发展地震数据采集仪器、装备。重点布局关键仪器设备研发，主要包括：宽频三分量数字检波器、采集站；超大规模（百万道）数字地震仪；高效宽频震源。持续推动高精度、长周期、大动态范围、多物理场、多参量的四维观测装备技术的攻关，其中重点是发展适合不同高度平面的观测技术，包括空天观测、航测和深部地下观测。②发展宽频矢量地震处理解释技术。近年来研发的低频震源、数字检波器等已经将低频从 5Hz 拓展到 1Hz，需要重新研究宽频弹性波传播理论及宽频矢量地震技术，主要包括：低频岩石物理实验及宽频弹性波反射、透射理论；纵横波耦合信息识别、分离及利用；宽频弹性波信号分析与成像；宽频弹性波图像解释。③发展智能地震技术。近年来，人工智能技术的发展为智能地震带来了机遇。借助人工智能可以有效地将地质、测井及其他地球物理信息融入地震反演成像过程，将现有技术中的数学正则化条件更改为具有地质意义的正则化条件，并修正波动理论误差，既增强了反演成像过程的稳定性，又降低了多解性，有可能突破现有地震成像技术的分辨率极限，获得清晰、可靠的地质图像。其中应主要突破：基于人工智能的多元信息相容性表达研究，将地质、测井和地震等同源异构信息进行智能筛选和相容性表征；将参数模型有机地融入整个成像过程的数据链和技术链，实现多元信息的结构化约束和自适应校验，弥补地震频带和观测孔径的不足；在压缩感知和机器学习框架下进行特征波场的有效识别，自适应反演成像技术。

对于重、磁勘探学科，由于重、磁数据在深海导航、国防安全中的特殊作用，需以深空、深海和深地探测等国家需求为牵引，在以下方面进行统筹布局：①加快传感器的研发，向更高灵敏度、稳定性方向发展，如钾光泵、低温超导磁测技术及冷原子干涉、超导重力和重力梯度测量技术等。②发展复杂地质环境下的解释新方法、新技术，如强剩磁环境下的磁异常解释技术；多学科约束反演、联合解释技术、岩性识别技术等是重要的研究方向。③加快拓展重、磁学科新的应用领域，尤其是在辅助导航、航空航天、大地测量、检测与监测、环境磁学、生物磁学等领域的拓展。④加强地球重、磁场基础理论研究，如引力波等基础理论观测研究，以及资源、能源、工程等勘探领域的应用基础研究等。

电磁法勘探发展布局如下：①发展立体化探测技术。由于电磁勘探观测方式和观测参数的多样化、观测环境的复杂化、观测数据大动态弱信号强干扰等新特点，亟须发展空天－地面－井中－海洋立体探测技术，实现对地球深部的高分辨率探测。②研究多分辨率探测技术，包括：全空间电磁波传播理论研究；矢量、张量、梯度等多尺度探测方法研究；兼顾深部大探深和浅部高分辨率的理论—方法—技术—应用全链条式探测新方向研究。③发展电磁大数据技术。大数据中的分析理论可全方位分析和匹配各类反演方法的技术优势，为特定地质问题寻找最优的解决方案；利用深度学习方法，实现电磁数据去噪、反演成像和地质解释；利用大数据技术和人工智能算法实现对电磁探测目标的动态监测。

测井学科的发展布局如下：①在装备研制方面，致力于高性能传感器技术的研究开发，发展纳米、光纤、量子等新型传感器，实现多样化、小型化、组合化和全过程智能化。重点发展随钻成像测井技术，研制深探测方位电磁波成像、可控源密度成像与中子孔隙度、多极子声波成像和随钻核磁共振等测井仪器，逐步形成适应恶劣钻井环境、集成化、数据高速实时上传的随钻成像测井系列。②在理论方法与数据处理解释技术方面，重点开展以渗透率测井系列为核心的理论方法与解释评价技术研究，并以大数据为驱动，深化井下采集信息处理技术研究，研发多源、多维人工智能储层识别与评价等重大瓶颈技术，实现复杂井筒环境下基于大数据驱动的智能化处理解释评价系列技术。③智能化软件平台，重点发展水平井测井和随钻测井资料处理解释及应用方法，建立以井眼与地层的空间几何关系为核心的水平井测井解释评价系统，并基于大数据、云计算和先进人工智能技术，搭建测井大数据智能分析应用环境，构建用于大数据分析的智能化应用、开发和处理解释的智能工作平台。

8. 地球物理仪器研发

面向深地、深海探测国家重大需求，我国地球物理仪器学科发展需创建自己的研发体系，扭转其长期依赖进口的被动局面，形成以自主品牌为主体的地球物理仪器并引领其创新发展。①在深地探测领域，针对深层－超深层石油与天然气资源、有色金属深部超大型矿床和多金属矿集区的勘探开发，重点解决深层－超深层地球物理弱信号获取与增强、深部结构物性解译的多解性、物探方法综合与信息融合的有效性、自动调整井眼轨迹并自动寻找和钻进到最佳储层位置的深部智能钻井系统、超深科学钻井中监测仪器恶劣环境适应性与耐久性等问题。②针对深海和极地探测领域的需求，重点研发基于飞行器、卫星等移动平台的海洋多物理场地球物理信息综合观测系统，海底资源勘查技术，高精度先进传感器的大规模实时海底观测网，以及极地恶劣环境下智能化无人值守地球物理信息探测系统。③城市空间探测与地质灾害预警。城市地下空间的精细探测、地下污染的分布范围和地质灾害的监测预警等是社会可持续发展的重要保障。开发适应城市环境、抗强电磁干扰的探测仪器，以及微小地质结构异常的分辨方法和技术，实现地下工程工作面周边区域透明化，是城市地下空间探测与灾害预警的重要方向。④地月及行星探测。行星科学是国家自然科学和综合国力的重要体现，包括基于新材料与交叉学科的新型传感和探测系统融合方法、微型化高精密低重量载荷探测系统和无人值守智能化远程探测仪器的研制等。

第五节　优先发展领域

一、优先领域的遴选原则和发展目标

优先研究领域和重要方向的选择主要遵循如下三条原则：

第一，属于国际前沿研究领域，能够体现我国地域特色和优势，并且有良好的学术积累和人才队伍，较短时期内有可能成为国际"领跑"领域。

第二，制约我国经济建设、国家安全与可持续发展的关键科学和技术问题，产业发展急需解决的"卡脖子"问题，并且涉及地球物理学学科发展的基础研究和技术进步问题。

第三，不仅能够带动地球物理学学科发展，还能体现多学科的交叉与综合，通过联合攻关推进整个地球科学的发展与进步。

在上述原则的指引下，通过认真分析国际科学前沿和国家重大战略需求中的科学问题，充分考虑我国地球物理学的优势、挑战、机遇和不足，参考前期各种学科规划和"十四五"规划发展战略，认为地球物理学的发展应该聚焦三个发展目标：以高时空分辨率观测为依托，深入研究地球深部结构和圈层相互作用，为地球系统科学的发展奠定基础；以国家能源资源的需求为导向，攻克勘探地球物理的技术难关，从理论创新的角度推动技术发展；以影响人类社会发展的地震灾害为对象，研究天然地震和人类诱发地震的机理及调控技术，从减轻灾害的角度解决地球系统宜居性的核心科学问题。

二、优先领域重点方向

由于地球物理学是一个涵盖面广的基础学科，涉及的内容和方向非常多，在众多优先发展领域中选择几个重点方向是非常困难的。除了下面专门论述的八个方向之外，还有一系列需要加快发展的研究方向。例如，推进全球大地水准面确定、陆地和海洋重力基准及高程基准体系建设，实现我国内海与陆地的无缝衔接，并覆盖极地、大洋和全球区域；以高精度地磁测量仪器为依托，强调地磁学实验、观测和数值模拟相结合的研究方法，研究地球圈层相互作用和地球内部过程对表层过程的调控；构建中国大陆主要活动构造带岩石圈三维电性结构与动力学模型，发展卫星－地面地震电磁监测技术方法；强化地热学回归本源的研究，突破观测技术瓶颈，加快以地热资源规模开发利用为目标的地热学研究。

1. 地球物理新理论、新技术和新方法

地球物理学是以数学、物理理论及其观测、探测方法和实验研究为基础的科学。新理论、新技术和新方法的应用驱动了地球物理学研究方式与思维方式的巨大变革，也是未来地球物理学发展的基础。21 世纪，地球物理学的重大进展更加依赖高新技术和方法的突破。该领域的科学目标是面向地球与行星科学前沿，发展地球物理研究的基础理论、实验模拟、观测及相关信息提取的新理论、新技术和新方法，推动地球物理观测系统（地面观测系统、卫星观测系统、大洋和大陆深部观测系统）建设，注重远程原位探测和极端条件下观测技术的综合应用，引领地球物理学向多圈层、多尺度、定量化、集成化研究手段的全面革新。需要解决的关键问题包括：多矿物高温、高压岩石物理实验方法；地球与行星内部物理性质和过程的观测理论、技术及实验方法；新一代地球物理数值计算、反演与模拟技术；服务于深空、深地、深海战略的探测技术集成理论和方法；地球物理学大数据的分析、同化、融合和共享技术；集成性、实时性地球物理观测系统和多源数据融合平台；高时空分辨率、高性能地球物理多圈层耦合数值模拟器。

2. 地球深部结构与圈层相互作用

国际地学界共同认识到地球深部作用——多圈层的耦合是板块构造和表生环境的主引擎，地球科学的研究需要逐步从单一圈层转向多圈层耦合、从单一学科领域转向多领域深度交叉融合、从单一数据积累转向数据＋模式双驱动的新阶段。认识"地球系统的过去、现今和未来及其宜居性"成为全球

地学领域的重大交叉前沿，学科交叉、数据＋模式驱动已经成为地球科学各分支学科研究的新常规范式。在此背景下，支撑地球系统科学变革性研究的重要基础之一在于地球动力学统筹下的多学科证据的深度交叉融合。发挥地球物理探测全空间覆盖、地球动力学对地球圈层属性数值表达的优势，强化其在地球系统研究中的引领作用，需要解决的关键问题包括：地球内／外核的结构与成分；地核的形成与演化；地球发动机动力学；地壳、地幔结构与成分；地幔柱的结构与成分、起源与演化；板块物质运动的时间与空间轨迹的精确描述技术和方法；地球深部过程及演变对资源环境的控制机制；地球圈层多源数据库标准、固体－表生地球标准模型和地球多圈层耦合动力模拟器。

3. 大陆强震机理与灾害评价

地震是我国所有自然灾害中破坏性最大的灾害，也称为"群灾之首"。虽然地球科学的最基本理论板块构造理论在解释板块之间地震的成因和机理中取得了巨大的成功，但是对发生在板块内部的大陆强震仍缺乏合理解释。因此，开展大陆强震机理研究与灾害评价既是我国防震减灾的基本需求，又是探索大陆内部变形、完善地球科学相关理论的重要科学议题。以大陆强震机理和地震成灾机理等关键科学问题为目标，未来需要借助新技术、新算法和新观测解决以下核心问题：利用深部地球物理探测和活动构造探察技术，研究主要地震带和强震危险区地震构造的深部结构与变形特征；利用密集和高时空分辨率的立体对地观测技术，监测强震危险区微小变形、微震活动等现象，研究孕震构造变形过程的时空演化规律；利用高速计算技术，结合岩石高温、高压实验技术，对强震孕育、破裂、震后应力调整过程进行模拟，探索地震综合物理预测和数值预测方法；应用新技术和积累的资料对历史强震的孕育过程进行回溯性研究。

4. 深层油气藏与绿色能源勘探开发

中国深层油气资源丰富，勘探开发程度低，勘探开发前景广阔。深层油气藏的勘探面临着沉积建造、结晶基底、深部油气生成的温压条件、物源和聚集存储空间等难题。面向深层油气勘探的重点攻关方向是复杂地区深层及超深层地震采集、处理解释及生产技术，包括长排列低频检波器研发、震源穿透能量增强（宽频地震采集）、针对性观测系统（宽线大组合二维及宽方位高密度三维采集）、高性能信噪分离研究、长时程高精度数值模拟方法、高精度偏移成像（逆时偏移成像、各向异性叠前深度偏移等）、复杂储层岩石物理建模、储层预测、微震监测及钻井地震导向技术等，从而为深层油气高效勘探与有效开发提供有力保障。

目前，全球能源发展进入新阶段，核能、太阳能、风能、地热、天然气水合物等绿色能源通过以高效、清洁、多元化为主要特征的能源转型进程加快推进，绿色能源消费在全球能源消费总量中的份额进一步上升，是能源战略的优势发展方向。加快绿色清洁能源的勘探开发，对我国优化能源结构和促进可持续发展具有重要意义。

5. 战略性关键矿产核心勘探技术

关键矿产主要指关乎国家经济和安全，支撑高新技术和战略性新兴产业发展，但存在较高供应风险的一类矿产资源，如稀土和稀有、稀散、稀贵金属等。随着全球贸易和新兴技术竞争的加剧，全球主要经济体都开始重视并加强了关键矿产战略研究。相对于常规能源矿产和大宗金属，关键矿产富集程度较低，成矿机理和勘探技术研究亟待发展突破，全球勘探地球物理界都未形成有效的地球物理勘探体系。未来，需要解决的关键科学和技术问题包括：不同岩性、不同富集程度的矿物成分分析及岩石物理实验，矿物成分-物性系统数据库构建；高性能、高分辨能力的地球物理勘探仪器与观测技术，高去噪分析方法，关键成矿带的重、磁、电、震等物性信息的精确检测；多尺度、多参数的地球物理联合反演及成像新方法研究；定量研究关键矿产成矿系统的元素分布规律和富集、成矿流体演化的动力学过程；关键矿产大数据与人工智能技术；地质、地球化学、地球物理多学科知识系统综合集成，矿区地下高精度三维物性成像，隐伏矿产资源预测和成矿系统分析。

6. 关键地球物理装备研发

关键地球物理装备包括深海、深地、深空探测及深部资源与能源勘查等相关装备，尤其是制约国家安全、经济建设与可持续发展的关键地球物理装备。研发关键地球物理装备，突破高端技术装备的市场垄断与产业封锁，是国家矿产资源保障体系的关键。地球物理装备研发的发展目标是，不断提升地球物理仪器的探测深度、精度、准确度、效率和适应于复杂（极端）环境的能力，强调国内自主技术突破，解决"卡脖子"问题，努力提高地球物理仪器的微型化、便携化、轻量化、自动化和智能化水平，为保障矿产资源能源安全提供支撑。地球物理装备研发的重点方向包括：①深地、深海探测地球物理仪器；②城市地球物理高分辨率、高精度、超高抗干扰能力探测装备；③基于新材料传感、量子传感的地球物理精密探测仪器；④基于微机电系统等仪器仪表领域新技术的微型、智能、网络化地球物理探测设备；⑤工程与环境长时监测地球物理仪器；⑥远（近）钻头随钻测井系统；⑦深空行星探测仪器与智能机器人技术；⑧国家安全地球物理仪器；等等。

7. 人类活动诱发地震的特征、机理与防控

诱发地震是指受人类活动影响而触发的地震活动，随着人类开发和利用资源的活跃，诱发地震造成的灾害越来越引起社会关注。一方面，有效且安全地开发利用资源需要避免或减轻诱发地震风险；另一方面，诱发地震具备更多的已知和可控条件，也打开了控制地震和化解地震强度的新窗口。然而，国内外对诱发地震的研究刚刚开始，尚未形成完整的知识体系，急需解决下列核心科学问题：发展地面和井下密集地震台阵与光纤应变连续观测技术，精确检测微震的时空分布和演化过程；应力场和流体压力场的准实时反演，以及三维精细速度结构和断层成像；不同岩性、不同尺度、不同成熟度断层活化的实验研究；流体作用下不同成熟度断层的地震性/非地震性破裂的成核、扩展和停止机制；融合物理模型、统计模型及三维精细数值模型的综合性风险预测及应对框架；诱发地震可控性和地震强度化解的超前实验研究。

8. 全球一体化重力场信息获取的关键技术与理论方法

作为环境基础信息和国家安全极其重要的组成部分，重力场影响、制约着一切物体在近地空间的运动，并形成天然的导航参照系，在卫星轨道控制、航行器发射及运行、自主式辅助导航、地下工程探测等应用方面具有重要且不可替代的作用。与国际先进水平相比，我国在高精度、高分辨率、动态重力场信息的获取能力和技术手段上，仍存在明显不足。为全面提升重力学服务国民经济的能力，需重点发展下一代卫星重力测量获取全球重力场及其变化信息的理论方法和关键技术；构建我国自主超高阶重力场模型；探索原子

重力测量方法及矢量重力测量技术；拓展海洋／海底重力基准及重点海域重力场的精化，深化重力辅助导航技术研究；开展动态重力变化探测的理论与方法研究。

三、重大交叉研究领域

1. 青藏高原深部动力过程及其资源环境灾害响应

青藏高原是全球规模最宏大、特征最典型、时代最年轻的大陆碰撞造山带，孕育了丰富的与构造演化、环境演变、资源形成和自然灾害相关的地学现象，被誉为地球科学综合研究的天然实验室，是全球科学家竞相争夺的科学高地。青藏高原深部结构控制和记录了高原隆升、生长、扩展等重大事件的演化过程，制约浅表构造，影响资源能源的形成、地震地质灾害的发生和气候环境的变迁等。

运用地震学、电磁学、重力学等多种地球物理方法，结合地质学、动力学模拟等学科开展交叉研究，实施青藏高原深部结构的精细探测和深部动力学研究，对于了解资源能源、地震地质灾害、环境变化等形成的地球内部动因是至关重要的。然而，由于学科交叉和数据融合程度不足，一些科学问题还亟待解决：青藏高原隆升和扩展的深部响应机制；不同地体之间的接触关系与缝合带拼合过程；青藏高原巨厚地壳成因与巨型成矿带形成关系；岩石圈俯冲和板块碰撞行为对重大地震地质灾害的影响；地表变形与深部结构的耦合关系及对环境变化的影响。

2. 全球板块俯冲带和主要造山带的深部结构与性质

从动力学的角度，板块构造本质上是板块俯冲构造。大洋板片的相对重力是地球壳幔圈层活动及与表层耦合的主要驱动力，俯冲板块边界是深浅能量和物质交换的主要通道；全球大部分主要造山带则是古／今板块俯冲、汇聚、碰撞导致压缩应变集中的结果。探测全球板块俯冲带和主要造山带的深部结构与性质是定量描述地球岩石圈、软流圈相互作用以及各圈层流变特征的基础，是重建板块构造过程与机制，认识地球内部运行模式，以及理解内部－浅表过程耦合方式的关键切入点。根据近年来美国地球物理学会（American Geophysical Union，AGU）和欧洲地球科学联合会（European Geosciences Union，EGU）的年会主题来判断，针对俯冲带和造山带的综合研究依然是固体地球科学的最大热点问题之一。发挥我国固体地球科学观测具备的平台优势，选取全球典型俯冲带和造山带，围绕板块边界界面的结构与性质开展大规模重、磁、电、震、热综合探测及研究，率先开展多方法联合成像，是中国科学家在全球地球物理学研究中发挥引领作用的良好契机。需要解决的关键科学问题包括：板块俯冲起始的关键条件和驱动力；俯冲界面岩石圈物质相态转变及分布；全球造山带岩石圈流变特征与变形机制；大陆－大洋岩石圈流变性质的垂向变化。

3. 复杂深层资源能源探查的新理论与新技术

地下深层资源能源探查是一个非常复杂的科学技术及工程问题，需要多学科、综合性地开展多方位的研究，才能解决"卡脖子"技术及其背后的科学问题。复杂深层资源能源勘查与物理、数学、信息和传感技术的发展密不可分，要求有新理论和新技术的支撑，几个交叉领域的发展将带来重要的影响。①与激光物理学的交叉：基于光纤传输和激光干涉，三分量平动地震仪、旋转地震仪、大型多分量激光陀螺系统和分布式光纤声波传感器的研发是该领域的国际前沿热点。②与低温超导物理的交叉：基于低温超导环境，实现重力、地磁的高精度绝对和相对观测是重力仪、磁力仪的前沿方向。③与信息科学大数据技术的交叉：基于大数据的深度学习和机器学习等人工智能技术的发展，对传统的基于模型的地球物理学的发展既带来了挑战，又带来了机遇。④与材料科学的交叉：磁致伸缩和特殊压电材料等新材料的涌现，为地球电磁场的观测装备技术不断提供着新功能（如高精度弱信号检测能力），同时不断为地球电磁场观测装备技术的研发提供新视点，对电磁耦合关系和地震电磁关系的讨论有可能提供新的观测装备和数据。⑤与数学的交叉：地球物理观测的高维度、多参量、高精度特点使得传统的标量和一阶张量数学表述已难以满足地球物理研究的需要，因此将高维度的张量数学成果服务于地球物理的观测研究成为最近国际的研究热点。⑥与构造地质学和地球动力学的交叉融合：复杂深层能源资源探查必须加强深层能源资源形成的理论研究，深入研究地球深部结构、圈层耦合关系、物质和能量的交换过程，建立深层空间资源能源探查理论、方法和运动学、动力学的成矿成藏模型。

第六节　国际合作与交流

地球物理学是以固体地球为观测对象的科学，全球典型构造单元、典型实验场地具有不可替代性，因此地球物理学离不开广泛的国际合作与交流。改革开放以来，国际合作使得我国地球物理学学科很快缩短了与国际最高水平的差距，培养和造就了一支优秀的、能够在国际科学前沿开展研究的队伍。近年来，我国地球物理学学科立足国家战略，心怀全球视野，聚焦地球深部结构、资源、能源、环境和灾害领域的重大科技问题，优秀成果层出不穷，国际影响力显著增强。中国地球物理探测研究已经走出亚洲、进军欧洲，中国在各种国际会议上做的专题、大会报告越来越多，多名中国科学家当选美国地球物理学会理事，成为主流期刊的正、副主编，中国科学家主导的地球物理国际合作日益增多。坚持改革开放，加强国际合作，选取全球典型地球科学研究区域，发挥我国地球科学已经建立的综合观测系统优势，发展创建新的地球科学理论、方法和技术，是中国从地球物理学大国走向地球物理学强国的必由之路。地球物理学的国际合作应该以解决国家重大需要的"卡脖子"科学技术问题为主要目标，坚持以我为主、合作共赢的原则，充分发挥地域优势，切实解决科学问题，促进我国地球物理学健康、快速、稳定发展。

本章参考文献

董浩，魏文博，叶高峰，等 . 2014. 基于有限差分正演的带地形三维大地电磁反演方法 . 地球物理学报，57（3）：939-952.

姜光政，高珊，饶松，等 . 2016. 中国大陆地区大地热流数据汇编（第四版）. 地球物理学报，59（8）：2892-2910.

庞忠和，罗霁，程远志，等 . 2020. 中国深层地热能开采的地质条件评价 . 地学前缘，27（1）：134-151.

孙和平，徐建桥，崔小明 . 2017. 重力场的地球动力学与内部结构应用研究进展 . 测绘学报，46（10）：1290-1299.

孙和平，徐建桥，江利明，等 . 2018. 现代大地测量及其地学应用研究进展 . 中国科学基金，32（2）：131-140.

Collins J A，Vernon F L，Orcutt J A，et al. 2001. Broadband seismology in the oceans：Lessons from the ocean seismic network pilot experiment. Geophysical Research Letters，28（1）：49-52.

Dahm T，Tilmann F，Morgan J P. 2006. Seismic broadband ocean-bottom data and noise observed with free-fall stations：Experiences from long-term deployments in the North Atlantic and the Tyrrhenian Sea. Bulletin of the Seismological Society of America，96（2）：647-664.

Davies J H. 2013. Global map of solid Earth surface heat flow. Geochemistry Geophysics Geosystems，14（10）：4608-4622.

Dempsey D，Suckale J，Huang Y H. 2016. Collective properties of injection-induced earthquake sequences：2. Spatiotemporal evolution and magnitude frequency distributions. Journal of Geophysical Research：Solid Earth，121（5）：3638-3665.

Di Q Y，Xue G Q，Fu C M，et al. 2020. An alternative tool to controlled-source audio-frequency magnetotellurics method for prospecting deeply buried ore deposits. Science Bulletin，65（8）：611-615.

Douglas R T，Richard M A，Andrew H B，et al. 2014. The Cascadia initiative：A sea change in seismological studies of subduction zones. Oceanography，27（2）：138-150.

Gao R，Lu Z，Klemperer S，et al. 2016. Crustal-scale duplexing beneath the Yarlung Zangbo suture in the western Himalaya. Nature Geoscience，9（7）：555-560.

Hansen S M，Schmandt B. 2015. Automated detection and location of microseismicity at Mount St. Helens with a large-N geophone array. Geophysical Research Letters，42（18）：7390-7397.

Inbal A，Clayton R W，Ampuero J P. 2015. Imaging widespread seismicity at midlower crustal depths beneath Long Beach，CA，with a dense seismic array：Evidence for a depth-dependent earthquake size distribution. Geophysical Research Letters, 42 (15): 6314-6323.

Lin F C, Li D Z, Clayton R W, et al. 2013. High-resolution 3D shallow crustal structure in Long Beach, California: Application of ambient noise tomography on a dense seismic array. Geophysics, 78 (4): Q45-Q56.

Lindsey N J, Dawe T C, Ajo-Franklin J B. 2019. Illuminating seafloor faults and ocean dynamics with dark fiber distributed acoustic sensing. Science, 366 (6469): 1103-1107.

Liu S Z, Deng C L, Xiao J L, et al. 2016. High-resolution enviromagnetic records of the last deglaciation from Dali Lake, Inner Mongolia. Palaeogeography Palaeoclimatology Palaeoecology, 454: 1-11.

Liu Z, Tian X B, Gao R, et al. 2017. New images of the crustal structure beneath eastern Tibet from a high-density seismic array. Earth and Planetary Science Letters, 480: 33-41.

Nicholas J V D E, Morgan T P, Deborah A W, et al. 2016. Induced earthquake magnitudes are as large as (statistically) expected. Journal of Geophysical Research: Solid Earth, 121: 4575-4590.

Nittinger C G, Becken M. 2013. Inversion of magnetotelluric data in a sparse model domain. Geophysical Journal International, 206 (2): 1398-1409.

Philippe J, Thomas R, Trond R, et al. 2018. Dynamic strain determination using fibreoptic cables allows imaging of seismological and structure features. Nature Communications, 9 (1): 2509.

Sandwell D T, Müller R D, Smith W H, et al. 2014. Marine geophysics. New global marine gravity model from CryoSat-2 and Jason-1 reveals buried tectonic structure. Science, 346 (6205): 65-67.

Yang H, Liu Y, Lin J. 2012. Effects of subducted seamounts on megathrust earthquake nucleation and rupture propagation. Geophysical Research Letters, 39 (24): L24302.

Zhan Z. 2020. Distributed acoustic sensing turns fiber-optic cables into sensitive seismic antennas. Seismological Research Letters, 91 (1): 1-15.

Zhao L, Malusà M G, Yuan H, et al. 2020. Evidence for a serpentinized plate interface favouring continental subduction. Nature Communications, 11 (1): 2171.

第五章

大 气 科 学

第一节 战 略 地 位

大气科学是一门包含天气学、气候学、大气化学、大气物理学、大气探测学、应用气象学等多个学科的综合性基础学科，主要研究大气的组成、结构、物理化学过程、演变规律、动力学过程等。它是地球科学的一个核心组成部分，与地质学、地球物理、地球化学、地理学、行星科学等其他分支学科紧密相连，并与物理、化学、数学、生态、农业、社会等学科交叉，共同促进和推动了相关自然与社会科学的发展（国家自然科学基金委员会和中国科学院，2012；中国科学院地学部地球科学发展战略研究组，2009）。大气科学各分支学科之间并不是彼此孤立的，而是彼此关联的，共同支撑着天气预报、气候预测、气候变化应对、防灾减灾、国防安全保障等重大国家需求。

天气学一直是大气科学科研和业务的重点领域，其发展与观测系统、动力学理论和数值模式的发展密切相连。中国目前已建成门类齐全、布局合理的地基、空基和天基综合气象观测系统，特别是新一代稠密雷达网、风云卫星系列的发展以及多次大型野外观测试验的实施，使得对天气的认识从宏观的天气形势深入到中小尺度天气系统精细热动力、云微物理结构和演变特征。

高时空分辨率探测手段的改进也为天气监测和预警能力的提高奠定了坚实基础。此外，天气学已由初期的独立发展逐渐向多学科交叉方向转变，气候和环境变化与天气演变之间的相互作用已成为大气科学的热点和前沿问题。

气候学是大气科学的一个主要分支学科，它通过物理学原理、生物地球化学过程、数学方法、计算机方法等对大气中各种形式的运动进行描述，从理论上解释和预测大气运动形成与变化的基本规律，从而为天气预报、气候预测、气候变化研究等提供科学基础和支撑。

大气动力学是大气科学发展的数理基础和理论支撑，是大气科学有别于地球科学其他学科的重要标志性学科，它所采用的研究方法和所得到的结论不仅直接推动了海洋动力学、行星大气动力学等学科的进步，而且影响了物理学、生物学乃至经济学等领域的发展。

大气化学主要研究大气中对人体或生态系统健康或者对与天气气候相关的重要过程（如大气辐射、成云等）有影响的化学物质的来源、化学反应、转化、输送扩散、沉降及其环境效应，也研究这些物质对天气、气候过程的直接与间接影响。近年来，大气环境污染已成为政府和民众普遍关注的一个重要科学问题，与其相关的研究极大地推动了大气化学和天气气候学的研究，是大气科学发展进程中的重要进展之一。

大气物理学和大气探测学是大气科学中较为传统的基础性学科，后者目前比较薄弱。近代大气科学的进步在很大程度上得益于包括天基、地基和空基在内的地球观测系统的布局及发展；同时，高分辨率观测网络系统的完善和使用也极大地推动了地球系统科学的快速发展。

应用气象学是大气科学与其他学科相结合形成的交叉性应用学科，与国民经济有着密切的联系。根据应用领域不同，应用气象学可分为农业气象、林业气象、生态气象、水文气象、军事气象、城市气象和交通气象等，对农业生产、生态文明建设、洪水干旱预报、地质灾害预报、军事活动保障和城市建设等具有重要的意义。在气候变化和极端天气气候事件频发的情况下，发展应用气象学，有效地利用气象学的科研成果和业务产品，最大限度地趋利避害，防灾减灾，服务国民经济，造福人类福祉，是应用气象学面临的历史使命。

当前，大气科学发展已经进入了一个全新的阶段，其研究重点从气候系统拓展至地球系统，其未来的发展趋势必将是多学科之间的交叉融合，以加强认识和理解地球系统各子系统之间的相互作用与机制（王会军等，2004；黄荣辉等，2014）。随着大气科学的发展，需要建立更加精细的观测网络和更高分辨率的地球/气候系统数值模式，提高天气、气候和空气质量的预报与预测准确度（曾庆存等，2008），以满足社会发展和公众的迫切需求。而这对高性能观测仪器和专用超级计算机系统提出了更高的要求，因此大气科学的发展直接推动了相关高新技术的进步，同时，技术革新也在很大程度上促进了大气科学的发展。

发展大气科学也是国民经济和社会发展的重大需求。大气中的各种现象严重制约或威胁着人类社会活动、生命财产及经济发展等，每年由灾害性极端天气气候造成的经济损失占中国国内生产总值的3%～6%，因此厘清天气气候演变规律和成因，提高天气预报与气候预测水平，提升应对和适应气候变化的能力，减轻大气活动对人类社会发展的影响，是国家社会经济发展的迫切需求（国家自然科学基金委员会和中国科学院，2016）。在《国家中长期科学和技术发展规划纲要（2006—2020年）》中，与大气科学相关的资源、环境、农业、城镇化和城市发展、公共安全被列为重点领域；台风、暴雨、洪水等6个与大气科学相关的问题被列为优先主题；在18个基础科学研究问题中，与大气科学相关的"地球系统过程与资源、环境和灾害效应"成为其中的一个前沿基础科学问题；人类活动对地球系统的影响机制以及全球变化与区域响应是两个面向国家重大战略需求的基础研究问题（中华人民共和国国务院，2006）。

当前，全球气候变化问题已成为大气科学继续发展的新动力，是各国政府和公众普遍关注的焦点。气候变化相关的基础研究已为并将持续为政府决策者应对气候变化、制订合理有效的方针政策提供有力的科学支撑，这必将有力地推动大气科学及相关学科的协同发展。

总之，大气科学是地球科学的一个重要组成部分，与地球科学中的各分支学科相互联系、协同发展。发展大气科学既是国内外地球科学领域的重大科学需要，又是国家战略、国民经济和社会发展的重大需求。在大气科学后续发展过程中，要根据国民经济和社会发展的现实需求，抓住机遇，制订大气科学发展中具有综合性、前瞻性的重大研究计划。

第二节　发展规律与发展态势

一、基本定义与内涵

大气科学是研究地球或行星大气组成、结构及其演变规律、物理和化学等过程及动力学机制，以及大气圈与其他圈层相互作用并通过模式实现定量化模拟和预测的一门科学。大气科学的重要目标是通过规律的认识来提高对天气、气候、极端天气气候灾害事件、空气质量等的模拟能力，从而为防灾减灾、生态文明建设以及应对气候变化等国家重大需求服务（中国科学院生态与环境领域战略研究组，2009；中国科学院，2018）。大气科学是地球科学的重要分支，是发展地球系统科学的重要引擎。大气科学的研究时空范围广，空间尺度从分子到全球，时间尺度从秒到上千年甚至数百万年（古气候）；研究手段包括理论分析、外场观测、实验室模拟、数值模拟等（中国气象学会，2008）。大气科学的主要分支学科包括：天气学、大气动力学、大气物理学、大气化学、气候变化科学与应用气象学。

天气学主要研究大气中各种天气现象的演变规律、生消条件、能量来源、相互作用等的物理机制，以及天气分析、预报的原理和方法。天气现象瞬息万变，各种不同时空尺度的天气系统相互作用，外加地形影响，表现出极为复杂的演变特征。研究内容涵盖：高影响天气发生发展机理与预报理论，延伸期和临近空间天气过程与预报理论，天气预报模式发展与精细化预报技术。

大气动力学是利用物理学、数学和计算科学中的原理与方法对大气中各种形式的运动进行定性及定量描述，并从理论上解释和预测大气运动形成及变化规律的大气科学学科分支。大气动力学不仅要解释观测中大气运动的动力学成因，还要解释数值模式对大气模拟和预测产生偏差的动力学原因。大气动力学在科学层面主要是根据基本物理原理，解释观测到的地球和其他行星的大气运动，在应用层面主要是提高对地球和其他行星大气在不同时间与空间尺度上的预报、预测水平，以及更好地理解和预估过去与未来的气候变化。

大气物理学是主要研究大气中的基本物理现象、物理过程及其演变规律的一门分支学科。大气物理学的研究对象包括：大气中的基本物理过程，如辐射、能量与物质（含水汽）交换，以及大气电、光、声等过程；影响地气能量和物质交换的大气边界层物理；影响辐射的云和降水（微）物理；中层和高层大气物理学；大气探测与大气遥感（包括雷达气象、卫星气象等）。大气物理学的研究方法更偏重实验和测量，也包括理论分析和数值模拟等。

大气化学主要研究大气中对人体或生态系统健康或者对与天气气候相关的重要过程（如大气辐射、成云等）有影响的化学物质的来源、化学反应、转化、输送扩散、沉降及其环境效应，同时也研究这些物质对天气、气候过程的直接与间接影响。其中，化学反应部分主要包括大气光化学（气相化学）、液相化学和非均相化学过程，具体对象包括大气中的氧化性气体（如臭氧）及其前体物、气溶胶（细颗粒物）等。大气化学的主要研究方法包括外场观测试验、实验室模拟和计算机数值模拟等。

气候变化科学主要研究气候系统的长期变化以及多圈层的相互作用，发展气候系统模式，分析人类活动、自然强迫和气候系统内部变率对气候系统的影响，评估气候变化对自然生态系统和人类社会的影响，预估未来气候的长期变化与风险。气候变化科学的主要研究手段包括资料分析和计算机数值模拟。

应用气象学是研究气象条件对国民经济各行业和人类活动的影响及其相互作用的科学，即将气象学的原理、方法和成果应用于农业、工业、水利、交通、能源、军事、健康、生态环境、公共事业等各个方面，以多学科交叉融合为主要特征，与国计民生息息相关。

二、发展规律和研究特点

天气学的发展与观测系统、动力学理论和数值模式的发展密切相连。观测系统的日新月异使天气学研究从宏观天气形势深入到中小尺度天气系统精细热动力、云微物理结构和演变特征，并促进了理论、数值模式和模拟的发展。计算机和气象卫星的发展极大地提高了数值模拟和诊断分析能力；天气学研究逐步与动力气象学相结合，各种动力学理论的提出使西风带大尺度天气系统、强对流风暴、热带天气和大气环流等方面的研究得以纵深发展；天气学由初期的独立发展逐渐向多学科交叉方向转变，气候和环境变化与天气演变之间的相互作用已成为大气科学的热点和前沿问题。

大气动力学研究的特点是结合观测事实和物理学基本原理，通过数学和计算方法来研究地球与其他行星中大气运动的动力学、热力学、能量学过程及其与大气运动的关系，探索大气运动的基本规律，从理论上解释大气环流、天气系统等大气运动形成和演变规律的动力学过程及其机制，以及大气数值预报不确定性的原因和机制，从而为数值天气预报和气候预测奠定理论基础。数理科学的进步和新观测事实的揭示是大气动力学发展的直接驱动力。17～18 世纪，得益于牛顿力学体系的建立、流体力学的发展和微积分的提出，大气动力学开始萌芽。19 世纪，随着大气静力学方程的提出以及科里奥利力和热力学定律的发现，大气运动的约束方程组逐渐完备，大气动力学初具雏形。20 世纪初至中叶，探空技术的发展揭示出高空大气的运动规律，这促进了大气波动理论和稳定性理论的提出，大气动力学得到长足发展；同时，计算机技术的发展促进了大气动力学和计算科学的结合，数值天气预报开始走上历史舞台。20 世纪后半叶，随着观测资料的丰富和数值模式的发展，大气动力学走上了事实分析、理论分析和数值模拟互相结合、互相促进的发展轨道，对大气运动规律的认识突飞猛进，大气动力学的理论体系进一步完善，气候预测逐步实现。这些成就极大地提高了大气科学在社会防灾减灾中的作用，使大气科学成为一个既具有坚实的理论基础，又具有鲜明的服务社会特点的充满活力的学科。

大气化学是研究大气中各种化学过程及其对天气、气候乃至生态系统和人类社会影响的一门分支学科。大气化学主要关注两个方面：一是直接影响人体健康与生态系统的大气污染物及其形成和消散过程，这部分也通常是环保部门直接关心的空气质量问题，主要发生在近地面和大气边界层中；二是大气中与天气、气候关键过程（如辐射、云、降水等）密切相关的大气化学成分的生消和源汇，这部分可以发生在垂直方向大气的任意高度（包括平流层），与大气环境所关注的对象可以没有联系。总的来讲，大气化学主要关注不同反应活性化学物质的排放、化学反应、传输和沉降过程及其环境与气候效应，已成为当前国际上大气科学乃至地球科学研究的热点与前沿。大气化学研究的特点是既包括微观的化学和物理过程，又涉及大气中多尺度的输送、扩散和沉降过程。大气中的化学反应涉及多相体系（气相、液相和非均相），不同化学成分（从前体物到中间产物再到终产物）在大气中的主要反应是氧化过程，无论是气相氧化过程还是液相氧化过程均主要与大气中的自由基直接相关，后者主要源于大气中的光化学氧化产物臭氧，因此大气微观化学反应过程与大气辐射和云雾过程密切相关。影响大气成分变化的多尺度微观和宏观物理过程包括大气湍流扩散、平流、对流等输送过程以及干湿沉降过程，这些过程与大气物理和天气过程密切相连，在长时间尺度上与气候变化关系密切。反之，因为大气成分（特别是气溶胶粒子）具有不同的辐射特性和成云作用，大气化学也成为关联多尺度气象过程和促进大气科学分支学科交叉的重要抓手。大气化学的研究手段主要包括实验室模拟（在人为控制条件下研究特定的化学反应速率及反应路径）、外场观测（在真实大气条件下测量化学组分的变化及其与多尺度大气物理过程的交互作用）和数值模拟（基于机制的认识实现格点尺度化学反应和浓度的定量求解）。实验室模拟机理分析部分既包括大型烟雾箱，又包括流动反应管（反应器）。外场观测已经从单一平台发展为"天-空-地"一体化观测平台的集成。其中，近年新型高分辨率化学分析技术（如时间飞行质谱等）在外场和实验室试验中成功应用，从分子尺度识别反应前体物、中间产物和反应产物，给大气化学的发展带来了革命性的机遇，推动了近年在气溶胶成核增长方面的一系列重大突破。高性能计算能力的显著提升，给数值模式显式求解化学反应方程组带来了可能，当前国际主流的地球系统模式已经实现了大气化学模块的耦合，为定量评估和预测大气化学对天气、气候和生态系统的影响提供了更为广阔的空间。因此，发展大气化学为支撑生态文明建设、应对气候变化、防灾减灾等国家需求，深化中国大气科学学科交叉并走向世界前沿的重要途径。

气候学是研究气候系统的特征、形成和演变规律及其与人类活动的相互关系的一个学科分支。气候系统动力学和气候预测研究主要关注时间尺度较长的气候现象及其长期变化规律。20世纪70年代以来，环境、生态、粮食、水资源和沙漠化等问题日益凸显，气候问题引起了全人类的高度关注，成为科学界关注的热点问题。气候学研究从早期传统的单一大气圈研究，逐步发展到包括大气圈、水圈、冰冻圈、岩石圈和生物圈在内的多圈层相互作用研究，形成了气候系统的概念；气候系统动力学和气候预测已成为地球科学的核心内容之一。气候系统动力学和气候预测研究的主要特点包括：一是通过对气候系统长期观测资料的诊断分析和动力学理论研究，结合高性能计算机开展数值模拟来揭示气候系统演变的规律和成因，并预测未来气候变化；二是强调多学科交叉，气候学与数学、物理学、化学、天文学、地学等学科以及大气科学各分支学科都有密切的关系；三是关注大气圈、水圈、冰冻圈、生物圈和岩石圈的多圈层相互作用及其对人类活动的影响；四是涉及次季节—季节—年际—年代际甚至更长时间尺度的相互作用，包含物理、化学、生物物理、生物化学和生态等多过程的耦合与非线性相互作用。中国气候复杂多变，自然灾害种类多、分布广、强度大、频率高，是全球受自然灾害影响最严重的国家之一。在全球气候变暖的背景下，极端气候事件频发，影响日趋严重，严重威胁到经济发展、人民生命和财产安全乃至社会稳定和国家安全。因此，为了更好地服务国家防灾减灾的重大需求，迫切需要进一步加强气候系统动力和气候预测研究，提高气候灾害的预测水平，为国家可持续发展提供强有力的科学支撑。气候变化研究的主要特点是基于长期观测资料，揭示气候系统的长期变化规律，借助大型计算机和气候系统模式，研究人类活动、自然强迫和气候系统内部变率对气候系统变化的影响与相对贡献，预估未来气候的变化趋势和风险（丁一汇和王会军，2016）。气候变化科学是典型的发展中学科。自 20 世纪 70 年代开始，世界上不少地区出现了历史罕见的严重干旱等极端事件，造成了巨大损失；同时，随着世界各国对煤、石油等化石燃料使用的快速增加，人们对环境的关注日益增强。在此背景下，联合国大会第六届特别会议（1974 年）要求世界气象组织承担气候变化研究任务。1979 年，第一次世界气候大会制订了世界气候研究计划（World Climate Research Programme，WCRP），揭开了全球气候变化研究的序幕。自此国际社会开始了一系列从科学研究到气候变化科学评估和制订相关国际条约的行动。气候变化研究是当今国际地球科学研究的前沿和核心之一。以国际科学理事会（International Council for Science，ICSU）为代表的国际学术组织自 20 世纪 80 年代以来持续推动气候变化国际研究计划，并于 2012 年在整合四大国际计划的基础上提出了未来地球计划。随着气候变化对人类社会影响的日益显著以及国际社会对气候变化的共同关注，当前气候变化已由科学问题转化为环境、科技、经济、政治和外交等多学科领域交叉的综合性重大战略问题。

应用气象学的发展已有60多年的历史，是气象学与多个学科（农学、生态学、环境科学、水文学等）相结合形成的交叉学科，旨在利用气象学原理和方法，对其他学科中所涉及的气象现象和过程（光、热、水、气等）进行解释与定量描述，揭示气象学与各学科的相互关系及其规律；并在此基础上利用气象科学技术，以便合理利用气候资源，战胜不利气象因素，指导国民经济各部门的运行和发展，保障各行业的经济效益与安全。应用气象学研究的主要特点是将气象学的基本原理与农学、生态学、环境科学、水文学等学科交叉融合，重点研究大气圈与生物圈的相互作用，特别关注大气系统与人类活动之间的相互作用。应用气象学注重将试验观测和模式算法相结合，理论上以微气象学、边界层气象学和地气交换的基本原理为核心，与各学科的相关理论交叉融合，服务于国民经济发展。当前科学研究越来越重视各学科的交叉综合研究，作为大气科学的应用出口，应用气象学日益重要，其研究成果不仅与国家科技和社会经济发展密切相关，而且关系到国家制订减排计划、防旱减灾等重大战略决策。

第三节　发　展　现　状

一、天气学

1. 高影响天气发生发展机理与预报理论

高影响天气是指对社会、经济和环境产生重大影响的天气现象与事件。近年通过开展一系列外场观测试验以及对高分辨率观测和数值模拟资料的分析，对极端降水机理的研究已推进到对流演变过程，建立了雨雪冰冻天气模型；对台风的演变规律有了新认识，开展了卫星目标观测；对强对流天气的认识从 α 中尺度深入到 β 和 γ 中尺度热动力结构及其变化机制，对不同地区对流系统及其造成的各种灾害性天气特征有了更系统的认识，开展了一系列现场灾害调查研究；在全球暖化背景下，在极端降水和冰雹的变化趋势及其物理机制方面也取得了重要进展。预报方面，已建设分类强对流天气实况监测系统、中尺度天气分析规范和系统平台、分类客观预报系统等，台风数值预报系统对台风路径的 24h、48h 和 72h 预报误差已分别小于 90km、152km 和 265km。

2. 延伸期天气过程与预报理论

中国气象局于 2002 年建立了月动力延伸预报模式，2005 年实现业务化，提供未来 1～30 天的环流和要素预报，但 10～30 天延伸期的预报能力十分有限。我国近年来部署了数个与持续性异常天气机理及其延伸期预报方法和技术相关的项目，力图改进延伸期尺度预报。中国气象局的气候系统模式参加了世界气象组织的次季节至季节预报计划，重点研究高影响天气次季节预报的潜在可预报性。在这些项目支撑下，业务模式对大尺度环流系统模态（如季节内振荡、中高纬波动遥相关）延伸期的预报能力已有相当大程度的提高，但对于局地天气要素和极端天气过程延伸期的预报能力仍然较为有限。

3. 天气预报模式发展与精细化预报技术

中国已发展了具有自主知识产权的新一代数值天气预报系统，在台风和局地强降水等天气的预报中表现出色。新一代天－空－地气象观测系统尤其是雷达和风云系列卫星的发展、多次大型野外观测试验的实施、资料同化方案的改进大大改善了数值预报系统的初始条件，模式中更真实的物理表达、参数化方案的改进和计算机性能的提高为中国与全球天气预报模式的发展及精细化预报技术的改进提供了重要科学支撑。然而，当前数值天气预报模式对重大灾害性、突变性等异常天气事件的预报水平尚低，甚至有时无能为力。

4. 临近空间天气

临近空间处于传统航空器的最高飞行高度和卫星的最低轨道高度之间，是低层大气和高层大气的过渡区，是气象活动和空间天气活动相互作用的关键区域，对其环境信息的认知需求已经变得日益迫切。目前，国际上多使用临近空间试验平台获得高时空分辨率的原位探测资料，包括高空气球、超长航时无人机、平流层飞艇等。我国风云三号气象卫星上部署有掩星观测载荷，在地面已经或将要建设大量光学和无线电观测设备，子午工程二期也将进一步提高临近空间参数的获取能力。这些工程的推进将大大提高和深化对临近空间的理解。

5. 天气动力学

天气动力学的研究在中小尺度动力学、热带波动、大气环流形成等方面发展迅速，提出了 Ekman 动量近似理论并用于中尺度锋生动力学研究，建立了急流理论模型，成功解释了中国东部的低空急流活动；系统阐述了热带地区对流活动影响热带大气季节内振荡（Madden Julian oscillation，MJO）、热带波动的机制以及 MJO 和热带波动与台风及中纬度天气过程的相互作用；揭示了低频环流型、外强迫、环境垂直风切变、台风自身内部中小尺度过程、云微物理过程等对台风形成、结构、路径和强度变化的影响机制；在大气适应过程的尺度理论、行星波动力学、大气环流及其异常现象等方面都有了长足的进步。

二、大气动力学

大气动力学是大气科学在中华人民共和国成立以后最早取得辉煌成就并在国际上产生重要影响的一门学科。在中华人民共和国成立后的短短十几年间，中国科学家在东亚大气环流理论、大气环流的季节突变、大气中的适应问题、积云动力学、青藏高原大气动力学、数值天气预报的数学物理基础等基础理论问题上取得了系统的、具有高度原创性的研究成果，受到国际大气科学界的瞩目。改革开放以来，中国科学家又在行星波和遥相关动力学、季风动力学、大气低频振荡动力学、锋生动力学、台风动力学、热带与中纬度海气相互作用动力学、非线性与可预报性理论、高影响天气相关的动力学等方面取得了一系列创新性的研究成果（李崇银等，2009）。尽管有辉煌的历史，但展望未来的发展，当前中国大气动力学研究在内容的深度与广度、成果的开创性及研究队伍的发展上仍面临诸多挑战。

挑战 1：研究内容的广度和深度亟须加强。当前大气动力学研究多集中在与季风、台风等东亚区域特定天气气候现象相关的动力学问题上，对于其他区域或全球尺度的大气动力学问题关注偏少；研究工作的内容集中于对特定天气气候现象背后过程和机制的揭示，在建立和拓展普适性、基础性的大气动力学理论体系方面着力不足，在更为基础的地球流体力学问题研究上力量偏弱。

挑战 2：前瞻性、开创性研究成果亟待突破。相比于 20 世纪大气动力学研究的蓬勃发展，21 世纪的大气动力学研究在整个世界范围内都进入了开创性成果产出相对较少的阶段。当前的大气动力学研究多以传承和延续为主，在研究思路、方法、手段及领域上都亟须创新，前瞻性和开创性的研究成果以及许多核心的、关键性的科学问题（如强非线性大气动力学、大气湿过程动力学等）都有待突破。

挑战 3：研究队伍亟须加强。大气动力学领域的人才储备厚度在一定程度上决定了一个国家大气科学学科发展的深度和高度。由于大气动力学研究对数理、计算机和专业知识均有较高的要求，研究的难度和挑战性大，产出成果需要的积累时间长，近年来从事该领域研究的人员尤其是优秀的青年人员有明显的减少趋势。这导致该领域研究人员的储备不足，严重制约了该领域的发展，这也是中国大气动力学研究在内容的广度和深度及前瞻性、开创性成果上面临挑战的一个主要原因。

当前大气动力学研究具有以下三方面的发展趋势。第一，传统大气动力学的区分，或以空间尺度分为大、中、小尺度动力学，或以地理位置划分为热带、中纬度和极地大气动力学，或以大气的垂直结构划分为对流层、平流层和高层大气动力学。然而，国际上无缝隙预报的导向和高分辨率天气气候一体化模式的发展，打破了传统的按天气气候区分或按空间尺度区分的研究界限，使得发展关于大气对流－大气波动－大气环流等多尺度相互作用的动力学研究成为未来的重要方向。第二，传统大气动力学主要关注大气内部固有的运动规律，但地球系统科学的发展对大气动力学研究的内涵提出了更高和更广的要求。因此，从单圈层的大气内部动力学向外拓展，揭示海－陆－冰－气－生物等多圈层相互作用影响大气运动的动力学及其可预报性成为当前大气动力学研究必须解决的问题。第三，21 世纪以来，地球系统模式、新的大气探测手段、人工智能、大数据等大气科学研究的支撑技术蓬勃发展，如何充分利用这些新兴技术和手段来推动大气动力学研究的进步，以及提高天气和气候数值预报预测的技巧，是当前大气动力学研究面临的重大机遇和发展趋势。

三、大气物理学与大气探测

大气物理学与大气探测是研究大气物理过程、现象及其演变规律以及探测大气原理和方法的科学，属于大气科学的基础理论研究范畴。大气物理学的发展水平高度依赖于大气探测所提供的科学观测事实。中华人民共和国成立以来，中国的大气物理学研究得到了全面发展。

1. 云和降水物理学

云和降水物理学的研究依赖于观测和模拟手段的进步。在过去 20 多年，观测手段得到了极大发展，包括地基和卫星遥感、飞机航测、云室、大载荷气球和飞艇观测等。同时，得益于超算能力的提升，云解析模式和大涡模拟日益成为云和降水物理学研究的重要工具。在观测和模拟手段快速进步的推动下，中国在云和降水微物理过程及其与热动力过程相互作用、云－辐射－天气－气候相互作用、气溶胶－云－降水相互作用、云参数化方案和模式发展等领域取得了一系列成果，对灾害性天气预报、全球气候变化预估和大气环境模拟等提供了重要科学支撑。但与云和降水物理学在大气科学中的重要作用相比，还存在研究人员整体力量薄弱，观测和模拟平台建设不足等问题，亟待加强。

2. 大气辐射学

大气辐射学主要研究电磁辐射在大气中的单粒子散射、多粒子辐射传输、气体分子吸收等。目前单粒子散射研究主要集中在非球形粒子，借助数值精确算法和几何近似算法的组合可给出整个粒径谱的散射特性；多粒子辐射传输一方面研究应用于探测和遥感等领域的辐亮度计算，已发展出离散坐标法、倍加累加法、逐次散射法和蒙特卡罗法等多种算法，另一方面应用于气候和天气的辐射通量计算，已发展出各种二流及四流近似方法；气体分子吸收研究主要是利用气体吸收谱数据库［如高分辨率传输分子吸收数据库（High-Resolution Transmission Molecular Absorption Database，HITRAN）］来进行辐射计算，基于辐射传输原理的逐线积分法可精确计算气体分子对辐射的吸收，但计算效率比较低，而其他如相关 K 分布和主成分分析等各种快速算法也在逐渐发展并被应用于遥感、气候和天气等领域。

3. 中高层大气物理学

20 世纪 80 年代，南极臭氧空洞引起了科学家对平流层大气特别是其化学过程的广泛关注。近些年，北极地区平流层臭氧损耗极端事件触发和推动了平流层臭氧及其对对流层天气气候影响的研究。中高层大气对对流层天气气候的影响是不可忽视的，凸显了中高层大气与对流层大气之间相互作用研究的重要性。另外，中高层是一些飞行器活动的新区域，在空间安全保障方面具有重要的战略地位。目前，国际上对中高层大气的研究刚起步，对该区域大气对飞行器安全运行保障的认知还很薄弱，其与对流层大气之间的耦合机理也不完全清楚，未来大气臭氧层和中高层大气环境如何演变等，都是需要深入研究的问题。

4. 大气边界层物理学

近年来，大气边界层研究在过程观测、基础理论、大气边界层与其他圈层相互作用研究方面取得了重要进展。大气边界层过程观测研究在地－气能量分配，边界层风温湿廓线和急流、湍流尺度特征与间歇性，边界层内辐射和污染物混合扩散，复杂大气边界层等方面获得深入认识，边界层观测仪器的研发也取得实质进展。基础理论研究在相似理论适用条件及参数订正、边界层参数化方案改进、大涡模拟、数值模拟分辨率灰区等方面获得进展。大气边界层与天气、边界层与气候、边界层与气溶胶、边界层与生态和能源等方向的相互作用研究也取得了一系列成果。目前，大气边界层研究亟须解决的问题主要在于认清各类复杂大气边界层的相关特征，阐明其与天气、气候及环境相关过程的相互作用，改善相应参数化方案，并最终提高相应的预报和预测水平。

5. 大气探测学

近年来，中国自主研制的大气探测设备在业务和科研中发挥了重要作用。

气象雷达从数字化、多普勒发展到双偏振、多频段、相控阵、软件化。雷达核心部件更新较快，发射机技术从磁控管、行波管、速调管发展到全固态，接收机从模拟中频发展到数字中频。信号处理系统从硬件平台发展到软件平台，接近国外同类产品水平。国产业务卫星系列形成了较为稳定的业务观测能力，卫星遥感仪器研制水平日趋成熟，对地观测卫星信息定量提取和综合应用形成了良好规模。

但是，中国大气探测整体水平仍处于"跟跑国际先进水平"的状态。常规气象观测数据主要限于地表，对大气垂直结构的探测还比较欠缺，亟待发展更多大型长期地基联合观测试验对大气三维结构进行探测。原创性的探测理论、方法和仪器欠缺，地气系统耦合的辐射传输机理研究缺乏原始创新，遥感卫星资料处理和综合应用水平偏低，数据共享不足，卫星的应用效益发挥急需提升。辐射、云、降水等要素的探测不足。

四、大气化学

随着学科交叉的不断深化、现代探测与分析技术（特别是高分辨率时间飞行质谱等技术）的进一步应用，国际上大气化学在过去十几年得到快速发展，在机理认识和规律揭示等方面都取得了重要进展。特别是由于对大气复合污染防治的重视，过去几年在大气复合污染成因认识、预报预警和控制等方面取得了国际公认的一大批研究成果，主要进展表现在如下几个方面。

1）在大气纳米气溶胶形成的分子尺度机理及其对气候变化的影响等方面的认识取得了一系列重大突破。以来自赫尔辛基大学、瑞士保罗谢尔研究所等欧洲著名研究机构为首的一大批科学家，基于欧洲核子研究中心所建立的大型烟雾箱组织实施宇宙户外水滴计划（Cosmics Leaving Outdoor Droplets，CLOUD），围绕气溶胶成核及其增长的分子尺度机理开展多年研究，对于超低挥发性有机物等物质在气溶胶形成中的作用获得了一系列新的认识。相关机制也被进一步加入到区域和全球尺度气溶胶及其气候效应模式中。

2）在痕量气体和气相化学方面，国际上主要以影响对流层大气氧化性的臭氧和自由基为研究对象开展研究。在对流层臭氧方面，在国际全球大气化学计划（International Global Atmospheric Chemistry Project，IGACP）的框架下组织实施了对流层臭氧评估报告（Tropospheric Ozone Assessment Report，TOAR）子计划，通过集成全球上千测量点臭氧及其前体物历史观测资料，系统评估了对流层臭氧的全球分布和从地表到对流层顶臭氧的趋势，同时研究了臭氧对气候、人类健康和作物/生态系统生产力的全球影响。

3）在大气环境及成分变化对生态系统的影响方面，针对不同下垫面陆气交换、海气交换、碳氮循环等关键过程开展了多项大型研究计划，系统开展了陆地生态系统碳、氮、水循环耦合过程及机制研究；同时，开展了大气成分变化和有毒、营养物质沉降对陆地与海洋生态系统的影响及其机理研究，获得了对大气臭氧污染、大气氮沉降的自然生态系统负效应的新认识；在相关工作基础上建立和完善了典型植物叶片光合生理、生物挥发性有机物排放、生物量和相对产量之间的剂量响应模型，并逐步发展了非化学胁迫因子、复合污染的联合毒作用以及多种因子累积暴露的复合生态效应模型。

4）在大气环境与人体健康的关系方面，集中在重要大气物种（臭氧、温室气体、光化学氧化剂、气溶胶、有毒和营养物质等）变化对人体健康的影响及其机理的探索上。开展了多中心时间序列、病例交叉研究，基本上获得了大气污染短期暴露与居民死亡率、入院率之间的关系；基于个体暴露监测等手段开展了形式多样的固定群组研究，对大气污染短期暴露的急性健康机制进行了大量的探索；应用暴露评估模型等方式，针对大气污染长期暴露的健康危害进行了大规模的队列研究，初步明确了大气污染与人群特定疾病之间的关系、特征和致病机理；针对大气污染的疾病负担、大气污染干预措施的人群健康收益开展了系统评估和前瞻性的群体、个体干预实证研究，支撑了大气环境管理研究的政策转化。

5）围绕中国大气复合污染防治，大气化学方向取得了若干重要新突破。例如，在机理机制方面，获得了若干大气复合污染化学及理化相互作用的新认识，揭示了高氮氧化物背景下二氧化硫液相或非均相氧化的新途径及其对秋冬雾霾的影响；揭示了特殊的氧化过程对秋冬重霾形成的影响；揭示了细颗粒污染与大气边界层及天气过程之间的交互作用，如黑碳"穹顶"效应加剧了超大城市及区域污染的新机制；揭示了农业活动等排放的氨气对大气细颗粒及酸雨形成的重要影响，也揭示了$PM_{2.5}$与臭氧之间的相互作用机制，并据此提出协同控制的新思路。在大气复合污染的控制成效方面，以"国十条"

期间空气质量改善及其主要控制因子为主要研究对象开展了一系列评估工作，包括污染减排和气象因素的分别作用、$PM_{2.5}$和臭氧的协同影响等。

6）在中国区域大气环境的演变、形成机理和预报预警方面，过去十几年，排放清单由原来的区域尺度清单向高分辨率城市尺度清单、动态调整清单等方向发展；建立了覆盖全国大部分地区的空气质量和大气沉降监测网，初步具备能够开展实时快速大气污染物时空变化分析的能力。探讨了区域大气污染的气候气象成因、气相化学/多项化学机制及区域输送的影响，开展了重点城市大气颗粒物来源解析研究，提出了相互客观印证的大气污染及边界层气象综合观测，并初步发展且成功应用了"天-空-地"一体化监测技术；构建了外场试验、实验室模拟和数值模拟相结合的闭合研究技术体系。突破了大气化学同化技术、数值模拟共性技术、复合污染预报技术三大关键技术，形成了区域大气复合污染诊断识别和空气质量多模式集成预报两大技术体系。中国形成了"国家—区域—省级—城市"四级空气质量预报网络，区域和省级基本具备7～10天空气质量预报能力。上述进展显著支撑了2013年以来中国秋冬以$PM_{2.5}$为特征的大气污染问题的显著改善。

五、气候系统与气候预测

1980年，世界气象组织和国际科学理事会设立了世界气候研究计划，旨在确定气候变率的可预报性和人类活动对气候影响的可能程度。随后开展了"热带海洋和全球大气"（Tropical Ocean and Global Atmosphere，TOGA）、"全球能量和水循环试验"（Global Energy and Water Cycle Experiment，GEWEX）、"平流层过程及其在气候中的作用"（Stratospheric Processes and their Role in Climate，SPARC）、"气候变率与可预报性"（Climate Variability and Predictability Programme，CLIVAR）、"地球系统的协同观测和预报"（Coordinated Observation and Prediction of the Earth System，COPES）等一系列重大国际科学试验研究计划，极大地推动了气候系统动力学和气候预测的研究。世界气候研究计划、国际地圈生物圈计划、国际生物多样性计划（An International Programme of Biodiversity Science，DIVERSITAS）、国际全球环境变化人文因素计划、地球系统科学联盟（Earth System Science Partnership，

ESSP）等引领了国际气候变化的研究。此外，欧美等发达国家和地区也部署了相关研究计划。美国于 1989 年制定了美国全球变化研究计划（The U.S. Global Change Research Program，USGCRP），2001 年确立了气候变化研究的优先行动（Climate Change Research Initiative，CCRI），并编制了气候变化科学计划（Climate Change Science Program，CCSP）和气候变化技术计划（Climate Change Technology Program，CCTP）。欧盟在实施的第七框架计划（2007～2013 年）中，也将气候研究作为其支持的优先研究领域，探讨了气候变化、生物圈、生态系统和人类活动之间的关系。

中国十分重视气候学的研究，自 20 世纪 80 年代以来，中国学者为世界气候研究计划的确立和实施做出了巨大贡献。中国先后成立了与四大国际研究计划对应的中国委员会，即世界气候研究计划中国国家委员会、国际地圈生物圈计划中国国家委员会、国际全球环境变化人文因素计划中国国家委员会和国际生物多样性计划中国国家委员会。同时，中国科学家还积极参与气候变化国际科技合作，参与发起了国际全球变化四大研究计划（目前四个计划的科学指导委员会中都有中国学者任职）。2006 年，中国科学家在全球变化研究领域发起和领导的第一个重大国际合作项目——季风亚洲区域集成研究（Monsoon Asia Integrated Regional Study，MAIRS），2007 年发起了亚洲季风年科学计划（Asian Monsoon Years 2007-2012）。

"八五"计划以来，中国依托气象、农林、水利、环保、科学院等部门构建了涵盖气象、大气、水文、环境、灾害及自然生态系统等的常规观测体系，初步形成了天基、空基、海基和地基相结合的气候变化及区域响应研究的监测网络。通过国家重点基础研究发展计划（973 计划）、国家重点研发计划等国家科技计划加大了对气候变化研究的支持，围绕一批重要的科学问题开展了研究，包括重大气候形成机理与预测、东亚季风、青藏高原的气候效应、历史气候环境变化、亚印太交汇区海气相互作用、气溶胶的分布和气候效应、土地利用与覆被变化及其影响、干旱化与人类适应、冰冻圈动态过程及其对气候的影响、气候动力学与预测理论研究、大规模科学计算等。这些研究的开展，极大地提升了气候研究水平，加深了对气候系统变异规律的认识，建立了用于全球变化研究的气候、陆面过程、生态、水文等模式，为发展地球系统模式奠定了良好的基础。中国已经在东亚季风气候、东亚大气环流动力学、青藏高原的气候效应、气候系统模式等方面取得了国际公认的研究成果；建立起了结构较为完整、功能较为完善的气候预测体系，开展了延伸期、月、季节等不同时间尺度的气候预测，为社会经济发展和防灾减灾提供了有力的科技支撑。

但是，目前关于气候系统动力学和气候预测的研究还面临诸多挑战，尤其在气候系统多圈层相互作用机理及其对亚洲季风气候影响、热带海气动力学过程、中高纬气候系统变化及影响、极端气候变化规律及成因、地球系统模式和气候预测理论等方面，亟待加强。

六、气候变化及其影响

为科学认识和应对气候变化，世界气象组织和联合国环境规划署于 1988 年联合建立了政府间气候变化专门委员会（Intergovernmental Panel on Climate Change，IPCC），以期评估气候变化科学认识、气候变化影响以及气候变化适应和减缓的措施选择，并于 1990 年、1995 年、2001 年、2007 年、2014 年、2021 年先后完成了六次评估报告。IPCC 历次评估报告综合了当时气候变化领域的最新科学进展，反映了气候变化科学国际前沿和最新认知，成为国际气候变化政治谈判和各国政府制定应对气候变化政策并采取实际行动的重要科学依据，推动了国际应对气候变化的进程。第一次评估报告推动了《联合国气候变化框架公约》的签署（1992 年）和生效（1994 年），第二次评估报告推动了《京都议定书》的通过（1997 年），第三次评估报告促使公约谈判确立了适应和减缓两个重要议题，第四次评估报告推动了《巴厘路线图》的诞生，第五次评估报告推动了《巴黎协定》的达成，第六次评估报告于 2021 年正式对外发布。

国际科学界对气候变化关键科学问题的研究不断深化，认知水平逐步提升，在数据、方法、技术和手段等方面，取得了明显的进展（美国大气科学和气候专业委员会等，2008）。观测资料无论是在质量上还是在数量上，都达到了前所未有的程度，使 IPCC 评估报告提供的气候变化信息越来越全面和确凿。更多的观测和研究证据充分证实了近百年全球气候系统变暖的事实，并在水资源、生态系统、粮食生产、人类健康等领域检测到气候变化的影响。

针对古气候重建和分析的数据资料与工具也日趋丰富，有效推进了区域信息的综合分析和历史气候的模拟研究。随着大气模式比较计划（Atmospheric Model Intercomparison Project，AMIP）、耦合模式比较计划（Coupled Model Intercomparison Project，CMIP）、古气候模拟比较计划（Paleoclimate Modeling Intercomparison Project，PMIP）、耦合气候－碳循环模式比较计划（Coupled Climate Carbon Cycle Model Intercomparison Project，C4MIP）、云反馈模式比较计划（Cloud Feedback Model Intercomparison Project，CFMIP）、全球气溶胶模式比较计划（Aerosols and Chemistry Model Intercomparison Project，AerChemMIP）、协调区域气候降尺度试验（Coordinated Regional Climate Downscaling Experiment，CORDEX）计划、年代际气候预测计划（Decadal Climate Prediction Project，DCPP）等一系列国际模式比较计划的实施，气候模式的研发取得了显著进展，由20世纪70年代简单的大气环流模式发展到如今耦合大气、海洋、陆面、海冰、气溶胶、碳循环等多个模块的复杂气候系统模式和地球系统模式。这些模式在物理过程和模式分辨率上都较以往有了明显的提高，极大地改进了模式的综合模拟性能。高精度的区域气候模式也在区域气候变化模拟研究中得到了广泛应用。随着气候模式的不断发展和检测归因技术的完善，人们对气候变化原因的认识逐渐深化。人类活动是20世纪中叶以来全球气候变暖的主要原因，这一结论的可信度由IPCC第三次评估报告的66%提高到第五次评估报告的95%。人类活动影响气候系统的证据更多、更强，反映在极端天气气候事件变化、大气和海洋变暖、水循环变化、冰冻圈消退、全球海平面上升等诸多方面，并从全球尺度扩展到区域尺度。用于未来气候变化预估的排放情景不断发展，从简单的 CO_2 加倍与递增试验、SA90（Scientific Assessment 1990）、IS92（1992 IPCC Scenarios）情景，到SRES（Special Report on Emission Scenarios）情景，再到典型浓度路径（Representative Concentration Pathways，RCPs）和共享社会经济路径（Shared Socioeconomic Pathways，SSPs）情景，对温室气体排放量的估算方法越来越先进和全面，相应的社会经济假设也从简单描述走向定量化，并纳入人为减排等政策的影响。情景的发展和模式的完善有助于减小气候变化预估的不确定性。预估不确定性的评估和定量化方法也得到了较大发展，人们对气候模式预估不确定性和气候敏感性有了更深入的认识。

中国高度重视气候变化科技工作。在科学技术部等相关部门对气候变化科学研究的持续支持下，在气候变化自然科学领域取得了快速发展，特别是在气候变化观测与历史重建、古气候模拟、区域气候变化规律与机理、气候系统模式、气候变化模拟与预估等方面取得了一大批高质量的成果，编制了《气候变化国家评估报告》《中国气候与环境演变》《中国极端天气气候事件和灾害风险管理与适应国家评估报告》等一系列国家评估报告。中国气候变化科学的国际影响力和竞争力不断增强，从 IPCC 第一次评估报告到第六次评估报告，中国参加评估报告编写的专家人数以及在 IPCC 评估报告的论文引用数都有显著提升。

七、应用气象学

随着国民经济的飞速发展，各个行业对气象服务的需求日益增强，应用气象学得到了多方面发展，农业气象学、生态气象学、军事气象学、水文气象学、城市气象学和航空气象学等分支相继形成，这里简要介绍其中几个主要分支的发展现状。

1. 农业气象学

农业气象学已经有 60 多年的研究基础，研究理论和方法不断完善，实现了从解释科学到试验科学的质的飞跃，并不断派生出新兴交叉和边缘学科分支。农业气候区划、农业气候资源开发利用、农业气象产量预报与遥感估产、气候变化农业影响、温室气体排放测定与国家清单、旱作农业关键技术与区域治理、农业气象灾害防御技术、都市型设施园艺等技术成果在保障国家粮食安全、促进现代农业发展中发挥着基础性、关键性的科技支撑作用。未来，农业气象学将在农业气候与农业布局优化、生物气象与农业绿色发展、农业气象灾害与风险管理、农业小气候与工厂化农业、农业气象信息与智慧农业等重点领域发挥越来越重要的作用。

2. 生态气象学

中国学者较早就开展了生态气象研究，主要体现在农业气象、森林气象、山地气候、森林水文等研究领域中。深入理解植物在个体、群落、生态系统、区域和全球尺度上如何与大气和生态环境相互作用、相互影响是认知并更好地维护人类赖以生存的地球的前提及基础。而生态气象学恰恰聚焦于科学认知不同时空尺度下植物与大气和生态环境的相互作用关系及机制。在全球变暖日益加剧的背景下，亟须加强生态气象学的发展，为实现国家生态文明建设的国家战略和人类命运共同体提供有力的科技支撑。

3. 水文气象学

水文气象领域近十几年获得了较快发展，如水文气象观测系统不断完善，水文气象预报技术不断发展，水文要素精度不断提高等。但是在全球变化的背景下，水文气象学仍需在如下几个方面提高：一是从海-陆-气相互作用的角度综合研究洪水、干旱、暴雨等极端事件的发生、发展机理，发展考虑人类活动影响的高分辨率陆气耦合模式；二是关注最新的雷达、卫星等多源观测技术在认识水文气象现象和过程中的应用，并将其用于临近洪水预报、干旱监测等；三是从极端水旱事件预报向极端水旱风险预报发展，更关注极端事件的社会影响预测，以及水库调节、灌溉等人类干预对预报的影响。这不仅为适应极端事件提供了更有效的信息，而且在人类世如何重新认识水文气象现象的可预报性本身就是一项重大课题。

4. 城市气象学

中国数十年来在城市气象这一新兴学科领域开展了大量研究并获得了丰硕成果。各大城市已建立或正在完善具有多平台、多变量、多尺度、多重链接、多功能等特点的城市气象综合观测网；北京、南京、上海等地开展了大型城市气象观测科学试验，被世界气象组织列入研究示范项目；成功开展了风洞实验、缩尺外场实验研究；建立了多尺度城市气象和空气质量预报数值模式，并应用于业务；在城市热岛效应、城市对降水影响、城市气象与城市规划、城市化对区域气候及空气质量的影响、城市气象与大气环境相互作用等研究领域取得了显著进展。

5. 航空气象学

近 20 多年来，航空气象领域研究进展缓慢，与国际先进国家的差距越来越大。目前，关于航路积冰、飞机颠簸、机场低空风切变和低能见度等航空恶劣天气的研究在国内很薄弱，并且在其他如海量航空机载数据的收集和整理，航空气象资料的同化方法，使用航空气象资料提高中国数值天气预报的水平，包括短期、中期和气候预测，航空排放对气候变化的影响和评估等方面，机场自动观测系统的技术标准鉴定等亟待提高。

当前，应用气象学的发展仍面临几个重要问题。首先，应用气象学涉及的学科多样、研究对象庞杂，但是如何与各学科交叉融合仍不完善，部分研究内容与大气学科其他分支有重合，研究范畴边界不清晰。其次，应用气象学的核心理论体系仍待完善，农业气象学的理论体系经过多年的发展和建设，已经较为成熟和清晰，不过也面临着信息化发展和精准农业提出的新挑战；而城市气象学、水文气象学和生态气象学等分支的核心理论体系尚不完整。最后，应用气象学承担着利用气象资源，应对气象灾害和造福人类福祉的历史使命，其发展空间很大，如何分步骤推进是一个重要课题。

第四节　学科发展布局

一、战略目标

显著提高中国大气科学已有优势领域的国际竞争力，加速大气科学新兴分支学科及相关交叉学科的发展，培养更多适应国际大气科学发展趋势的高层次人才，力争在国际大气科学基础研究和前沿技术领域产出一批有重大影响的创新成果，全方位提高中国大气科学的国际影响力和国际话语权，将中国发展成为大气科学研究强国。

二、战略布局

1. 突出优势领域，打造新兴分支

从当前中国大气科学研究水平的实际出发，显著提高气候学和大气化学

等优势学科的国际竞争力，进一步扩大中国在亚洲季风和青藏高原系统科学等传统研究领域的国际影响力；结合国际大气科学发展动向和国家经济建设需求，打造大气科学新兴分支学科及相关交叉学科生长点，加速中国大气科学研究综合、全面、深入发展。

2. 坚持基础研究，探索前沿技术

始终坚持大气科学基础研究对相关领域重大科技进步的引领和推动作用，在保障大气科学研究综合、全面和深入发展的前提下，确保对基础性研究的投入力度，显著提高大气科学基础研究水平。根据国际大气科学研究的发展态势，大力推动大数据、人工智能、高性能计算等相关大气科学前沿技术的发展，积极鼓励和探索新技术、新方法在大气科学领域中的应用。

3. 加强国际合作，重视人才建设

全球变化及相关生态环境问题是全人类共同面对的重大问题，只有进行广泛的国际协同合作才可能认识问题的本质并将之解决。为了扩大中国大气科学研究的国际影响力，应在全球变化研究领域进一步加强国际交流与合作，进而提升大气科学研究整体水平，并通过软实力的输出显著提高国际话语权。青年人才和高质量人才储备是保障大气科学稳步发展的最关键因素，应面向国际大气科学研究的发展趋势，加大力度建设适合国际 / 国内学科发展的高层次人才梯队，尤其关注当前薄弱领域的人才队伍建设。

4. 强化原始创新，力争重大突破

稳步提升中国大气科学基础和前沿科学技术研究水平，注重从 0 到 1 的开创性研究，强化大气科学研究原始创新能力的培养，力争在大气科学基础研究方面提出新理论，在前沿科学技术方面发展新技术和新方法，进而取得重大原始创新成果和颠覆性技术。

5. 服务国家重大需求，建成大气科学强国

中国大气科学研究要面向国家战略需求和国民经济主战场，紧密围绕重大科学问题和"卡脖子"等关键核心技术瓶颈，统筹规划基础研究布局，强化技术创新导向，更好地服务于国家防灾减灾和科技发展需求。努力提高大气科学研究整体水平，加快缩小某些关键领域与国际先进水平的差距，并力

争部分优势领域跻身国际领先地位，将中国建设成为大气科学研究强国。

三、学科优先发展方向和交叉学科

依据以上战略目标和布局，大气科学未来将在四个基础分支学科展开研究：

1）天气学和天气动力学；

2）气候学和气候动力学；

3）大气物理学；

4）大气化学。

大气科学未来优先发展的方向为以下六个方面：

1）"天–空–地"一体化气象观测网络；

2）极端天气气候事件变化及机理；

3）大气环境污染及影响；

4）高分辨率地球系统数值研发与应用；

5）多尺度无缝隙集合预报；

6）城市和城市群的天气、气候、环境效应与可持续发展。

大气科学与相关领域交叉学科重点发展方向如下：

1）气候、大气环境、生态系统的相互作用；

2）气象–水文–地质综合灾害研究与预警预测；

3）人工智能、大数据科学与天气预报及气候预测。

第五节 优先发展领域

一、优先领域发展目标

天气学研究的优先发展目标是深入认识造成高影响天气的多尺度天气系

统的精细热动力、云微物理结构、发展演变机理和可预报性，系统阐明不同时空尺度、不同地球圈层天气之间的相互作用机理，揭示全球气候和环境变化背景下的天气变化规律，发展适合中国天气和地形特色的多尺度无缝隙集合预报系统，提升高影响灾害性天气的监测、预报、预警能力，提高国家防灾减灾以及应对气候和环境变化的能力。

气候学研究的优先发展目标是深入认识气候系统中多圈层相互作用的过程与机制，揭示热带和中高纬气候系统的动力学机制及其影响，深入认识不同尺度气候变率及极端气候的发生机理，辨识人类活动强度与自然系统恢复能力之间的相互作用机制，发展和改进地球系统模式与高分辨率区域地球系统模式，提高次季节、季节、年际到年代际气候预测的水平，科学预估未来地球的宜居性，综合评估未来气候变暖及可能伴随的极端天气气候事件的风险与不确定性。

大气化学研究的优先发展目标是深入理解大气化学过程及其与物理过程的相互作用，揭示大气环境污染与天气气候之间的相互影响和过程，认识大气环境与生态系统以及人类健康之间的关系，构建区域大气环境变化过程及预报预警系统，引领国际大气污染和应对气候变化协同减排研究。

大气物理学的优先发展目标是阐明全球变暖背景下边界层云的变化特征及边界层云中湍流、辐射、微物理等过程的相互作用，理解深对流云中微物理、动力过程以及与气溶胶、大尺度环流等的相互作用，提升对云和降水的关键宏微观物理特征的认识；完善大气边界层相关特征描述和物理过程解析，改善边界层参数化，提高天气、气候预报预测能力；深入认识辐射强迫及收支、云与气溶胶辐射相互作用、太阳活动对地球辐射系统的影响等；研发面向中高层大气高影响天气的数值预报系统。

大气探测学的优先发展目标是持续开发大气探测的新原理和新技术，加强大气圈探测和多圈层融合探测与数据分析，大力发展高精度、高稳定度且智能微型的大气新型探测装备，构建和完善"天－空－地"一体化气象观测网络系统，研发多源数据融合技术，建立气象数据服务平台。

应用气象学的优先发展目标是发展农业气象精准服务，加强林业生态工程气候变化效应研究，认识生态系统与气候系统、人类活动之间的相互作用，理解城市人－地－气耦合机理，揭示城市化对天气气候变化的影响机理，构建城市水文气象、气候与环境综合服务的预测预警平台。

二、优先领域重点方向

1. 天气学

（1）高影响天气发生、发展机理与预报理论

观测方面，提高雷达和卫星等的观测精度，拓展观测变量产品，开展热带地区外场观测试验，对台风的观测向更远海区拓展，实现机载雷达观测，深入开展多学科联合组织的野外观测试验，加强以具体科学问题为导向的加密观测试验。

机理研究方面，加强高影响天气系统的触发和组织结构及其相关灾害性天气分布特征的机理研究，加强全球变暖背景下高影响天气的变化机理和预报技术研究，加强大气环流与大气污染相互作用的理论研究。

预报技术方面，发展更精确的适合中国气候和地形条件的物理参数化方案，开发集合变分耦合资料同化技术，探索全天空卫星辐射等多种观测资料的同化，研制具有云分辨能力的多尺度无缝隙集合预报系统。

（2）延伸期天气过程与预报理论

延伸期天气过程方面，着力研究：持续性极端天气过程的机理；延伸期天气过程的可预报性；大气季节内振荡与不同天气过程的相互作用；季节内尺度遥相关；地球不同圈层对延伸期天气可预报性的影响；平流层过程对延伸期天气可预报性的作用。

预报理论和方法方面，建立无缝隙天气气候预报系统；开展次季节－季节预测计划（Subseasonal-to-Seasonal Prediction Project，S2S）下的模式对极端天气的预报技巧和误差研究，以及 S2S 模式分辨率、参数化方案、耦合过程等因素对延伸期天气预报能力的影响研究；提高模式对调控持续性极端天气发生的关键物理过程的模拟能力；发展延伸期预报的模式初始化策略、集合预报技术以及基于机器学习的延伸期预报技术；加强 S2S 模式产品在农林渔牧、能源、水资源管理、粮食保障、公众健康管理、商业活动、交通运输等领域中的应用。

（3）天气预报模式发展与精细化预报技术

预报模式发展方面，开发具有自主技术和体现中国天气气候特征的数值天气预报模式、集合预报产品的应用技术；考虑地球系统多成员间相互作用，改进数值天气预报模式中的各动力过程、物理过程、化学过程的刻画，优化数值天气预报模式中的动力框架和各种参数化方案，提高模式分辨率，提升模式对高影响天气的描述和预报；发展适用于中国的耦合雷达和风云卫星遥感等多源观测资料的同化技术。

精细化预报技术方面，开发赶超国际一流的精细化数值预报服务产品，降低对国外数值预报产品的依赖性；融合大气科学等诸多相关分支学科、高性能计算的发展和人工智能技术等新方法，提高短临和延伸期数值天气预报技术，发展无缝隙精细化数值天气预报系统，以提供有技巧的高影响天气的预报。

（4）临近空间天气过程

探测技术方面，着力发展长航时高空飞行器以对临近空间进行原位观测和遥感观测，研究地基临近空间探测新原理、新方法、新技术，开展"天-空-地"结合的观测对比分析试验。

机理方面，加强研究临近空间与空间天气的相互作用、临近空间与气象活动的相互作用机制，探讨重力波传播特性和太阳风暴的临近空间耦合机制，讨论中层大气在高低层大气耦合中的作用、极端天气过程对临近空间的影响、临近空间天气变化对低层大气的影响及其在气候变化中的作用等。

预报方面，构建临近空间气候动态基础数据集，形成对临近空间风场、温度、密度等重要参数的分析和预报能力，建立临近空间天气主要过程概念模型和数值预报模式，实施高时空分辨率数值预报试验。

（5）天气动力学

在加强机载雷达对远海台风内部结构观测的同时，应着力开展台风形成和强度变化机理研究。随着北极变暖放大效应的加剧，中纬度位涡经向梯度的减弱、中纬度大尺度环流非线性行为的复杂性将进一步加剧，未来需要深入开展非线性大气动力学的研究。此外，还需要加强热带大气季节内振荡的发生、发展机制及其东传特征的研究，提高数值模式对热带大气季节内振荡的模拟和预测能力。

2. 大气物理学

（1）云和降水物理学

云和降水物理学作为大气科学中的关键分支学科，将天气、气候和大气环境等不同方向有机地联系在一起，是国际前沿交叉研究领域，支撑着大气科学多个分支研究方向。为了推动云和降水物理学的发展，需要深化对大陆和海洋边界层云对全球能量与水循环作用的认识，包括人为气溶胶和其他人类活动如何通过辐射与微物理等过程影响边界层云，在全球变暖背景下边界层云如何变化以及边界层云中湍流、辐射和云微物理等过程的相互作用。加强对深对流云中微物理过程、动力过程以及与气溶胶和大尺度环流等相互作用的研究，包括云滴谱分布的垂直结构、云内过饱和度变化规律、二次核化和二次冰晶生成机理、混合相降水过程、对流的组织结构等。考虑到混合相云是中国重要的降水云系，同时也是人工降雨作业的主要对象，建议加强对混合相云中关键物理过程的研究，以及人工降雨影响混合相云的观测和模拟研究。

大力提升云和降水物理的集成观测能力，结合地面、飞机和飞艇的在线观测，地基和空基遥感监测，无人机观测以及云室试验等，提升对云和降水的关键宏微观物理特征的认识，包括云的粒子谱分布及粒子的形状，云粒子核化过程、二次冰晶过程、暖云降雨过程、冰云降水过程及混合相态云中液与冰的转化等过程。进一步运用云和降水的集成观测来评估、约束和改进模式对云和降水的模拟能力，支撑天气和气候模式的发展。

加强对强雷暴中起放电过程的研究，包括高精度闪电探测技术、闪电的初始传播、放电类型和电荷结构的关系、冰相粒子的增长方式、闪电与其他强对流灾害之间的关系、不同类型对流过程起放电的差异、气溶胶对起放电机制的影响等。

（2）大气辐射学

大气辐射学的目标是运用辐射的基本原理来指导或改进观测，并为天气和气候模式提供更精准的气象参数或参数化方案。近年来，对辐射的观测涵盖地基、空基和天基，从光学、红外到微波仪器，以及从被动到主动观测方式等，都得到了快速发展。观测得到的辐射量需要基于辐射传输原理通过反演过程转化成大气成分以及粒子的微物理参数和气象参数等，或者对辐射量直接进行资料同化，因此开发精确且高效的辐射传输正演算法或模式十分必要。正演算法的开发需要在以下几个方面加强：一是建立气溶胶和云在不同波长的单散射数据库，特别需要考虑粒子的类型和形状等因素；二是研发快速处理前向衍射的辐射传输算法；三是建立可以应用于从光学、红外到微波等更广泛电磁波谱的快速气体吸收算法；四是发展应用于临边和掩星等长光程非平行大气辐射的传输算法；五是偏振、毫米波、光丝激光等新型探测手段的辐射计算模式需要得到发展。另外，针对非球形单粒子散射、多粒子辐射传输算法、气体吸收谱线的实验室测量和理论计算等领域的研发也有待加强。

随着卫星垂直探测能力的提高，高光谱、多角度、偏振的大气探测仪器逐渐成为探测技术的主流方向，为了得到高分辨率且高精度的温压湿风等气象要素以及大气成分、地表和云等参数，还需要发展能够与反演耦合的辐射理论系统。

在气候变化背景下，亟须从天气和气候学的角度出发，深入研究辐射强迫及收支、云与气溶胶辐射相互作用、辐射过程的长期趋势和量化特征、太阳活动对地球辐射系统的影响等。

（3）中高层大气物理学

为了满足国家重大需求，将中国在该领域的研究推进到国际领先地位，首先需要深化对中高层大气的基础认识，推动中高层大气探测技术的发展，建立自主体系的、基于多源观测的中高层大气环境状况探测系统，全面了解中高层大气中关键天气、气候要素和化学成分在不同时间尺度上的空间分布特征。

在加强中高层大气探测研究的同时，发展中高层大气化学模式，开发面向中高层大气高影响天气的专业模式和数值预报系统，发展全大气层气候模式，促进对流层延伸期天气预报和短期气候预测水平的提高，是未来中高层大气物理研究领域的一个重要工作。

由于中高层大气成分、环境演变受高层大气过程和对流层与中层大气之间物质交换的影响，有必要加强平流层与对流层物质交换、以臭氧为重点的中层大气成分与状态的变化、中高层大气与对流层大气之间的化学－辐射－动力耦合机制等方面的研究，进行中高层大气环境对电离层以及热层大气的作用机理和调制过程研究。

（4）大气边界层物理学

完善大气边界层相关特征描述和物理过程解析，改善大气边界层参数化以提高天气和气候模式的模拟、预报或预测水平。重要研究内容包括：大气边界层相似理论、湍流高阶闭合理论等参数化方案的改进和发展，复杂大气边界层（包括城市、海洋、海陆交界、干旱半干旱区、山地、高原和极地大气边界层等）特征的观测和模拟，相关动力机制的解析和相应参数化方案的研发，大涡模拟技术的应用场景开发、改进及发展，大气数值模式分辨率灰区大气边界层参数化方案研发，云-（雾-、霾-）大气边界层相互作用，边界层云的参数化及气候效应，不同地域、不同类型大气边界层内的辐射过程及参数化，不同性质下垫面的地表能量分配特征和机制解析，陆面过程观测及模式改进与发展，以及大气边界层相关观测仪器的研制等。

认清大气边界层过程与地气系统中其他物理、化学和生物过程在不同时空尺度下的相互作用。研究大气边界层过程与极端天气（如暴雨、热浪、台风等）之间的相互关系，不同地域、不同类型大气边界层内的气候态及变化趋势，大气边界层过程在大尺度天气系统和气候系统中的作用及响应（如季风、副热带高压、厄尔尼诺等）。

3. 大气探测学

（1）大气探测的新原理和新技术

大气探测的新原理和新技术在以下几个方面亟须加强：一是发展数值模式耦合的交互式观测系统基础理论与新技术。加强探测技术与数值模式的结合，实现观测与模式的双向作用，一方面观测为模式提供初值或边界条件，另一方面模式也为观测和技术发展提供指导，两者相互促进、相互验证、协调发展。二是发展多种平台协同观测新技术及相应观测数据匹配融合新方法。研究地基、空基和天基等不同探测技术的综合、互补、协同和数据融合处理。这种协同观测和融合处理一方面体现在空间尺度上，另一方面还体现在不同测量方法互为附加信息或约束条件上，使观测结果交融互补。三是提高面向物理过程研究的科学观测能力和高精度测量技术水平。发展超高时间分辨率等全要素的高精度综合探测技术，以满足不同尺度天气过程研究的需要。四是发展公众探测手段与专业探测网互补的控制理论和方法。探索大数据、人工智能等新技术处理这类数据的新方法，形成公众参与的非专业探测手段与专业探测网深度融合的新型气象信息获取理论和技术体系。五是发展综合性大气探测科学试验与平台建设。将现有的零散观测平台和系统融合到科学目标导向明确、能够实现数据共享的系统中，并研究其中新的综合探测技术和方法。六是发展与国家战略需求相适应的大气探测新理论和新技术。关注空间对地探测遥感反演大气中多种成分算法在全球不同区域的适应性；制定地基站点探测多元数据的标准，探索不同探测理论在大气中的可行性；规范不同探测平台、不同探测仪器、探测原理和新技术之间的匹配标准等。七是发展大气和地面各要素综合探测系统与自动探测技术，提供长期、稳定、连续、全要素的观测资料，推动并支撑交叉学科发展。

（2）大气探测装备研发

加强大气圈探测和多圈层融合探测与数据分析，形成闭环。大气探测装备应朝着高精度、高稳定度、智能、微型、信息网络化等方向发展。测量要素要更全，时空分辨率（尤其是垂直分辨率）要更高，结果要更准，传输处理要更及时。应着重从二维观测向三维立体观测发展，从大尺度的天气观测向中小尺度天气观测发展，从大气基本要素向所有关联要素发展。重点解决共性关键技术在气象观测领域的应用难点，发展气象事业必需的核心大型高精尖气象装备，初步实现气象观测技术装备智能化和观测协同化。

大力发展主动遥感探测设备，包括多频多普勒联合探测雷达、全相干激光测风雷达、多功能拉曼激光雷达、量子激光雷达、荧光激光雷达、太赫兹微波雷达、多偏振相控阵天气雷达、W 与 Ka 毫米波云雷达等；实现从纳米到微米的气体－气溶胶－云－降水的物理、光学、吸湿和化学特性等的观测；发展更成熟的高灵敏度多通道微波辐射计；大力发展偏振探测技术、在线标校技术、多波段联合探测设备系统，特别着重突破关键核心部件的自主研制技术瓶颈。

卫星遥感方面，注重开发新型地物参数的观测仪器、反演算法和数据共享系统。实现极轨卫星对云和降水的宏微观三维结构遥感、云中垂直气流遥感；尝试静止卫星平台的主被动微波探测、激光探测；注重观测精度提升，卫星基本几何和辐射观测的国际基准溯源，长时期多卫星观测和反演数据的合成，卫星观测误差的全链路不确定性分析；发展具有原创性探测理论和方法的新型遥感仪器探测技术、高精度主动探测技术、机动灵活的小卫星探测技术；发展临边探测与对地探测相结合的技术，实现中高层大气与低层大气的同步高精度探测；发展与环境健康相关的低层大气成分和气溶胶遥感。

（3）"天-空-地"一体化气象观测网和多源数据融合技术

进一步发展已有的常规气象观测网络，完善原位观测仪器、雷达、风廓线雷达、激光雷达、微波辐射计等探测数据的质量控制技术及相互间的协调问题；研究多种数据源的自动化高效采集、安全稳定传输、质控及存储技术，保证组网系统的实时性、稳定性及组网产品的一致性和可用性。在关键区域建立中尺度观测网（10～20km 间隔）以提高常规观测精度，在代表性气候区构建长期大气综合探测站点，综合原位观测、地基、飞机、卫星遥感等进行多要素三维立体观测，以进一步理解大气动力和热力过程，提升应对灾害天气的能力。

加强历史数据的分析和中国再分析资料建设。利用物理模型、人工智能等先进技术，实现气象大数据分析和挖掘，支持历史资料的重新处理，形成长序列的用于气候和环境变化分析的国产地基观测与卫星历史资料；结合高、中、低分辨率多源融合资料，发展卫星新型观测资料在大气、地表及地球系统模式中的同化技术。

积极融合地理信息、定位服务等不同类型数据源，进行多源气象大数据在不同行业的模型构建和应用研究。建立气象数据服务平台，向用户提供数据挖掘、资源关联、场景比对等分析服务，挖掘数据深度价值，提高数据的应用价值；提高数据的分布存储、分布式计算、快速反馈能力，支持准实时、批处理、智能分析等业务，建立面向不同业务需求的统一技术框架；建设定制化的行业气象综合保障系统，发展一体化的行业气象综合保障服务模式。

4. 大气环境和大气化学

（1）大气化学过程及其与物理过程的相互作用

大气化学过程及其与物理过程的相互作用依然是大气污染成因认识中的关键环节，也是减小模式模拟不确定性的关键。应充分基于当前空气质量状况及 2035 年前的变化趋势，基于现代分析技术在大气化学中的快速应用，依托国家在大气成分监测领域基础能力建设的空前投入以及海量监测数据的积累等背景条件，针对基础性的大气化学过程及其与物理过程的相互作用开展研究。重点研究内容包括：中国独特环境下人为排放与自然过程（沙尘、森林植被排放等）混合后的独特化学过程；基于外场观测试验和实验室模拟的二次有机气溶胶的形成机理研究及其数值模式发展；大气自由基过程对大气氧化性及 $PM_{2.5}$ 和臭氧等二次污染形成的影响；基于"天-空-地"一体化监测的重污染过程的关键理化过程和形成机制研究；大气边界层-气溶胶-大气辐射相互作用及其对二次气溶胶形成的影响研究等。

（2）区域大气环境变化过程及其预报预警系统

区域大气环境变化过程及其预报预警系统是大气科学服务于目前国家生态文明建设和大气复合污染防治的重要支撑。中国已提出美丽中国国家战略和"一带一路"倡议，这对区域环境变化机理和预报预警提出了更高的技术要求。未来，应基于近年来围绕大气复合污染形成机制的基础研究新进展，特别是在中国独特大气环境下的大气化学机理和物理化学过程相互作用等方面不断涌现新的发现这一大背景下，结合基础数据的积累以及新的数据分析和预测技术的发展，进一步开展相关研究。重点研究内容包括：高时空分辨率排放清单及其动态优化技术；突破"天-空-地"一体化测量技术集成，建立大气二次污染物及其前体物的立体监测技术体系（包括卫星遥感、地基遥感、探空等多手段融合）；发展区域高精度环境大气模拟技术、大气常规/有毒污染物微观-宏观的一体化数值表征技术、多元观测数据与模拟实时快速一体化耦合技术，以及支撑气候变化驱动下的全球大气污染模拟技术体系；人工智能自适应网格区域高精度大气环境和气候变化动力学预测模式；多污染跨区域协同优化控制以及环境和气候效应的模拟预测与评估（包括大气氧化性调控与二次污染防治的理论基础和技术途径）；环境变化短期气候预测系统和区域高精度环境承载力预报预警系统；引领国际大气污染和应对气候变化协同减排研究；等等。

（3）大气污染与天气气候的相互影响

对于大气污染与天气气候相互作用的认识不仅对理解大气复合污染（特别是重霾）形成机理及其演变趋势非常重要，而且对认识人类活动的天气气候影响也同等重要，更是推动天气学、气候学、大气物理学与大气环境学四大分支学科交叉的重要抓手。2035 年前，应基于当前大气污染宏观过程和微观机理认识方面的新进展，进一步加强大气污染与天气气候相互影响方面的研究。重点研究内容包括：影响重污染形成和加剧的典型天气过程及其相互作用机制；气候变化背景下 $PM_{2.5}$ 和臭氧等二次污染的演变及其影响；典型天气过程的三维化学组分结构的垂直立体探测；云凝结核气溶胶颗粒的理化特性及其形成机理；气溶胶对强对流天气发生、发展的影响；大气污染对区域和全球气候变化的影响；地球系统模式中大气化学和气溶胶模块的研发与耦合；等等。

（4）大气环境与生态系统及人类健康的关系

未来十几年将是推进中国发展的全面深刻转型重任中的关键期。新时代宜居地球、美丽中国、生态城市等重大政策与措施，迫切需要将高质量发展与大气、生态环境治理同步推进，对大气环境、生态系统与人类健康相互作用研究提出了开展重大交叉研究的战略要求。多尺度、多因子的系统研究并建立耦合模式将成为今后研究的重点和热点。大气污染物的生态效应研究应以生态系统为研究对象，连接大气－植被－土壤交互界面，探讨地域异质性的污染成因和跨区域的复合污染传输对不同生态系统的影响。研究重点内容包括：低干扰的多平台自由基探测、高灵敏度的大气超细颗粒物传感器、大气光化学前体物的立体监测、多同位素示踪技术等前沿手段；大气碳、氮成分从大气进入陆地及海洋生态系统中的迁移、转化和反馈机制；空气污染对不同区域生态系统过程、结构和功能的影响研究；生态系统地表过程的多途径与多过程模拟；等等。

5. 气候动力学与气候变化

（1）气候系统多圈层相互作用与亚洲季风

气候系统多圈层相互作用是气候变化的内因，亚洲季风及气候异常与气候系统多圈层相互作用关系密切。重点研究内容包括：气候系统多圈层相互作用机理、耦合过程及其影响；亚洲季风系统的历史时期和当代演变规律、变异机理及其气候影响；气候系统能量、物质循环的关键过程及其对亚洲季风系统的影响；平流层与对流层的相互作用及其影响；气候系统多圈层相互作用对东亚气候的次季节—季节—年际—年代际尺度变异的调控机理；亚洲季风区关键热力、动力过程及其与大气环流的相互作用动力学；青藏高原对东亚和全球气候的影响。

（2）热带海气相互作用

热带海气相互作用是气候系统变率的主要源动力，对全球和区域存在重要影响。重点研究内容包括：多尺度热带海气主要模态的变化规律；热带海气耦合及相互作用的热力学、动力学机制；热带海气相互作用对热带外气候的影响；热带三大洋相互作用及其气候效应；厄尔尼诺－南方涛动（El Niño-Southern Oscillation，ENSO）时空多样性和复杂性；ENSO 等热带海气主模态与热带大气季节内变率/振荡、气候态年循环及年代际变率等不同时间尺度气候变率间的非线性相互作用过程；热带多尺度海气相互作用对全球和区域气候及粮食、能源、水资源等生态环境的影响。

（3）中高纬气候系统变化及影响

中高纬气候系统正在经历快速变化，并对整个气候系统产生了深刻影响。重点研究内容包括：中高纬气候系统多尺度变化机理；中高纬区多圈层相互作用过程及其影响；中高纬气候系统变化关键反馈过程机理；极区海冰气相互作用及其气候与生态环境效应；欧亚大陆中高纬陆面过程对气候变化的响应及其反馈；极区与中纬度能量和水分多尺度交换过程及其影响；中高纬气候系统变化对中低纬天气、气候、环境的影响及机制；中高纬气候系统变化对气候和极端气候可预测性的影响；中高纬气候系统变化及其影响的未来预估。

（4）极端气候变化与机理

极端气候对社会发展和自然环境具有重要的影响，是世界气候研究计划列出的未来七大科学研究挑战之一。重点研究内容包括：全球变暖下极端气候的变化事实与规律；气候系统能量与水分循环过程对极端气候的影响及其机理；南、北极区冰冻圈异常影响极端气候的过程及机理；东亚气候系统变异与极端气候变化的关系；海－陆－冰－气相互作用对东亚极端气候的影响机理；对流层－平流层相互作用及对东亚极端气候的影响和过程；青藏高原动力、热力过程对东亚极端气候的影响；人类活动、自然外强迫和内部变率对极端气候的影响与相对贡献。

（5）地球系统模式与高分辨率区域地球系统模式

地球系统模式是气候系统变化定量研究和预测的主要工具，可为地球环境预测和气候变化应对提供重要的科学依据。重点研究内容包括：改进模式的动力框架；发展具有先进物理过程刻画的高分辨率大气模式；完善气候系统模式的物理和化学过程描述；发展包含碳、氮、磷循环等的生物地球化学模式；构建近地空间、综合影响评估等地球系统分量模式；发展地球系统模式的耦合与同化的理论和技术；发展高分辨率区域地球系统模式；发展与地球系统模式相关的高性能计算技术；历史时期、当代气候模拟和区域气候、生态环境精细化模拟预测。

（6）气候预测理论和方法

气候预测是国际气候领域的热点和难点，理论和方法研究是气候预测的关键科学支撑。重点研究内容包括：气候变异的多尺度动力学与机理；不同时间尺度的气候可预报性；多时空尺度的气候预测理论；气候动力预测系统发展和初始同化等关键技术；动力模式与物理统计相结合的气候预测方法；区域气候灾害和极端气候事件的多模式集合与降尺度预测方法；基于人工智能和大数据分析的新型预测方法与技术；次季节—季节—年际—年代际尺度的无缝隙和精细化气候预测；面向不同行业和不同领域的专项气候预测。

6. 气候变化机理

（1）气候变化的关键过程机理与驱动力

该方向重点检测多尺度气候变化的事实与关键要素的变化过程，揭示气候系统变化规律，深入理解气候系统变化的驱动力和机制，提高对气候系统变化的认识。重点研究内容包括：古气候资料重建；地质时期不同尺度的气候变化与模拟；大气、海洋、陆面资料再分析技术与多源数据同化和融合技术研究以及高分辨率数据集研制；气候系统的多时间和空间尺度变化特征；区域尺度气候变化和极端气候变化与全球尺度的区别及联系；气候系统多圈层相互作用对气候变化的影响；太阳辐射变化与火山活动等自然强迫对气候系统变化的影响；温室气体排放、土地利用和土地覆被变化等人类活动对气候变化的影响；人类活动使地球系统突破阈值的可能性、潜在临界因素和转折时间点。

（2）地球生物化学循环、能量循环和水循环过程及其气候效应

深入认识地球生物化学循环、能量循环和水循环变化的关键过程与相互作用。重点研究内容包括：陆地和海洋碳源、碳汇变化对全球碳循环的影响；

陆地和海洋碳源、碳汇变化对气候变化的响应；地球生物化学循环关键过程及其对气候变化的反馈；气溶胶－云－辐射相互作用过程机制与模拟；气溶胶－云－辐射反馈过程与气候变化相互作用机制；气候变化背景下水循环及其各分量的多时空尺度变化与不确定性；水循环各分量变化的检测归因；水循环变化的关键过程；陆面过程和人类用水对水循环的影响；气候变化对水循环的影响；云－降水过程及其对气候敏感性的影响。

（3）地球系统模式与高分辨率区域地球系统模式发展

地球系统模式是认知过去气候与环境演变机理、预估未来气候变化与风险的重要工具。发展全球和区域地球系统模式，不仅对气候变化研究有重要意义，也为决策者制订气候变化应对措施提供重要科学依据。重点研究内容包括：气候系统资料同化研究；改进气候模式的物理过程，减少关键物理过程参数化方案和海－陆－气－冰耦合机制中的不确定性，在数值模式中更客观地描述陆地和海洋生物化学循环、云－气溶胶－辐射相互作用等过程；建立适合地球系统模式的高性能集成环境，实现生态系统模式与气候系统模式的高效耦合及高效并行计算；地球系统模式模拟性能评估；气候敏感性。

（4）区域气候变化预估与风险评估

开展近期和长期气候变化预估，评估未来不同时段气候变化对自然和社会系统的影响与风险。重点研究内容包括：发展气候变化年代际预测理论与方法，涵盖年代际气候变化的主要影响因子与机制、年代际气候模拟评估与可预测性、模式初始化与集合方法优化等；发展约束气候变化预估、减小预估不确定性的新方法，精细化预估未来气候系统的长期变化，定量评估不确定性；发展气候变化影响综合评估模型；气候和极端气候变化对自然与社会经济系统影响的检测及归因；承灾体脆弱性和暴露度指标体系的构建与时空变化评估；面向自然与社会经济系统的未来气候变化风险评估及不确定性。

（5）气候系统翻转点与未来地球的可居住性

随着气候变化的强度和频率越来越超过自然变率，未来地球系统中的一些分系统可能突破临界值，地球的可居住性成为新的研究挑战。重点研究内容包括：气候系统翻转成员和翻转点；小概率、大影响的气候突变；气候变化风险管理、适应能力与成本效益分析；水－食物－能源－气候的耦合关系；气候变化适应和减缓以及与可持续发展的协同性。

三、重大交叉研究领域

1. 气候、大气环境、生态系统的相互作用

气候变化深刻地影响着陆地和海洋生态系统，显著改变了生物量、生物多样性以及全球的生物地球化学循环过程。同时，生态系统结构和功能的变化，又通过改变下垫面反照率、碳氮循环等过程影响地球表面与气候系统的能量、水分和气体交换，从而对气候系统产生强反馈作用。该领域涉及大气科学、环境科学、生态学、植物学、农学等的交叉研究。

未来，该领域的重点研究内容包括：气候与生态系统的相互作用及关键反馈过程的阈值；特大农林生态工程对气候变化的响应及反馈；气候与生态学系统对大气环境的协同影响；气候和大气环境变化对生态系统结构与功能的影响；生态系统有机化合物的排放对大气环境的影响；生态系统和大气环境变化的气候效应；气候、大气环境和生态系统耦合模式发展；综合考虑气候、大气环境和生态系统相互作用的未来气候变化、大气环境与生态系统变化预估；综合考虑气候、大气环境和生态系统相互作用的气候变化影响与风险评估。

2. 天气气候一体化无缝隙预报预测系统

随着社会发展对数值预报精细化程度和时效需求的日益增长，实现天气气候的精细化、无缝隙预报已成为世界气象科技发展的新趋势。欧美等主要业务预报中心和科研机构已经启动了新一代无缝隙预报系统的研发工作，而中国在这一领域起步较晚。该领域涉及大气科学、计算机科学、统计学、信息科学等的交叉研究。

未来，该领域的重点研究内容包括：天气气候多尺度（天气尺度，次季节、季节到年际、年代际尺度）变化的物理过程及其相互影响；多圈层相互作用对不同时间尺度大气过程的影响；探究不同时间尺度天气气候变化的可预报性及来源；发展海-陆-气-冰等多圈层、多源资料的耦合同化技术；发展高效能的多圈层耦合技术，可对不同分量模式和模式的不同组分进行灵活、高效、准确的耦合；发展具有高精度、良好守恒性和可扩展性的动力框架；发展可实现尺度自适应的物理过程参数化方案配置；发展无缝隙预报效

果和预报流程性能的合理评估方法体系；研究数值模式与高性能计算机系统高效适配的超大规模并行计算技术，提升预报时效和精细化水平。

3. 气象–水文–地质综合灾害研究与动力预测

气象灾害及其引发的水文、地质灾害是典型的复合链生型灾害（简称气象－水文－地质综合灾害）。目前，对此类灾害的研究仍然以各学科单独研究为主，学科间缺乏有效的沟通合作，对灾害复合链生机理缺乏充分的认识，存在巨大代差的技术手段也无法满足灾害预测的需求。该领域涉及大气科学、水文学、地质学和地理信息系统科学等的交叉研究。

未来，该领域的重点研究内容包括：大气、陆面、水文过程在不同时空尺度上的相互耦合与反馈的关键过程及其机理；不同下垫面条件、不同极端天气气候条件下的气象、水文和地质灾害的致灾过程；不同下垫面条件下土壤水－土间能量循环和物质交换及再分配的过程与规律；不同降雨入渗条件下地表和地下水动力学演化与破坏机理；考虑人类活动影响的高分辨率陆气耦合三维陆面模式的发展，包括水库调蓄、农业种植和灌溉、城市化等人类活动及其对大气反馈的定量描述；研发气象－水文－地质过程耦合的重大灾害动力学数值预报模式。

4. 气候变化与可持续发展

气候变化与可持续发展是当今国际社会关注的重大全球性问题。以往围绕气候变化与可持续发展，系统地开展了气候变化的事实和基本特征分析，气候变化的原因及其中人类活动信号的识别，气候模式与地球系统模式研发，气候变化的影响及其评估，社会生态系统的适应性与脆弱性，人地系统耦合的双向反馈机制，气候变化的适应性管理，可持续发展机理、目标与政策途径等研究。该领域涉及大气科学、社会科学、生态学、农学、管理学、经济学等学科的交叉研究。

未来，该领域的重点研究内容包括：研究气候变化对自然生态环境、生态系统服务、自然灾害风险的影响机制；解析气候变化对农业、经济、能源、交通等社会经济部门以及健康、公平、贫困等可持续发展关键目标的影响机制；明晰气候变化对可持续发展组分之间的影响路径与作用机制；预估不同气候变化情景下的可持续发展前景；发展应对气候变化减排与绿色发展的高新技术，研究社会经济系统不同部门的减排潜力与实现方式；评估不同减排政策的社会经济成本；研究气候变化应对措施与可持续发展目标之间的协同、权衡关系和优化；提出降低区域气候变化风险、提升自然－社会系统弹性的可持续发展策略与实现路径；研发针对可持续发展的监测与模拟工具技术，重点发展可持续发展指标体系与基于大数据和人工智能的长期动态监测技术；研究气候变化与可持续发展相互作用的新方法和机理模型，推动多尺度人地系统耦合模型的发展，实现对人类活动、气候变化与可持续发展之间的动态模拟，形成服务于可持续发展的决策支持平台与工具。

5. 人工智能、大数据科学与天气预报及气候预测

随着计算机硬件水平、并行计算、大数据科学的发展，人工智能中以机器学习为代表的技术革新，驱动人工智能在大气科学领域的应用研究蓬勃发展。人工智能可以深入地挖掘气象数据中的特征信息，快速地识别气候系统的时空状态，更好地呈现气象要素间的复杂关系，从而可以推动天气预报和气候预测的发展。该领域涉及大气科学、计算机科学、统计学等的交叉研究。

未来，该领域的重点研究内容包括：基于人工智能的气象数据质量控制和多源数据融合技术；基于深度学习的临近智能监测、预报预警技术与平台；基于大数据和机器学习的可预报信息智能提取方法，开发重要天气和气候事件的人工智能预报预测技术；基于深度学习方法，改进数值模式的参数化方案，发展基于机器学习的数值预报预测订正技术，提升数值预报预测能力；发展结合机器学习和人工智能的新型天气预报与气候预测方法。

6. 行星大气与行星宜居性

虽然太阳系行星大气的原始成分是相同的，但是经过46亿年的演化，它们现在的成分却截然不同。地球大气以氮和氧为主，金星和火星以 CO_2 为主，太阳系外围的四颗气态行星——木星、土星、天王星和海王星仍然是以原始大气成分氢和氦为主。不同的大气成分孕育了不同的气候环境，金星极端炎热，火星极端寒冷，都不适宜生命存在，气态行星更不适宜生命存在，只有地球的气候环境是适宜生命存在的。不仅大气成分不同，这些行星的大气环流、辐射传输等动力特征和物理属性也有很大差异。因此，研究行星大气不仅有助于理解地球大气演化的物理和化学过程与大气环流的基本原

理，也有利于深入理解地球的宜居性。行星大气与行星宜居性研究正越来越热，中国已于2020年发射天问一号火星探测器，并且2021年天问一号携带的火星车祝融号成功着陆火星，并计划于2030年发射木星及其卫星的探测器，所以开展该领域的研究将为国家各类深空探测计划提供非常有力的科技支撑。

行星大气与行星宜居性通过对比研究太阳系内和太阳系外各类行星的大气、气候、环境及其演化，完善现有行星大气知识体系，帮助深入理解地球大气的过去、现在与未来。未来，该领域的重点研究内容包括：行星大气探测和实验室实验，重点是火星和木星大气；不同行星的大气物理、大气化学和大气运动的机理与规律；不同行星的环境与气候以及地外生命搜寻；行星大气和气候模式的开发与运用，重点是辐射传输、对流和云模拟。

7. 城市和城市群的天气、气候、环境效应与可持续发展

城市系统的复杂与快变和多变性，使城市灾害风险性不断提高。天气、气候、环境作为影响城市安全和稳定发展的重要因素，将城市气象推向前台。城市气象（包括天气、气候、环境）必须与地理、规划、建筑、景观园林、健康、交通、能源等相关学科和服务对象共同合作，探索解决城市发展和安全中预防、预警、应急、救灾、恢复重建等各个环节所涉及的气象问题。

未来，该领域的重点研究内容包括：集成如多普勒激光测风/温/湿雷达、光导纤维温度测量等更新观测技术，以及无人机、基于地理信息系统的手机定位、车载报告等多种平台的多维度大气观测体系；城市和城市群地-气能量和物质交换，以及包括城市冠层在内的大气边界层湍流特征；城市人类活动、地表过程、大气过程耦合机理；包含城市人-地-气耦合的城市系统模式构建，城市天气、气候与环境的一体化、多尺度、无缝隙模拟与预报；将城市海量多源异构数据、深度学习应用于城市气象多尺度研究的新理论与新方法；城市和城市群不同空间尺度的天气、气候与环境效应及其机理；城市和城市群蓝绿空间结构变化及其生态气候效应；城市和城市群区域大气污染物对地表能量平衡和边界层，以及天气、气候和空气质量的影响；城市气象灾害风险的产生、驱动力与发展演变机制；城市气候变化、气象灾害与人体健康关系研究；城市气象融入韧性城市建设的理论与实践，构建满足城市水文气象、气候与环境综合服务的多尺度数值模式与预警平台。

第六节　国际合作与交流

大气科学研究具有全球性和区域性的特征，诸多大气科学的核心问题需要国际大气科学界的广泛合作。结合学科战略布局、深入的国际合作与交流，将有助于提升中国大气科学研究的整体实力和国际影响力。

1）充分发挥重大国际研究计划中国委员会的作用，实质性推进中国科学家在国际重大研究计划中的参与度，提升中国大气科学的国际影响力。

2）推进大气科学相关国际合作研究机构的建设，并通过深度的国际合作推动极地－中高纬度气候系统、气候与环境变化、气候系统动力学与气候预测、气溶胶与大气化学等相关研究领域的深度国际合作。

第一，极地－中高纬度气候系统研究领域。当前，全球气候系统正经历一次以变暖为主要特征的显著变化，而北极是全球气候变化的指示器和放大器，其增暖速率是全球平均水平的2~3倍。由于快速增暖，极区自然环境正经历着剧烈变化，并通过圈层相互作用影响能量和水分循环、生物多样性、食物和淡水资源安全等，深刻地影响着未来可持续发展，改变着世界地缘战略格局。因此，极区气候变化及其影响已经成为国际上关注的热点。近年来，中国在北极的气候变化及影响领域开展了比较深入的国际合作。例如，以中国科学院大气物理研究所竺可桢—南森国际研究中心为依托，中国和挪威、俄罗斯、芬兰、丹麦等国就北极气候变化及影响开展了实质性的科研合作，共同承担了包含北极理事会、挪威研究理事会、欧盟"地平线2020"计划、"贝尔蒙特论坛"计划、国家自然科学基金委员会国际（地区）合作交流等在内的多项国际合作项目，在北极气候变化及影响方面取得了一批突出研究成果。2035年前，将重点在极区海－冰－气多圈层相互作用过程及机理，极区气候系统变化的全球和区域气候与环境影响，极区气候变化预测，极区气候变化对东亚气候、极端气候的影响与预测价值等方面继续深化国际合作，为中国"冰上丝绸之路"的实施提供科技支撑。

第二,气候与环境变化研究领域。气候与环境变化问题已经成为全人类面对的共同挑战,防灾减灾、生态环境改善和应对气候变化蕴含着科学界共同关注的前沿科学问题,迫切需要通过国际合作,实现优势互补。近年来,中国科学家在气候与环境研究领域开展了广泛而富有成效的国际合作。例如,南京信息工程大学联合哈佛大学、耶鲁大学、夏威夷大学、雷丁大学等建立了教育部气候与环境变化国际合作联合实验室,组建了哈佛大学-南京信息工程大学空气质量和气候联合实验室、耶鲁大学-南京信息工程大学大气环境中心;2018年与挪威大气研究所(Norsk Institutt for Luftforskning,NILU)共建了亚欧与北极气候变化前沿科学中心。通过国际合作,在大气环境、大气季节内变化过程及延伸期预报、气候动力学、地球系统模式研发等方面取得了一批原创性研究成果。围绕国家重大需求,2035年前将重点在气候动力学机理和预测理论、大气成分变化及其气候环境效应、气候变化影响评估等方面深化国际合作,提高气候预测准确率和气候变化影响评估水平,为国家防灾减灾和应对气候变化提供科学支撑。

第三,气候动力学与气候预测研究领域。近年来,气候动力学与气候预测研究领域的国际合作交流日益活跃。由中英两国政府推动开展的气候科学支持服务伙伴计划(Climate Science for Service Partnership,CSSP)在过去的五年间取得了丰硕成果,产生了显著影响。其背景源于2013年12月中英两国签署的研究创新合作谅解备忘录,决定设立联合科学创新基金,促进两国科技合作。随后,经过中英两国的持续努力,明确了具体工作计划,使得气候科学支持服务伙伴计划成为在联合科学创新基金支持下的一项气候领域的重要联合研究项目,并于2014年10月在中国召开第一次科学研讨会,标志着气候科学支持服务伙伴计划的正式启动。中方的合作方主要由国家气候中心和中国科学院大气物理研究所牵头,中英两国十余所高校和科研院所积极参与。项目下设气候监测归因和再分析、全球气候变率和变化动力学、东亚气候变率和预测、年代际气候变化和预估方法、气候服务五个工作组。过去几年,气候科学支持服务伙伴计划合作与交流活动极为密切,除了每年召开学术年会和各类学术研讨会外,还实现多达几十人次的双方学者互访交流,发表了上百篇学术论文,联合取得了一系列科研成果,并直接应用到东亚汛期气候预测中,显示出了良好的社会效益。未来几年,中英双方继续推进气候科学支持服务伙伴计划，旨在气候科学研究与服务领域逐步建立稳定而密切的战略合作伙伴关系，大幅增强科技研发合作，显著提升基于气候业务科研成果的气候服务能力，实现气候科研、业务能力建设和气候服务的关联转化，直接打通气候科学与服务，为中国气候动力学和气候预测发展创造机遇。

第四，气溶胶与大气化学研究领域。近年来，在气溶胶与大气化学领域国际合作非常活跃。例如，南京大学依赖南京大学－赫尔辛基大学大气与地球系统科学国际合作联合实验室与赫尔辛基大学、德国马普化学所、以色列希伯来大学等单位围绕气溶胶的理化特性及其天气气候效应开展了富有成效的合作。同时，中国学者在相关合作基础上积极参加或共同发起国际性科学研究计划或联盟，包括世界气候研究计划、未来地球计划、国际大学气候变化联盟、世界气象组织等。同时，在相关计划框架下开展广泛的国际合作与交流。大气科学领域的国际合作应重点关注如下几个方面：①重点支持具有全球视角（特别是覆盖"一带一路"地区）的科学问题的研究，包括围绕中国科学家自己发起的国际科学计划设立相关项目（群）；②立足东亚地区重点支持和发展"天－空－地"一体化探测试验，通过高水平、多学科交叉探测试验的组织提升对科学机理的认识和原创性科学研究的突破；③重点发展"以我为主"的国际模式比较计划（包括地球系统模式、天气、气候和大气化学等）；④加强对具有国际影响力的平台（如国际合作联合实验室、"一带一路"联合实验室等）框架内的科学研究和人员交流的支持。

3）加强与美国、英国、日本等在大气动力学、季风动力学等领域具有传统优势的国家间的合作和交流，积极鼓励中青年学者、青年学生出国合作和深造，大力吸引相关领域人才回国从事研究工作，并为其创造良好的科研启动条件。

4）提升气象数据质量，开放数据共享水平。提升气象数据质量是保证气象预报精度的基础途径。中国当前气象数据产品仍存在分辨率低、精度不够等缺陷，如何与国外先进气象业务部门进行全方位、多层次、宽领域、合作共赢的多边、双边气象合作，提高数值天气预报模式与资料同化、气候系统模式及质量控制等核心技术水平，推进气象信息资源共享应用，对于加快中国建立多要素、长序列、高分辨率、高精度的气象数据产品具有重要指导意义。

5）深化气象学应用机制，拓展气象学应用。保障应用气象学的稳健发展对于全球经济发展、人类福祉具有重要意义。如何高效、准确地将气象数据产品服务于各行业的发展是应用气象学需要解决的科学问题之一。当前，中国应用气象学在城市气象、航空气象、水文气象等多个领域仍未建立气象学应用机制的核心理论，亟须与国外相关领域进行务实合作交流，加快中国气象学应用的理论建设与发展。

本章参考文献

丁一汇，王会军 . 2016. 近百年中国气候变化科学问题的新认识 . 科学通报，61（10）：1027-1041.

国家自然科学基金委员会，中国科学院 . 2012. 未来 10 年中国学科发展战略·地球科学 . 北京：科学出版社 .

国家自然科学基金委员会，中国科学院 . 2016. 中国学科发展战略·大气科学 . 北京：科学出版社 .

黄荣辉，吴国雄，陈文，等 . 2014. 大气科学和全球气候变化研究进展与前沿 . 北京：科学出版社 .

李崇银，高登义，陈月娟，等 . 2009. 大气科学若干前沿研究 . 合肥：中国科学技术大学出版社 .

美国大气科学和气候专业委员会，美国地球科学环境和资源委员会，美国国家研究委员会 . 2008. 进入 21 世纪的大气科学 . 郑国光，陈洪滨，卞建春，等，译 . 北京：气象出版社 .

王会军，徐永福，周天军，等 . 2004. 大气科学：一个充满活力的前沿科学 . 地球科学进展，19（4）：525-532.

曾庆存，周广庆，浦一芬，等 . 2008. 地球系统动力学模式及模拟研究 . 大气科学，32（4）：653-690.

中国科学院 . 2018. 科技强国建设之路：中国与世界 . 北京：科学出版社 .

中国科学院地学部地球科学发展战略研究组 . 2009. 21 世纪中国地球科学发展战略报告 . 北京：科学出版社 .

中国科学院生态与环境领域战略研究组 . 2009. 中国至 2050 年生态与环境科技发展路线图 . 北京：科学出版社 .

中国气象学会 . 2008. 大气科学学科发展回顾与展望 . 北京：气象出版社 .

中华人民共和国国务院 . 2006. 国家中长期科学和技术发展规划纲要（2006—2020 年）. 北京：中国法制出版社 .

第六章

行 星 科 学

第一节 战 略 定 位

一、定义与研究内涵

行星科学是研究太阳系内与系外行星、卫星、彗星等天体和行星系的基本特征，以及它们形成和演化规律的一门学科。行星科学当前主要聚焦于太阳系天体研究，旨在认识这些天体的基本物理、化学性质（如组成成分、圈层结构及动力学特征）及演化。行星科学的研究内容包括但不局限于，揭示行星的圈层环境，如表面特征、岩浆活动、大气、海洋、物理场和内部动力学过程等；通过比较研究，理解地球的形成与工作机制；探寻地外是否存在生命，回答我们是否孤独等终极问题；研究行星和小天体的极端环境，发现新的物理和化学法则等（白春礼，2019）。行星科学可划分为行星物理学、行星地质学、行星化学和行星探测技术。

太阳系由行星、矮行星、卫星、小行星和彗星组成。在太阳系八大行星中，位于内带的四颗密度较大的行星依次是水星、金星、地球和火星，主要由岩石和金属构成，被称为类地行星；位于外带的四颗体积较大的行星依次是木星、土星、天王星和海王星，被称为巨行星，其中木星和土星的主要成分是氢与氦，被称为气态巨行星，天王星和海王星的大气层以氢和氦为主，内部主要由水、氨和甲烷冰组成，被称为冰巨星。太阳系中矮行星和天然卫星有数百颗，小行星多达数十万颗。小行星主要位于火星和木星轨道之间的主小行星带，大部分由岩石和金属组成，另一部分在海王星轨道之外的柯伊伯带中，其主要成分是冰。近年来，系外行星的发现正在拓展行星科学的研究范畴。

二、与地球科学的天然关系

行星科学是一门新兴交叉学科，成长于地球科学和天文学的交叉融合（魏勇和朱日祥，2019）。因此，行星科学与地球科学之间有着天然的紧密联系（Lapotre et al.，2020）。过去百年，人们对地球研究所积累的科学理论和技术方法体系，已构成行星地质、化学、物理、大气、海洋、冰川、天体生物等研究的理论、方法和技术基础。行星科学发展为认识地球形成和演化提供了独特视角。地球科学与行星科学的对话开启了地球科学研究新范式，目前地球科学家比以往更加注重从整体地球和行星地球系统科学的维度研究地球的形成、运行机制与宜居性演化。20世纪下半叶，欧美大学纷纷成立了地球与行星科学系就是这一转变的标志。人们认识到，通过地球与金星和火星的比较研究，能更深刻地理解地球上板块运动、火山活动、大气和气候变化、全球磁场、宜居环境演变的特性；一些演化路径和阶段不同的行星，构成了研究地球演化的天然实验室；地球早期样品在地球上基本难以获得，而月球、类地行星、岩石小行星和彗星保留了许多地球早期演化的重要信息。因此，行星科学研究已经成为地球形成和演化研究不可或缺的重要途径。

行星科学是当代自然科学体系中多学科的集成者。除地球科学外，行星科学还与天文学、物理学、化学、生命科学、信息科学等多个学科之间存在着广泛的联系。针对太阳系起源、地球起源、生命起源及其演化等重大科学问题的研究成果不断将自然科学研究前沿向前推进。

三、科学意义和战略价值

探索浩瀚宇宙、和平利用太空资源，是人类的共同梦想。行星科学是牵引、驱动和支撑深空探测的力量。深空探测是国家科技进步和水平的重要标志，是国家实力的重要体现，是安全和和平利用空间资源的重要保障，是提升国家荣誉感和人民自信的重要利器（万卫星等，2019）。探索浩瀚宇宙的系列重大发现也是激发我国青年一代追求科学和梦想、提升国民科学素养、弘扬科学探险精神的重要助燃剂。我国已经制定深空探测国家发展战略，正在实施"嫦娥"系列工程和行星探测工程，正式拉开了我国行星科学发展的序幕。

行星科学与深空探测的紧密结合与协同发展，是我国迈向深空探测强国的必由之路。行星科学与深空探测相辅相成。纵观国际发展，美国是国际上深空探测的领跑者，这离不开行星科学的牵引。随着我国探空技术的进步，将实施月球、火星和小行星等一系列探测任务，我国行星科学正进入黄金发展机遇期。目前行星科学研究队伍已初具规模。行星科学发展将为我国深空探测工程培养一流的人才队伍，为我国迈向地球与行星科学强国和深空探测强国奠定基础。

行星科学是跨越科学和工程技术的一门新兴与交叉学科，深刻影响着自然科学发展趋势。行星科学发展涉及地球科学、天文学、数学、物理学、化学、生物学等绝大多数自然科学分支学科；随着深空探测技术的快速发展和自然科学各分支学科的不断进步，行星科学也在进行着快速的迭代。行星科学是推动我国向深空探测强国转变的重要力量。

第二节　发展规律和发展态势

行星科学诞生于 20 世纪后半叶深空探测热潮中。美国阿波罗计划的成功实施，标志着人类活动迈向了太空时代。人造探测器迄今已成功到达或飞越过太阳系的所有行星及多个主要天然卫星，先后采回了月球和部分小行星的样品，获得了许多令人震撼和鼓舞的重大科学发现。太空飞船绕飞探测、着陆巡视探测、载人探测、地基和空基望远镜观测、实验室样品分析、理论计算模拟分析等支撑着行星科学的研究。下面按照行星物理学、行星地质学、行星化学、行星探测技术几个方面分别论述其发展规律和发展态势。

一、行星物理学

行星物理学是研究行星的物理性质、物理现象、物理过程及其演变规律的分支学科（戎昭金等，2019）。按研究对象，行星物理学可细分为行星空间物理学、行星大气物理学、行星内部物理学等。自1609年伽利略改良天文望远镜并开始遥望行星以来，行星观测的脚步从未停歇。在过去60年，美国、俄罗斯（苏联）、欧洲、印度、日本和我国在行星探测工程上取得了重要进展，获得了一大批科学探测数据，为行星科学研究的发展打下了坚实的基础。基于人造卫星和火箭技术的突飞猛进，行星物理学得到了长足的发展。过去的行星探测围绕距离地球较近的月球、火星、金星和水星进行，现在的探测目标延伸到了外太阳系的巨行星及其卫星，以及太阳系外行星。许多知名大学都设有行星物理学相关专业，培养了一大批行星科技人才，我国的大学和科学院也正在做出类似的规划。

未来若干年内，火星和月球依然是行星物理学的研究重点，如月球内部结构、月球起源、火星有机物、火星生命、火星物理环境宜居性等一系列悬而未决的问题。与此同时，研究方向不断向外太阳系区域拓展，主要包括木星、木卫二、土星、土卫六等行星和卫星，气态行星的冰卫星将是未来的研究热点之一（胡永云等，2020）。对于系外行星，目前国际上也已经推出了一系列的探测项目，如詹姆斯·韦伯太空望远镜（James Webb Space Telescope，JWST）、广域红外勘测望远镜（Wide Field Infrared Survey Telescope，WFIRST）、欧洲大型大气红外系外行星望远镜（Atmospheric Remote-sensing Infrared Exoplanet Large-survey，ARIEL）等。研究重点是类木星行星、岩浆行星，未来的观测与研究重点是超级地球和类地宜居行星的大气及气候。

二、行星地质学

行星地质学分支学科主要研究太阳系及其天体的形成和地质过程、生命起源及宜居环境演变、地外资源开发利用等核心科学问题（李雄耀等，2019）。行星地质学最早萌芽于 17 世纪，人类利用望远镜对月球等天体进行了初步观察和描绘。20 世纪 50～70 年代，美国和苏联相继开展了月球、火星与金星的探测任务，极大地推进了行星地质学的发展，使行星地质学逐步实现了由定性到定量、由浅至深、由零散至综合的发展，形成了行星地质学分支学科的基本框架。在行星科学研究中太阳系天体不再仅仅是一个运动的"点"，而是要揭示各天体表面错综复杂的地质现象及演变。大量详细地质现象和信息的获取为研究太阳系天体的演化过程提供了重要基础资料。随着空间探测的不断发展，探测方式也发生了质的飞跃，从飞掠探测发展到环绕探测，再演变为着陆探测和采样返回。高精度的地形数据、光谱数据、就位探测数据、返回样品分析数据的获取，深化了对行星物质组成、表面环境、地貌特征、岩浆活动和构造运动等方面的认识，认知程度从宏观地质现象深入到矿物微观特征信息，促使行星地质学研究进一步拓展，在深度上从最初的宏观现象解释转变为结合微观特征和宏观现象过程的机理探讨，在广度上涉及行星地表地质学、行星气候学、行星冰与海洋科学、行星资源、天体生物学（林巍等，2020）等多个学科方向，研究对象更是涵盖整个太阳系天体。

我国计划实施月球采样返回、月球南极永久阴影区探测、火星环绕和巡视探测、火星采样返回、小行星探测等工程。行星地质学将围绕行星地质演化、生命和宜居环境、地外资源开发利用三大科学主题，获得第一手探测数据，从地质演化、环境气候、地外资源、生命和宜居环境等方面开展行星的形成、撞击历史和表面地质过程、岩浆活动与行星幔演化、行星宜居环境、行星有机物与生命、行星资源勘查和评价等重要科学问题的综合研究，深刻揭示太阳系天体的形成演化和生命宜居环境的形成演变过程。

三、行星化学

行星化学主要研究地外天体物质的组成、分布、起源和演化（惠鹤九和秦礼萍，2019）。行星化学分支学科诞生于 19 世纪初，当时的研究主要是对太阳光谱的拍摄和少量的陨石分析。行星化学快速发展的时期是 20 世纪 60 年代末至 70 年代初，当时美国的阿波罗计划带回了大量月球样品，同时期也进行了大量南极陨石和沙漠陨石的收集与研究，给行星化学的发展注入了强劲的动力，奠定了行星化学研究的基础。20 世纪 70 年代后，行星化学的研究与教育迅速风靡欧美、日本等主要科技强国和地区，成为最前沿的科学研究之一。进入 21 世纪后，中国、印度等国家越来越重视深空探测，对其投入也越来越大。我国目前已明确提出以月球、火星和小行星为主要目标的深空探测计划。经过约半个世纪的发展，行星化学在现阶段的研究手段包括：①通过对返回样品和陨石的分析，获得准确的元素、同位素、年代学、矿物学、岩石学等信息，不过这一手段受到样品数量的限制。②通过就位探测较为详细地获得分析对象的图像、光谱、地质背景、元素 / 同位素等信息，不过代价高昂，研究区域有限。③通过遥感探测获得大区域的行星化学信息，但是分辨率较低。三种研究手段各有优缺点，也都有巨大的发展空间。

行星化学未来的研究主要包括：①研究太阳系历史。目前，虽然已经建立了太阳系演化的基本框架，但是太阳系起源和行星形成等根本性问题仍然需要深入研究来解答。这些问题与生命的起源、水的起源、大气层的形成演化等息息相关。②寻找宜居行星。人类一直希望在宇宙中找到一颗类似于地球的宜居星球，而行星化学研究可以为宜居星球提供元素同位素指标，从而帮助人类寻找太阳系外的宜居环境。③引领深空探测目标。深空探测的目标与被探测天体的关键科学问题相关，而关键科学问题的提出需要行星化学的支持。虽然经过了约半个世纪的发展，但是行星化学仍然是一个亟待发展和完善的学科。随着深空探测的发展，越来越多的地外样品将被带回，也将会有越来越多的就位探测信息，获得更多的遥感探测数据，这些物质信息将给太阳系形成、演化和未来的研究带来新认识。

四、行星探测技术

行星探测技术是行星科学研究的重要组成部分（吴伟仁和于登云，2014）。行星探测任务的实现形式通常包括地基观测、环绕探测、着陆探测、巡视探测和载人探测。

地基观测和环绕探测主要利用电磁波进行远距离探测，包括红外、可见光、紫外、X射线、γ射线、射电/微波探测等，获取行星表面的影像、高程、形貌构造、化学成分、矿物组成、岩石分布、表面环境特征、内部结构等数据。着陆探测和巡视探测则是利用探测设备在行星表面实现着陆点或巡视区域探测的方法。相对于环绕探测，该方法能获得高分辨率的精细地质资料和类似于地球上的野外地质工作所获取的综合信息。着陆器/巡视器携带的科学载荷可以对岩石、土壤及地质环境进行详细测量，包括利用显微成像技术，对土壤颗粒或岩石中不同矿物颗粒间的关系开展细致观察。利用先进的自动采样和样品处理技术，可以使探测器实现就位实验分析。就位探测同样主要利用电磁波，开展局部区域的近距离精细探测，包括立体相机、化学相机、阿尔法粒子X射线光谱仪（alpha particle X-ray spectrometer，APXS）、拉曼光谱仪（Raman spectroscopy）、激光诱导穿透光谱仪（laser induced breakdown spectroscopy，LIBS）、微型热发射谱仪（mini thermal emission spectrometer，Mini-TES）、探地雷达等，获取行星表面精细的影像、形貌、岩石土壤的元素组成、矿物成分、地层序列等科学数据。但是目前最先进的机器人和科学载荷也远无法比拟地球实验室综合分析能力。例如，阿波罗计划返回的月球样品极大地促进了月球科学的发展，也使月球成为行星科学中研究程度最为深入的天体和行星研究的基石。

随着技术的进步，行星物质成分探测技术从原有的被动探测向主动探测方向发展，探测对象的空间和光谱分辨率也越来越高。例如，美国好奇号火星车上的LIBS载荷在着陆探测中是比较前沿的行星探测技术；采用主动激光的光谱探测，能快速获取岩石土壤的元素信息和成像，已经建立了完善的数据库，能在未来的行星探测中发挥极大的作用。行星探测技术从原有的单一探测方式，向与多种探测技术融合发展的联合探测方式转变，以实现对探测目标的全面精细勘查。例如，美国发射的毅力号火星车搭载的超级相机

（SuperCam）就实现了可见光、近红外、LIBS 和拉曼光谱技术的联用，以获得更具突破性的科学发现。行星探测技术从原有的无人探测向人工智能甚至载人探测方向发展。随着人类探测太阳系能力的提高，未来人工智能有望在该领域取得重要的应用。尤其是，未来可以通过开展载人月球、火星和小行星等探测任务，让宇航员在地外天体上完成仪器安装、地质勘查、样品收集和封装等探测任务，最终实现在地外天体表面长时间居留观测和对更远目标的探测。

第三节　发 展 现 状

一、行星物理学

行星物理学覆盖行星空间物理、行星大气物理及行星内部物理等研究领域。行星空间物理主要研究天体（包括太阳系外天体）在空间等离子体环境中（主要指磁层和电离层）发生的各种物理动力学过程；行星大气物理主要研究行星大气的物理性质、现象、过程及其运动规律；而行星内部物理则聚焦于行星的内部圈层结构、状态和内部动力学过程。

行星物理学研究在欧美、日本等国家和地区起步较早，在诸多大学也都设有较为成熟的课程教学体系，为行星科学研究和深空探测发展培养了大量人才。相比于欧美、日本等国家和地区，我国行星物理学研究起步较晚，但随着国家的投入和部署，特别是近些年来"嫦娥"探月工程、火星探测任务天问一号的顺利实施，我国研究机构和高校已陆续开展行星物理方面的研究工作。近十几年来，初步形成了一支有一定国际影响力的行星物理学科研队伍，得到了广泛的关注和认可。特别是，成立了专门的行星物理学学术机构和组织（如中国地球物理学会行星物理专业委员会），创办了我国首份行星物理学国际期刊 *Earth and Planetary Physics*。近年，中国科学院大学率先自主设立了"行星科学"一级学科，积极推进行星物理学学科建设（吴福元等，2019）。

我国行星物理研究总体上与国际先进水平的差距依旧较大。这主要表现为：①主要依赖于国外探测数据开展研究工作，这极大地制约了研究的原创性。②独立研发行星物理科学探测载荷的能力还较薄弱，行星大气、光学遥感、行星地震等科学载荷的研发几乎属于空白。③缺乏先进的行星物理地面研究平台，如行星望远镜、行星物理模拟实验室等。

当前国际行星探测呈多样化发展，未来行星物理学的研究发展将呈现如下趋势：①以水星探测计划 BepiColombo 为代表，行星探测研究由单点探测走向多点探测，多飞船联合探测能对行星空间多尺度物理活动行为实现较为准确的诊断。②以美国国家航空航天局（National Aeronautics and Space Administration，NASA）火星探测洞察号为代表，行星探测将逐渐由空间探测过渡到行星内部探测，行星内部将成为未来行星物理探测的前沿。③以"朱诺"等木星探测计划为代表，未来木星及其多卫星系统将是行星物理探测的主战场。木星及其物理环境迥异的四大伽利略卫星，不仅是探索地外生命新的热点区域，而且是揭示太阳系天体多样性、形成和演化的重要对象。④逐步实现行星多圈层科学探测，以行星空间、大气、内部等多圈层系统交叉耦合研究为主旋律。

二、行星地质学

进入 21 世纪，美国、欧洲、中国、日本、印度等国家和地区都先后提出了针对月球、火星、水星、金星、小行星等的一系列深空探测任务，促进了行星地质学的快速发展。地表地质学方面获得了不同天体表面的地形地貌、构造单元及物质组成、区域地质特征、火山活动、岩浆过程、撞击坑分布等特征，揭示了各天体表面的主要地质过程与地质演化历史。但行星岩浆洋事件、核幔壳分异、表面撞击历史、物质特性及其成因过程、火山活动的分布和时间等重大地质过程仍存在诸多未解的问题。

行星资源为行星地质学的重要组成，早期阿波罗样品和遥感观测研究发现，月球表面含有丰富的资源，包括钛铁矿、克里普岩、水冰、氦-3、太阳能等不同类型的资源，且储量丰富。近年来，美国、俄罗斯等相继提出了对行星资源开发利用的规划，开展了与行星资源相关的科学研究和工程技术研发，2035 年前行星资源学的研究主要围绕行星资源成因理论、勘查和评价、工程技术验证等展开。另外，火星、金星、木卫二、土卫二、土卫六等是探寻地外生命的重要目标（Cockell et al.，2016）。行星宜居环境的起源和演化、前生命有机物的来源、生命的起源和早期演化、极端环境生命、系外宜居行星等仍是天体生物学需要解决的关键科学问题（林巍等，2020）。

三、行星化学

过去 50 年，通过航天器遥感探测和地外样品的实验室分析，在行星物质领域获得了一系列新发现，显著提升了人们对太阳系早期演化、行星形成和分异过程的理解。陨石中的富钙铝包体（calcium-aluminum-rich inclusions，CAI）揭示了太阳系最古老物质的组成，一些富含有机物的原始球粒陨石可能为生命起源提供了物质基础，火星探测揭示的表面矿物和化学组成为火星环境的宜居性研究提供了重要信息，对阿波罗和月球号采集样品的研究催生了月球形成的大撞击和岩浆洋等理论模型（Herwartz et al.，2014）。行星物质研究一方面推动了样品返回任务的实施，如星尘号返回彗星和星际尘埃样品任务，隼鸟号返回小行星样品任务，以及 OSIRIS-REx 和隼鸟 2 号返回小行星样品任务（Chan et al.，2020）；另一方面促进了实验室分析技术的发展，如以离子探针为代表的原位分析技术、ICP-MS 发展出的新的同位素测量方法。

现代质谱仪的发展使得行星物质的放射性同位素研究领域有了长足的进步。基于高精度溶液法 Pb-Pb 定年技术，对以球粒陨石中的富钙铝包体的形成为标志的太阳系的"零点"有了精确的定年，目前已知的最老的包体的年龄约为 456 700 万年；各种灭绝核素体系（26Al-26Mg、53Mn-53Cr、182Hf-182W 等）得到了长足的发展和广泛的应用，极大地推动了太阳系早期事件定年的研究，使我们在对太阳系不同行星物质的凝聚和分异时间的先后顺序的认识上取得了很多新的突破；各种长半衰期定年方法，结合微区定年技术，对火星和月球地质演化的重要时间节点，如火星和月球岩浆洋的冷却时间，提供了很好的约束；另外，微区定年方法在行星化学领域也得到了越来越广泛的应用，使我们对太阳系的碰撞历史有了更为全面的认识。

随着同位素分析技术的发展，行星的同位素化学研究也深入到行星科学的各个方面。利用不同同位素体系的特点，行星同位素化学研究涉及从太阳系起源、原始行星盘演化、行星形成到陨石母体过程等太阳系演化的不同时代，近年来也有一系列重要进展。传统同位素在行星化学上的新应用，如氧同位素的高精度数据逐步揭示了月球的物质来源和形成过程，陨石和彗星的氢同位素显示碳质球粒陨石可能是类地行星水的来源。行星物质的非传统稳定同位素组成示踪行星化学过程，其中中等挥发性元素（如锌、钾、锡）的稳定同位素组成为行星形成和岩浆洋过程提供了重要信息，铬稳定同位素揭示了铁陨石母体的氧逸度，硅稳定同位素组成可以示踪太阳系星云的化学过程。铬、钛、钙、钼等金属元素的同位素核合成异常示踪行星的物质来源和行星盘的演化。前太阳物质的同位素组成指示太阳系星云物质的起源和物质混合。使用陨石的同位素组成示踪不同的宇宙射线过程。这些不同类型的同位素研究手段在行星科学的不同领域提供了新的认识，为行星化学的发展做出了重要贡献。

四、行星大气和海洋研究

行星大气科学主要研究行星大气及其演化的因素以及不同因素之间的相互作用。鉴于对行星大气的探测相较于对行星其他圈层的探测容易一些，目前对金星、地球和火星等类地行星的大气成分、温度、大气环流、季节变化等有比较清楚的认识。但对金星大气的云层成分、辐射传输过程、大气环流缺乏了解，对火星水分分布、沙尘暴形成、甲烷来源、早期气候环境等的认识还很不足，对金星和火星大气与其固体圈层、表面过程的耦合以及碳循环过程缺乏定量了解。对于气态行星，目前对其表层大气环流特征的认识比较清楚，但对急流和涡旋向下延伸的深度、表层和深层之间的耦合以及深部过程的认识还很不清楚，尤其是对氢、水、氨等在高压下的相变过程、分子属性变化及其产生的电磁效应了解很少。对于系外行星，现有的太空望远镜仅能对类木行星的表层温度和大气成分给出粗略的估算，对类地行星的大气成分、表面温度、大气运动特征等还没有探测能力。有观测表明，水星、火星和月球极区的永久阴影区可能存在水冰，木星卫星（木卫二、木卫三）、土星卫星（土卫二）的冰壳下存在海洋。冥王星的壳层主要由水冰组成，其表面还有氮冰、甲烷冰和一氧化碳冰。大量的小行星富含水分，位于小行星带的谷神星上还发现了"冰火山"。但月球与水星水冰的化学和同位素组成、冰巨星的能量收支和热量平衡、木卫二冰层和海洋的深度及化学成分、土卫六海洋等关于行星水冰层与海洋之间的相互作用等问题有待解决。

五、探测技术和实验分析平台

行星探测当前正处于第二次热潮中。美国在成功登月 20 年后再次开启了一系列行星探测，美国国家航空航天局以 1994 年克莱门汀号成功探月为发端，以年均 1.5 个航天器的速度，目前已执行行星探测任务 40 余项。欧洲航天局 2003 年成功发射"火星快车"探测飞船，2005 年成功发射"金星快车"飞船，2016 年"罗塞塔"和"菲莱"彗星探测器首次实现彗星环绕探测与着陆。2003 年日本成功发射"隼鸟"小行星探测器，于 2010 年实现了人类首次小行星采样返回，2014 年发射的其后续探测器隼鸟 2 号也已于 2019 年完成了采样并于 2020 年底返回地球。2014 年印度"曼加里安"探测飞船成功进入火星轨道。欧洲和日本联合开发的 BepiColombo 已于 2018 年成功发射，预计 2025 年 12 月抵达水星，开展水星的第三次科学探测。

近年来，我国探月工程"绕、落、回"三步走顺利实施，取得了令世人瞩目的成就。2012 年 12 月嫦娥二号对小行星 4179 Toutatis 进行了飞掠探测，2013 年嫦娥三号实现了苏联 Luna 任务后近 40 年来的再次月面软着陆探测，特别是，2019 年嫦娥四号成功在月球背面着陆，创造了人类对月球探测的新历史（Ye et al.，2017）。在火星探测计划中，天问一号火星探测器实现了环绕、着陆、巡视火星探测（李春来等，2018；Wan et al.，2020）。中国已制订小行星探测工程方案（张荣桥等，2019），其中小行星探测任务（小行星 2016HO3 和彗星 133P）已发布有效载荷和搭载项目机遇公告。火星取样返回、木星系探测及行星穿越任务已经列入后续任务规划（Wei et al.，2018）。

从探测技术看，平台方面实现了飞掠、环绕、撞击、着陆、巡视、采样返回探测，以及单器综合、多器协同、低成本立方星探测等；星载多源遥感探测技术（激光高度计、光学相机、成像光谱仪、X/γ 射线谱仪、中子谱仪、多模态雷达、红外/微波辐射计等）被广泛应用到太阳系天体探测中，取得了高分辨率成像、高光谱成像、次表层穿透探测等多种技术的突破；星载就位探测技术（等离子体分析仪、辐射粒子谱仪、中性成分质谱仪、磁强计、显微成像技术）取得了宽能谱高分辨率、多元素识别、高质量分辨率等技术的突破；在采样技术方面，取得了触探感知采样技术的突破，具备了采样过程中岩石土壤力学特性、温度等物性参数的同步获取和反馈控制能力；实现了对天体表面地形地貌、物质成分、次表层结构、物理温度、空间环境、大气特性等的探测，具备了对天体空间、表面、次表层物理与化学性质及地质演化过程综合探测的能力。我国行星探测的部分平台、载荷技术已在探月工程中得到了应用验证，在行星探测重大工程实施方案中，针对后续实施的任务，强化重点关键技术研发，大力发展先进平台和载荷技术。

从实验分析平台看，微区分析技术、痕量成分分析、空间过程模拟、大数据和云计算技术得到了发展。我国引进了离子探针、纳米离子探针、原子探针等多种先进科学仪器，初步具备了地外样品分析的部分条件，但仍需针对地外返回样品分析的诸多挑战，建设地外样品专门保存中心，开展超高空间分辨率和超低微量分析方法研发，最大化实现我国未来地外样品返回任务的科学研究目标。在计算模拟方面，国内天河二号超算中心、数字行星云平台、月球（行星）表面环境和资源利用技术研究平台、空间环境地面模拟装置国家重大科技设施等也为空间过程和极端条件地质过程的实验模拟与数值模拟提供了支撑，初步具备了探测数据综合挖掘和成因过程实验模拟等综合研究能力，支撑行星科学研究从现象规律探讨到过程机理分析的深入发展。

第四节　学科发展布局

一、战略目标

面向行星科学国际发展前沿和深空探测国家战略重大需求，建立和完善我国行星科学学科布局，建设我国行星科学人才培养与科学研究体系，促进行星科学与探测技术协同发展，使我国加快成为行星科学研究科技强国（吴福元等，2019）。

二、战略布局

行星科学是基础性和前沿性学科，是体现国家自然科学和综合国力水平的重要学科。我国自 21 世纪初开始实施深空探测计划，"嫦娥"工程均取得圆满成功，产生了举世瞩目的国际影响力。党的十九大之后，新的一系列深空探测计划逐渐明晰，昭示着我国走向行星科学强国。

美国的行星科学是在深空探测战略的实施过程中诞生的，但曾在太空竞赛先期领先的苏联并没有发展出高水平的行星科学。这充分说明，行星科学并不必然在深空探测中自然、快速地生长出来，这对我国行星科学发展具有重要借鉴意义。

我国行星科学发展战略布局的关键在于"高起点、快发展、广交叉、深融合"。

高起点、快发展。行星科学源自地球科学和天文学等学科的交叉。地球科学是我国在国际上具有重要影响力的基础学科。例如，中国地球科学家主导的华北克拉通破坏相关研究在 2014 年、2015 年连续成为国际地学领域研究热点。我国地球科学研究人员也正在积极探索科学引领深空探测的发展模式。另外，得益于国际深空探测数据的开放政策和国家对人才引进的强力支持，我国行星科学已经深度融入国际发展进程，并形成了良好的发展态势：高水平的行星科学人才团队已经初具规模，行星科学人才培养体系已经萌芽，行星科学相关专业组织陆续成立，行星科学相关期刊影响力不断扩大。这些优势形成了我国行星科学发展的高起点，能够在国家战略的指引下实现快发展。

广交叉、深融合。当今的行星科学，已经不同于 20 世纪 60 年代初诞之时的情形。20 世纪 60 年代深空探测技术水平较低，仅能得到行星空间和表面的信息，行星科学家主要活跃在美国地球物理学会和美国天文学会。目前，行星科学的主要研究目标演变为行星的起源与演化，主要研究内容为行星物质成分与多圈层结构及其动力学过程。可以说，行星科学发展水平的提高在一定程度上取决于与地球科学学科及其他相关领域交叉的广度和融合的深度。

我国地球科学学科门类齐全，基础雄厚，优势鲜明，这给行星科学学科的发展提供了坚实的基础。另外，随着包括 FAST 射电望远镜等国家重大基础设施的建设，我国天文学正在迎来一次腾飞，这也为行星科学学科的发展提供了重要的平台。我国行星科学通过广交叉和深融合吸取营养，实现高起点和快发展。

我们也充分认识到，我国行星科学学科同世界发达国家行星科学学科的发展水平之间尚存在较明显的差距，急需做好学科布局，并大力推进学科发展。

三、主要研究方向

（1）行星物理学

行星物理学研究包括行星空间物理学、行星大气物理学、行星内部物理学、行星探测技术等。

行星空间物理学：主要研究太阳系内自然天体（行星、矮行星、天然卫星、小行星、彗星等）以及系外行星的空间等离子体环境（包括电离层、磁层等），通过观测分析、数值模拟和实验室模拟等手段揭示行星空间等离子体的基本动力学、物理学和化学过程，以及向上与行星际空间等离子体环境（包括恒星风、宇宙线及相对于天然卫星的行星磁层等）、向下与行星大气环境之间的相互作用。

行星大气物理学：聚焦太阳系内自然天体（行星、矮行星、天然卫星等）以及系外行星的大气系统，覆盖从天体表面以上直至外逸层边缘的整个大气圈层，通过观测分析、数值模拟和实验室模拟等手段来研究大气系统的基本结构（成分、压强、温度、风速等），其中发生的各类物理学、化学和动力学过程，以及向上与行星和行星际空间等离子体环境、向下与行星表面和内部环境之间的耦合。

行星内部物理学：主要通过测量行星的磁场、重力、热流、电性和地震波等物理参数研究行星内部的结构、状态、成分和动力学过程，探究行星内部分异和运行机制。主要科学问题包括行星内部结构、行星内部物质状态、行星磁场等。

行星探测技术：发展行星科学探测技术手段，包括利用地基和天基多波段（γ射线、X射线、紫外、光学、红外、射电等）遥感设备的光谱与成像观测、卫星绕飞和着落过程中原位探测（粒子探测、场探测）的方法和技术，提高科学探测和获得科学数据的能力。

（2）行星地质学

行星地质学主要研究太阳系内行星、小行星和彗星等天体的岩石圈与表面环境特征及演化过程，包括不同性质的天体的表面形貌、岩浆和构造运动、表面环境过程等。行星地质学研究方向包括行星岩石圈、行星表面环境、行星资源和天体生物学等。

行星岩石圈：研究行星岩石圈组成、构造形态等特征和成因，探讨行星地质活动历史和岩石圈演化过程。

行星表面环境：揭示星体的表面环境特征、短时变化及长期演变历史，研究星体表面与其内外部环境物质能量等的交换过程和机制，探究行星表面环境的演化历史。

行星资源：围绕行星、小行星和彗星等地外天体上的资源，开展资源分类、资源特征、分布规律与成因研究，研发提取和利用技术，进行工程地质评估和资源利用经济有效性评估与管理等。

天体生物学：在宇宙演化背景下研究生命的起源、演化、分布和未来。天体生物学以宜居环境、生命起源、生命－环境协同演化的综合研究为主线，主要研究内容包括宜居环境的形成和演化、生命起源与演化、极端环境生命、地外宜居环境和生命探测、生命星际传输、行星开发和保护等。

（3）行星化学

行星化学研究方向包括行星物质科学、行星年代学和同位素行星化学等。

行星物质科学：主要研究地外样品的化学成分、矿物组成、岩相结构、物理性质、成因产状、分类鉴定及其相互关系，通过分析地外样品，结合热力学和动力学计算模拟等手段（包括理论计算、数值模拟、实验模拟等），研究太阳系及各个自然天体中物质的组成、分布和迁移，揭示整个太阳系物质的起源和演化历史，包括星云凝聚、星子吸积、行星的形成与各圈层物质的演化等。

行星年代学：主要研究太阳系演化历史，测定地质事件的年龄与时间序列，利用放射性同位素衰变规律，分析地外物质的母体、子体同位素组成，探究太阳系内相关地质事件的绝对年龄，研究太阳系早期物质的灭绝核素组成，统计行星和卫星表面陨石坑数量，从而确定太阳系内地质事件的相对时间关系。

同位素行星化学：主要研究太阳系及各个自然天体中同位素的形成和丰度及其在星云凝聚、星子吸积、行星的形成和演化过程中的迁移与变化，包括前太阳系物质的同位素组成，自然条件下核反应过程引起的同位素异变，以及物理、化学和生物过程引起的同位素分馏，通过同位素示踪，研究太阳系及各个行星和卫星、地质体的物质来源与演化历史。

第五节　优先发展领域

认识行星的形成和演化是行星科学研究的主要目标。未来行星科学研究，仍将借助于深空探测工程、地球科学及天文学的发展，揭示太阳系行星的空间、表面和内部特征，理解过去和现在发生的各种物理与化学过程，了解行星的起源、运行机制和演化，同时聚焦地外生命及其宜居环境要素研究，深入理解地球和地外行星宜居环境的建立与发展，认识生命的起源和演化。随着探空技术的进步和一系列行星探测计划的实施，特别是我国对月球、火星、小行星和金星等的科学探测，给行星科学发展带来了重大机遇，也给地球科学家提供了更多从地外认识行星地球的契机。根据当前行星科学研究的现状和未来的发展趋势，这里提出 2035 年前行星科学 10 个优先发展领域和交叉研究领域。

一、太阳系原始物质与行星形成

太阳星云经历了塌陷收缩过程，从而形成了太阳系，因此太阳系的物质绝大部分来自太阳星云，而太阳星云物质则是由多种前太阳恒星核合成过程的产物混合而成的（Kruijer et al., 2020）。这些核合成过程的产物来自不同的前太阳恒星，被吸积到太阳星云区域，在太阳系形成过程中经历了持续不断的加热和混合过程（Elkins-Tanton，2012）。太阳系的原始物质组成及其在原行星盘上的分布很大程度上决定了各类行星的物质组成和形成过程。而行星的形成标志着太阳系基本建筑框架的形成，是行星后期地质演化的起点和基础。因此，太阳系物质来源和行星形成过程是行星科学乃至地球科学的一级问题，是行星科学最重要的研究方向之一。

类地行星的演化经历了长期改造过程，其早期形成的信息很难被保留下来，因此对其早期演化需要进行复杂的反演。陨石样品是现阶段研究太阳系和类地行星形成与早期演化最主要的研究对象（Bonnand and Halliday，2018）。陨石样品大多来自小行星带，由于体积小、热历史短暂等，其演化过程"冻结"在太阳系形成早期。小行星即星子的形成是行星形成的第一阶段，其中一些未分异陨石（如碳质球粒陨石）保留了太阳系演化初始阶段和类地行星原始物质组成的重要信息，而经历了岩浆作用的分异陨石样品种类繁多，反映了不同条件下的分异过程（核幔分异、壳幔分异）。除了陨石之外，利用多种方法收集的宇宙尘和星际物质也是太阳系原始物质与行星形成研究的辅助研究对象。

围绕着太阳系原始物质组成和行星形成与物质来源，前人已经在以下几个方面做了大量的工作，取得了很多新的认识。①前太阳系颗粒和同位素核合成异常的研究。早期认为，太阳系形成时的高温环境足以破坏掉前太阳系颗粒物质，然而随着后续一系列工作在球粒陨石中发现了具有极端同位素异常的前太阳系颗粒，这一传统认识也逐渐被打破。目前，已发现的前太阳系颗粒有十余种，指示了多种恒星来源。人们发现不同化学群陨石中前太阳系颗粒的丰度相似，但却不同于采集的行星际尘粒和彗星物质；而不同恒星来源颗粒的贡献比例在不同小天体中也有差异。但是，前人对前太阳系颗粒的研究还主要集中在碳质球粒陨石中，其代表的是原始行星盘中相对氧化环境的物质组成，目前仍缺少对极端还原环境中物质组成的研究。另外，近十多年来，随着现代质谱仪技术的高速发展，大量研究发现并证实了在陨石全岩尺度上存在同位素异常。最新的研究表明，太阳系物质存在两个同位素异常特征截然不同的储库，然而对这两个储库的形成机制现有的研究还没有得到清楚的认识。②类地行星水和其他挥发分的增生历史。水、碳、氮等挥发分的含量是影响行星宜居环境、地质活动、生命演化的关键要素。根据模型估算，类地行星的增生区域是贫水的，现有研究普遍认为类地行星挥发分主要来自后增生过程，即由原始行星在核幔分异后小行星或彗星等富含挥发分的物质加入所致，但是对增生发生的时间、机制、物质来源还没有达成共识。③太阳系早期物质的凝聚和分异历史。一般认为，太阳系行星系统的形成经历了三个阶段：太阳星云的凝聚和吸积形成小星子；小星子的碰撞聚合形成原行星；原行星之间的碰撞形成了太阳系。近 20 年来，多种灭绝核素体系（如 ^{26}Al-^{26}Mg、^{53}Mn-^{53}Cr、^{182}Hf-^{182}W 等）得到了长足的发展和广泛的应用，极大地推动了太阳系早期事件的年代学研究，使得我们在太阳系中不同行星物质的凝聚和分异时间以及行星形成的各个阶段所对应的时间等方面的研究中取得了很多新的突破。另外，地外样品的非传统稳定同位素测量为各种行星过程提供了新的制约。④太阳系早期碰撞历史。撞击作用是太阳系行星形成和演化过程中最重要的物理过程之一。水星、月球和火星表面遍布的撞击坑，各类陨石中广泛存在的冲击变质现象，以及地球大气圈、水圈和生物圈的形成等都与小天体的撞击作用有密切关系。20 世纪 70 年代，依据阿波罗月岩样品的研究结果，有学者提出了月球灾变期的概念，又称晚期重撞击（late heavy bombardment，LHB），认为月球在约 39 亿年前经历了一个密集的强烈的小行星撞击峰期。然而，随着同位素年代学的发展和研究数据的不断积累，这一概念受到了越来越多的质疑。例如，大量月球样品的定年结果显示，撞击事件的年龄在约 35 亿年和 40 亿～42 亿年呈离散分布；还有学者提出内太阳系可能存在 41 亿～42 亿年前的另一个撞击事件峰期。⑤行星形成过程模拟和理论研究。经典的行星形成理论认为，太阳系起源于由气体和尘埃构成的太阳星云，气态巨行星在最初的几百万年内从雪线以外的富气体环境中先形成，而类地行星则在气体消失后的几十万年到上百万年内通过雪线内的大量星子不断碰撞合并长大成为行星胚胎并最终形成。近年来，系外热木星的发现支持了气态巨行星的轨道迁移理论，并在一定程度上启发了对木星轨道迁移在太阳系结构的形成中所扮演角色的研究。此外，近年来对邻近恒星形成区的原行星盘的高分辨率观测则提供了一个研究早期太阳星云的天然实验室，相关研究正在对行星形成的研究领域产生革命性的影响。

纵观前人的研究成果，本领域尚待解决的重要科学问题如下。

1. 原始星云盘中前太阳系颗粒的物质组成与空间分布，以及太阳系行星物质二分性的形成机制

主要研究内容包括：鉴别前太阳系颗粒，识别类型和特征，分辨恒星来源，约束不同质量恒星内部的核反应过程以及恒星的形成与演化过程；研究不同类型前太阳系颗粒在各类小天体的丰度，确定不同恒星来源物质的相对比例，认识原始太阳星云的物质组成，探讨原始星云盘中初始物质的空间分布和后期的蚀变历史，反演原始太阳星云盘不同位置星子的物质来源、形成与演化过程；结合核合成来源不同、化学性质不同的元素的同位素异常的研究来制约同位素异常的来源；研究不同类型的陨石的同位素异常特征，结合同位素定年结果，认识同位素异常的时间和空间分布规律，对行星物质同位素储库二分性的原因进行进一步的制约。

2. 类地行星、月球、分异型小行星挥发分的后增生过程、来源和机制，探究类地行星等天体挥发分的起源和演化

主要研究内容包括：挥发分后增生发生的时间和持续时间，如地球、月球、火星、灶神星等天体的后期增生事件的同位素年代学和同位素示踪；挥发分后增生的物质来源和性质，如成月大碰撞撞击体的挥发分含量、性质、来源及其对地月系后期演化的影响，地球等分异型天体的氢、碳、氮、硫等挥发分的来源，地外物质的高精度同位素分析等；挥发分后增生机制，综合天体动力学、行星化学、行星物理、计算机模拟等研究，剖析后增生过程的动力学机制，模拟后增生对行星演化的影响等。

3. 厘清太阳系早期物质的凝聚和分异历史

主要研究内容包括：通过更加系统、准确的太阳系早期物质凝聚与分异历史的短半衰期同位素定年结果（如短半衰期同位素体系宇宙射线辐射效应的定量校正、多短半衰期同位素体系结果的系统整合等），制约地球、月球、火星、灶神星和其他小天体的核幔分异时间和物质吸积时间，进一步约束太阳系行星形成与演化的起点，评估其对太阳系后续演化过程的影响；测定星云物质和类地行星的非传统稳定同位素组成，进一步制约星云原始物质组成，结合高温高压实验模拟，探讨各类行星过程，如挥发与凝聚、核幔和壳幔分异等过程对不同同位素体系分馏的影响。

4. 太阳系早期碰撞历史

目前，学界对于太阳系小行星撞击历史这一科学问题的认识仍然存在很大不足。应优先开展针对太阳系小行星撞击历史的研究，力争在前人工作的基础上，通过对各种类型的陨石样品开展以同位素年代学为主的综合研究，结合行星动力学理论模拟，揭示太阳系形成以来小行星撞击事件的年代学特征、物质迁移和演化规律。

5. 重要物理过程（如行星核的成长方式和时标、行星轨道迁移等）在行星形成和太阳系结构演化中的作用

尽管有系外行星大样本的补充，太阳系仍是研究行星形成的最佳对象和主要目标。重点研究气态巨行星和冰巨行星。例如，对于木星，已有若干分别基于行星化学、内部结构等不同观测数据的木星形成模型，如何将这些模型有机统一起来将对理解行星形成和太阳系早期演化有重要意义。对冰巨行星的研究还有助于理解"超级地球""迷你海王星"等系外行星的形成机制。这部分的研究还需要加强与深空探测项目的融合，提出合理的科学目标，如利用载荷实现对巨行星内部结构、大气成分等关键物理化学性质的探测将为行星形成模型提供重要的制约条件。另外，行星形成研究需要地球科学、天文学、物理学、化学等多学科交叉印证，并注重理论与计算、观测与实验相结合。

二、撞击和表面地质过程

撞击和表面地质过程是太阳系固态天体形成、演化、塑造表面形貌特征的重要营力。行星探测数据、地外样品分析、大量实验和理论模拟研究已经部分刻画了太阳系固态天体撞击及表面地质作用的特征与历史，并由此对太阳系的形成、演化过程获得了一定的认识。在未来研究中，将通过综合多源遥感探测数据分析、数值模拟及模型构建、实验等技术手段，从内外动力地质学角度探究太阳系固态天体表面物质的形成和演化过程，进一步获取行星

和小天体表面地质过程的关键信息，在物质特性、撞击作用、构造作用、太空风化、水（冰）作用等重要科学问题研究方面取得突破。2035 年前，本领域重点研究方向如下。

1. 行星表面物质特性

行星表面物质是长期地质过程改造形成的，蕴含了行星地质作用和内部过程的关键信息。行星表面物质也是开展行星探测的最直接对象，系统分析其组成与性质特征信息是理解行星演化的重要线索。结合我国月球、火星探测和小行星探测的发展，围绕行星光谱遥感、返回月球样品和小行星样品开展系统综合研究，解译相关探测任务返回的遥感和就位探测数据，建立系统的数据定标、化学成分及矿物组成反演和岩石类型识别等方法，深入认识行星表面地质过程和演化历史。具体研究手段包括：地外样品特性的综合分析、行星可见光—近红外／热红外遥感成像光谱分析与矿物定量反演方法、行星化学成分就位探测与分析方法、行星矿物和有机物就位探测与分析方法、月球主要矿物和岩石类型的全球遥感填图、火星矿物和岩石的分布填图、小行星物质成分分布填图等。由于通过遥感反演方法间接获取的行星表面物质组成、化学成分、结构、年龄等信息常常具有很大的不确定性，需要建立返回样品实验室分析结果与遥感探测数据之间的联系，包括返回样品分析结果对遥感载荷的标定与验证、遥感解译结果的地面实验室验证分析、返回样品绝对定年对撞击坑定年的修正等。

2. 行星撞击过程

撞击作用在太阳系形成和演化过程中扮演着重要的角色。持续的撞击作用不仅改变了行星的形貌特征和表面物理特性，对天体内部的结构和演化也产生了重要的影响。未来一段时期将重点围绕如下问题开展研究：①以实验室超高速撞击试验为基础，开展撞击产生的高温、高压、冲击变质和变形等与岩石力学及矿物学相关的基础科学研究；深入刻画撞击侵入、破碎、溅射等动力学过程；类比研究太阳系行星表面的撞击过程、小行星带的起源和演化等基础科学问题。②以高速撞击的各类产物为观测基础，使用比较行星学的研究思路，结合高速撞击过程的物理模拟和数值模拟，研究并发展行星表面真实撞击作用的相关物理和化学模型；研究撞击过程与其他内外动力作用的耦合关系；探索撞击作用与生命形成和星际传输的关系、撞击作用对行星宜居性演化的影响、撞击作用对天体不同圈层物质交换的影响等重大科学问题。③以地外物质样品研究和撞击坑群演化研究为基线，研究太阳系撞击历史；结合表面撞击坑群的空间分布，分析内、外太阳系天体的撞击历史，结合天体轨道动力学探索早期增生过程和晚期撞击通量；完善撞击坑年代学分析技术。

3. 行星构造作用

地质构造是应力驱动下的物质运动，是反映天体动力过程的重要载体。结合未来深空探测计划的发展趋势，行星地质构造研究将围绕以下问题展开。①岩石圈的强度演化研究：以表面地质构造的观测为基础，结合行星化学、行星物理观测数据和数值模拟，约束岩石圈强度。②岩石圈的应力场和动力学研究：开展高分辨率三维构造填图工作，结合岩石力学模型分析应力场特征和构造组合样式，研究可能动力来源（如潮汐、极移、地幔对流、板块活动等）的应力场分布特征；重点关注地球板块起源、天体构造动力的相似性和差异性等基本问题。

4. 太空风化作用

太空风化作用主要研究太阳系内空间环境（如陨石和微陨石撞击、宇宙射线、太阳风高能粒子辐射等）与无大气行星体（月球、水星、小行星、冰卫星等）表层固态物质的相互作用过程及其效应，通过融合样品分析、遥感探测、地面模拟实验等多种研究手段，对比分析不同类型无大气行星体表面太空风化作用的特征及差异，探究其表层物质的形成、演化过程，帮助反演太阳系空间环境变化历史。

未来一段时间内将重点解决如下问题：①构建月壤形成与时空演化模型。基于月球典型区域采样研究结果，结合月壳形成演化及外动力地质作用过程，在太阳系撞击历史框架下，讨论月壤形成与时空演化过程。②永久阴影区月壤特性及成因机理。围绕水冰等宜居性要素这一核心科学问题，结合彗星、碳质小行星等的水（冰）来源、赋存状态及迁移机制，探讨永久阴影区月壤特性及成因机理。③不同类型小行星（包括主带彗星／活跃小行星）表层物质演化过程及光谱改造特征。基于太阳系小天体迁移历史，融合地面观测、遥感探测与样品分析结果，结合物质组成及演化过程差异对光谱特征的影响，探讨太阳系小天体表层物质演化过程。④外太阳系卫星（特别是冰卫星）太空风化作用特征。围绕有机物的形成及改造过程，结合遥感探测与地面模拟实验，分析外太阳系卫星的太空风化改造特征，探讨可能的生命起源与保存过程（Budde et al.，2019）。

5. 行星上水（冰）作用

水（冰）存在于整个太阳系中，水（冰）在太阳系天体的演化过程中起着重要作用。研究太阳系天体表面水（冰）作用过程作为深空探测任务中的重要内容，对于深入认识太阳系天体的形成、演化历史以及生命探测都至关重要。目前，对太阳系天体水（冰）的研究还处于初始阶段，仍存在较多的问题亟待解决，特别是不同天体水（冰）的形成和演化过程及其对天体表面的改造作用。

未来一段时间内将重点解决如下问题：①太阳系天体水（冰）的特征对比研究。探讨水（冰）的赋存形式、分布、含量等特征及其与天体表面光谱等探测数据的响应，发展水（冰）原位探测任务和地面模拟实验技术，获得太阳系各天体水（冰）的赋存形式、分布和含量信息，对比分析不同天体水（冰）的特征差异及成因。②无大气天体表面水（冰）的形成和迁移机制。探讨月球和小行星等无大气天体表面水（冰）的成因机制，分析不同天体的环境条件与水（冰）之间的关系，揭示水（冰）的迁移和保存机制，确定月球表面羟基和高纬度永久阴影区水冰的来源与迁移过程。③研究类火星和金星表面水（冰）的演化过程及其原因。④水（冰）对天体表面的改造作用。分析水的运动对表面地形地貌的改造作用及其对应的水流地貌，研究水（冰）在各类天体表面或附近升华和凝结对表面形貌演变的影响；研究水（冰）与岩石之间的相互作用，确定其形貌和构造特征。⑤彗星上水（冰）的特性及活动机制。研究彗星喷发的机制，分析彗核表层和次表层水（冰）在喷发过程中的作用；研究水（冰）和尘土颗粒的释放与加速机制等。

6. 行星表层物质迁移和循环过程

天体表层物质的迁移和循环受其物质自身特点与多种表面过程的综合控制。开展天体表层物质迁移和循环过程的研究，对理解类地天体表层物质的来源、赋存状态与分布规律、迁移转化和通量、就位资源利用，以及量化表面过程的强度、规模、特征等都具有重要意义。未来一段时间内将重点解决如下问题：①尘暴过程和产生机制。重点围绕月球和火星等天体表面尘埃的迁移运动，探讨大气运动等驱动机制，揭示尘暴运动规律。②大气－流体－固体物质的相互作用。探讨行星表面大气、水、固体岩石矿物等物质之间的相互作用过程，研究紫外线、等离子体等空间辐射环境对该过程的影响，揭示大气、流体、固体物质组成和关键组分的相变、迁移、转化、逃逸等，制约天体表层物质和大气的历史演化过程。③宜居性关键物质的表面循环过程。研究水、挥发分、生命必需元素和重要元素在天体表面的赋存状态、分布与迁移转化规律；建立关键物质（或元素）的表层循环模型并制约过程通量；认识有机物的非生物演化和生物遗迹物的潜在赋存、分布、运移等过程；揭示局部物质循环与全球性事件的耦合关系。

三、行星的内部结构

行星内部结构是认识行星内部运行机制和演化规律的重要基础，它为揭示行星内部的核幔分异、磁场发电机、对流、板块构造活动过程和演化历史提供了重要的约束条件。太阳系中类地行星与巨行星的圈层结构、化学成分和物态特性都存在巨大差异。类地行星主要由重元素组成，其大气层以次生气体成分为主；巨行星则主要由类似恒星的初始氢氦气体组成，深部可能存在很小比例的重元素。由于以上本质区别，对类地行星和巨行星内部状态的研究重点、研究方法与深空探测思路也很不同。

1. 类地岩石行星的内部结构研究与探测

对类地行星内部结构的研究充分借鉴了地球科学的研究成果。20 世纪 60年代提出的板块构造理论，成功地解释了地球岩石圈尺度的地质过程和演化。理解类地行星或岩石行星（水星、金星、地球、火星）及行星的岩石卫星（如月球、火卫一、火卫二）如何形成的关键在于认识其内部结构。行星内部演化还关系到磁场和大气的形成，因此也是行星宜居环境形成的关键。地球是目前太阳系内唯一确认存在板块构造活动的岩石行星，对于其他行星是否拥有板块构造活动，何时、为何终止，以及热量如何散失等一系列科学问题的认识十分有限。

地震波可穿透整个行星内部，行星地震学因此成为探测行星内部结构最为有效的方法。行星地震学研究可以帮助厘定行星内部的圈层结构，如壳、幔、核的大小，物质组成和状态，还有助于了解行星内部地震活动性、行星被陨石撞击的频率，进而确定行星现今板块构造活动的程度。然而，行星地震学对行星内部的研究受到载荷等限制，目前仅在月球和火星开展了相关工作。2018 年美国火星洞察号探测是人类真正意义上首次将地震仪布设到火星以探测火星地震活动性及内部结构，截至 2019 年 9 月 30 日火星洞察号地震仪探测到 174 个火震事件，但行星地震事件的信噪比通常很低（Giardini et al.，2020）。

热量是行星内部地质构造活动和地震及火山活动的主要能量源之一。地表热流值是判定行星内部物质组成及状态、构造运动如行星地幔对流等活动程度的重要指标，也可以了解行星形成初期至现今的冷却过程。通常，热量主要来自浅部圈层（壳）岩石中放射性元素衰变产生的热量和行星深部圈层（幔、核）的热量。月球热流密度为 $16 \sim 21$ mW/m^2。美国火星洞察号探测项目搭载了一套热流探测仪以测量火星地表温度和温度梯度，用于推算其内部热和物质传输率以及放射性元素含量，以期了解火星内部热结构状态、物质组成以及星体冷却模式或过程。电磁测深也可用于推测行星内部的温度以及电阻率和物质组成。

重力场是研究行星内部结构及性质的另一重要物理量，相比于地震和地热等地基测量，重力场可通过卫星等天基观测获得，并且具有覆盖行星全球的观测和研究优势。通过卫星观测可获得全行星重力场模型、行星内部结构特征及其密度分布。在 20 世纪七八十年代，美国和苏联发射的轨道器，对金星进行了重力探测。基于先驱者号和麦哲伦号观测数据构建了重力模型 MGNP180U，其分辨率为 $100 \sim 200$km。利用卫星测高反演获得了月球重力场的基本特征，并据此基本确定了月球内部结构及其密度分布的总体特征。

磁场是认识行星内部结构和动力学的重要窗口。在类地行星中，地球和水星目前存在内部发电机，而火星和金星没有发电机；火星岩石的剩磁强度表明火星曾经存在内部发电机。类地行星的主磁场起源于内部发电机，磁场变化反映了行星内部动力学演化。

未来类地行星内部结构研究和探测的重点方向包括：行星地球物理观测仪器（地震、热、重力、磁场、应力等）的研制；行星地球物理数据的处理及新方法研发；类地行星的地震、火山、构造活动性；类地行星的壳和幔结构与过程，特别是水含量和部分熔融、早期的壳幔岩浆分异过程；结合重力场、地形构造、表面热流分布及岩石的物理、化学性质，研究类地行星幔对流存在的条件和地幔对流的模式；类地行星核的大小、物质成分和物理状态，以及是否富 Fe 金属核和分层；类地行星的热散失机制；类地行星返回样品的岩石物理测量与计算；类地行星的内禀磁场特征和变化的观测、行星岩石剩余磁化特征及行星古磁场研究。

2. 巨行星内部结构的研究与探测

巨行星不具有清晰的圈层分异，其各种理化性质都是随深度连续变化的，因此在整个内部形成了物态、结构和各种动力学过程之间极其显著的耦合。对巨行星的研究特别需要综合的视角与思路，而不能割裂性地对某些部分单独考察。巨行星内部层化结构、氢氦混合气体状态方程（equations of state，EOS）、氦元素沉降、重元素分布规律和电导率变化特征等都是根本性问题，也是深空探测任务的高价值科学目标。基于现有的观测数据，普遍认为巨行星内部的流体组分随着温度和压强的变化具有典型的层状结构（从外到内）：中性大气、半导电分子氢氦层、导电金属氢氦层、重元素稀释核区和致密内核。各层之间并没有清晰、明确的界面。各层内部的物理特性、层与层之间的过渡区性质等都是未解之谜。

巨行星内核和重元素分布涉及行星的形成和演化理论。重要科学问题包括：致密内核是否存在？重元素稀释核区是否存在及如何形成？氦元素沉降在何种条件下发生？能量如何从内向外传播？即使在人类多次探测太阳系巨行星后，这些重大问题的答案仍然有待探索。

巨行星内部是充分对流的，其能量来源于星体长期冷却收缩过程释放的自引力势能。在导电的金属氢氦层，磁流体运动驱动了行星发电机的运作，产生行星磁场。巨行星发电机的关键动力学参数和边界条件仍然未知，因而迄今仍然难以准确地解释木星、土星、天王星和海王星各自独特的磁场特征，更无法理解少数系外气态行星能产生偏离尺度规律的磁场的原因。在半导电分子氢氦层，热对流运动在雷诺应力与自转的联合作用下形成纬向环流。环流与行星主磁场相互作用产生局域感应磁场和磁场长期变。巨行星分子氢氦层环流的强度、形态、深度及其与大气动力学过程之间的耦合仍是谜团重重。

未来巨行星内部结构研究和探测的重点方向包括：①根据第一性原理计算高温高压条件下氢、氦和重元素成分的状态方程，直接得到系统的温度、压强、密度和内能，通过热力学积分方法自洽地计算系统的熵，这是巨行星内部结构和动力学研究的基础。②当前巨行星内部气体状态方程的研究受到行星外层氦元素丰度不确定性的影响较大，未来需要利用各种探测手段提高相关测量的可靠性和有效性。③利用巨行星内部物理状态方程建立内部平衡结构模型并解读飞船高精度重力场测量数据。根据深部和内核的性质，构建各种结构模型，分析不同物理因素对内部结构和物质分布的影响，提高模型的预测能力。④行星振荡模式的测量可以十分有效地限制巨行星内部结构。若要利用行星振荡测量数据配合高精度的重力场数据共同限定内部结构模型，除了十分精确的观测，更需要充分精确的巨行星振荡模型。⑤动力学潮汐是气态行星潮汐响应的主要部分。潮汐耗散关系到行星本身乃至行星系统的长期演化，这一问题也是理解系外行星轨道迁移和演化的关键。⑥巨行星磁场长期变的研究是有效利用深空探测磁测数据的途径。时间跨度越长的磁场长期变数据，越能有效地约束内部的气体状态和对流动力学性质。⑦未来的深空探测任务会对巨行星重力场、磁场和多波段辐射特征开展测量，这些测量数据对相关科学研究的效用大小和探测器轨道方案的选择非常重要。

四、行星的岩浆活动与行星幔的演化

岩浆活动贯穿了硅酸盐天体形成到内部地质活动停止整个演化过程，决定了行星内部成分和表面形貌的演化过程。行星岩浆活动按时间演化序列可分为两个重要过程，即岩浆洋过程和行星幔分异。前者一般被认为是行星形成后的初始阶段，直接导致了行星内部分层。后者则是行星壳幔成分多样化的直接原因，形成的岩浆活动导致了行星表面地貌的变化。结合行星样品的高精度分析、数值和实验模拟、轨道器遥感观测、着陆器就位分析等多种研究手段，通过行星类比研究，2035 年前优先解决以下科学问题。

1. 岩浆洋形成的热源及其物理化学制约

根据阿波罗 11 号斜长岩岩屑提出的岩浆洋模型已经被广泛应用于硅酸盐行星，如地球、火星、灶神星。岩浆洋被认为是月球和硅酸盐行星经历的初始阶段，但是各天体形成的方式不一样，导致天体形成时产生熔融的能量并不一样。该科学问题包括：确定月球和硅酸盐行星早期岩浆洋的热源，限定各天体岩浆洋的化学组成和深度，分析岩浆洋内部的熔体对流和岩浆洋热量散失的机制，厘定各天体岩浆洋结晶固化的时间，从而制约岩浆洋演化的硅酸盐天体的内部圈层结构；研究木卫一潮汐加热的规模、空间分布、时间变化、消散机制、共振轨道对其热演化的作用。

2. 岩浆洋中的挥发分组成及行星早期大气的演化

行星的挥发分（如水、CO_2 等）直接影响内部演化过程，尤其是水，作为连接行星生命、宜居环境和岩浆活动等的重要纽带，是探索行星演化历史的"钥匙"。岩浆洋中挥发分的初始组成至关重要。但是，后期地质过程导致了样品的复杂性甚至样品的缺失，挥发分初始组成的研究基本缺失，对挥发分在岩浆洋中的演化过程更是知之甚少。因此，主要科学问题包括：确定岩浆洋中挥发分的初始组成，研究挥发分在岩浆洋中的演化历史，厘定行星早期大气圈的形成时间，分析和研究行星早期大气圈的化学组成、压力厚度等物理性质，从而为制约行星早期地表宜居性提供依据。

3. 岩浆活动与行星早期陆壳的形成和演化

大陆地壳是连接地幔和大气圈的纽带，但是其形成至今仍然存在争议。花岗岩是地球大陆地壳的主要组成成分，也是地球区别于内太阳系其他天体的一个重要特征。大陆地壳被认为是地幔部分熔融形成的，但是早期地壳和现今地幔部分熔融产生的洋壳不同。不同硅酸盐天体的岩浆洋形成了不同成分的原始地壳。此外，地球、火星和月球的地壳都呈现出成分和形貌的二分性。但是，这些天体产生二分性的原因和形成机制是否有关联并没有很好的解释。因此，该科学问题的解决包括：了解不同分异硅酸盐天体地壳物质的组成特征，厘清硅酸盐天体岩浆洋中是否能够形成原始地壳，分析岩浆洋中形成的原始地壳成分及其与天体大小的相关性，研究原始地壳的后期改造及其随时间的演化，确定硅酸盐天体地壳成分及形貌二分性的成因和机制。

4. 行星核的形成及后期增生

岩浆洋演化过程对行星的成分分异起着重要的控制作用。一般认为，金属核的分离需要一定程度的硅酸盐熔融。核幔分异过程是连接行星岩浆洋和行星幔演化过程的关键，决定了现今行星的物理化学主要特征，直接关系到行星的宜居性演化。目前，对行星核幔分异机制、启动和持续时间，分异过程中的元素分配和同位素分馏特征，原始行星核幔物质组成和氧化还原状态，行星核幔形成和演化过程中挥发分的特征及其影响知之甚少。该科学问题的解决包括：通过高温高压实验，结合模拟计算的方法，研究在不同温度和压力条件下，硅酸盐的熔融程度、黏度、熔体结构等对金属从硅酸盐中分离过程的影响，推测行星的核幔分异机制，确定亲铁元素在硅酸盐与金属熔体间的分配系数随温度、压力和氧逸度等的变化规律；结合陨石样品的研究，采用相应的同位素体系限定行星的核幔分异时间和行星初始的核幔物质组成，研究增生过程对核幔物质组成的影响，确定增生时间。

5. 行星幔源岩浆活动

行星后期岩浆活动和行星幔演化关系密切，是理解行星热演化的基础。太阳系内的硅酸盐天体都存在明显的火山／岩浆活动证据。目前，已有来自月球、火星、灶神星等天体的岩浆岩样品，但其中反映的岩浆活动时间范围均受到样品数量和代表性的制约。结合我国后续月球探测任务和即将实施的行星探测计划，未来应立足于月球、火星和小行星的探测任务，充分利用国内外行星探测科学数据，深化对行星岩浆活动时间范围及通量演化的认知，重点研究月球最古老和最年轻的岩浆活动，约束火山作用的延续时间，揭示月幔演化历史；系统研究火星表面岩浆成因地质单元的空间分布特征，研究火星不同地质时期岩浆活动的规模，结合火星陨石的研究，认识火星幔的熔融和演化过程，评估火星陨石对于火星全球岩浆活动的代表性；基于月球及火星返回样品的同位素定年结果，对撞击坑统计定年方法进行新的标定，对月球、火星、水星等天体火山活动的时间尺度进行新的约束；结合对应的玄武质无球粒陨石中记录的岩浆事件年龄，约束分异小行星岩浆活动的持续时间。

6. 行星幔的分异和演化过程

在行星的火山作用和岩浆演化研究中，玄武质岩浆是主要的研究对象。代表行星内部镁铁质堆晶部分熔融并喷发到行星表面的玄武质岩浆，其化学成分与矿物组成间接记录了行星幔不同储库的性质、状态和演化规律。月球和火星等天体的火成岩都指示出岩浆活动导致的源区分异过程。该科学问题研究包括：分析行星幔源区化学组成的不均一性及物理化学环境（温度、压力、氧逸度等）；探讨高度演化玄武质岩浆的成分富集趋势，硅酸盐液相不混溶机制对岩浆分异的影响，水等挥发分在岩浆分异中的作用，长英质岩浆的成因等；厘定玄武岩岩浆组成与行星幔演化的联系，结合火山活动年龄、规模，对行星火山活动的岩浆通量、喷发模式进行研究，深化对行星幔演化的认知，理解对流 / 翻转与触发部分熔融以及维持行星内部热状态的机制。

7. 金星的火山活动和岩浆作用

金星的岩浆活动强烈，表面大部分都被熔岩所覆盖。金星浓密的大气层使得对金星的探测非常困难，因此金星表面成分的遥感数据非常稀少。现有的遥感数据和就地探测显示，金星表面为玄武岩，但也可能存在其他岩石。迄今对金星岩浆活动的研究很少。未来的研究包括：结合探测数据和模拟研究，查明金星表面不同火山岩浆的化学组成和挥发分含量，研究金星表面的温度、压力对岩浆去气的影响以及挥发分对金星大气组成的贡献；研究金星特有的"薄饼"火山形成机制，理解金星火山活动与地幔柱和地幔对流之间的关系；限定金星火山喷发时间、岩浆喷发的通量，理解金星内部物质循环。

五、行星的大气、海洋

行星大气和海洋研究旨在揭示行星流体圈层形成与演变的自然规律及内在机制，从而深入认识行星的普适性、复杂性和特异性。在太阳系八大行星中，水星基本没有大气层，金星和火星大气的主要成分都是二氧化碳，地球大气的主要成分是氮气和氧气，而太阳系外围四颗巨行星的主要大气成分都是氢和氦。土卫六的大气成分是氮气和甲烷，地表存在液态甲烷湖泊或海洋。谷神星、木卫二、土卫二等冰星体的表面被厚厚的冰覆盖，冰盖下面极有可能存在液态海洋。不同的行星环境，其表面流体圈层的研究现状也不同。金星和火星大气与气候的研究对理解地球生命的起源、演化及其与环境变化的关系，地球未来气候演化，地外生命存在的环境条件和可能性等有重要意义。2035 年前，月球、火星和金星探测及其研究仍将是重点，对于金星、巨行星、土卫六、冰卫星乃至系外行星等，可以从理论、模拟和实验角度开展一系列研究，为未来深空探测奠定基础。2035 年前，本领域重点研究方向如下。

1. 火星大气和早期环境

火星自转速度和自转轴倾角与地球接近，大气环流与地球类似，但由于没有海洋热力惯性的作用，其大气环流的季节变化更强，而且伴随大气质量的季节变化，火星在春秋季节盛行沙尘暴，两极存在水冰和 CO_2 干冰冰盖。最近的研究表明，火星大气中可能有甲烷，但是对其浓度、空间分布及其来源尚不清楚。

火星的一个重要科学问题是其早期是否曾存在生命和温暖的气候环境。火星表面地貌特征（河谷系统、三角沉积、水体沉积等）都意味着火星早期有液态水存在，气候温暖，甚至可能有长期存在的液态湖泊或海洋，这为生命的繁衍提供了宜居气候环境。但是，目前所提出的各种机制均无法解释火星早期为什么能维持温暖和湿润的气候环境，也没有生命存在的直接证据。如果早期火星确实拥有温暖的气候条件，什么导致了火星演化到如今寒冷的气候？研究火星气候演化能够为理解地球气候和宜居性演化提供最佳参照。

火星是目前人类探测次数最多，也是探测要素最广泛的行星。未来，基于我国"天问"系列火星探测任务、火星样品返回计划和国际火星探测任务的综合数据，将能够很好地开展火星大气、气候与宜居性等的研究，厘定火星大气成分与同位素特征，分析甲烷含量和分布、大气与地表的交互、两极水冰和 CO_2 干冰在不同时间尺度下的变化规律，研究高层大气与磁层的状态和过程，地质、冰盖和矿物学特征，大气环流和沙尘暴及其季节变化特征，地下水层或冰层存在的可能性，火星早期气候和水环境的范围、持续时间与水文条件等。

2. 金星大气

金星大气层厚重而又浑浊，表面大气压约为 93atm[①]，CO_2 含量占 96%。CO_2 的强温室效应使金星地表温度达到 730 K，高于锌和铅的熔点。金星大气的哈得来环流非常宽广，从赤道延伸到极地，并且赤道风速高达 100 m/s，处于超级旋转状态，其内在的驱动机制尚不清楚。金星的云层十分浓密，主要成分是火山喷发的 SO_2 与水汽结合形成的硫酸云。行星形成理论和氢同位素数据表明，金星早期气候可能与地球类似，气候温和，并且可能有液态海洋存在。

关于金星，一个关键的科学问题是金星是否发生过大气逃逸。金星大气中氘与氢的比值是地球的 150 倍，这意味着大量的氢逃逸到太空，这是金星气候系统存在大气逃逸的关键证据。如果金星气候随着太阳辐射的不断增强确实出现过失控温室和大气逃逸现象，未来地球是否会进入与金星类似的气候态？这是一个人类所关心的地球宜居性演化的基础问题。

3. 巨行星大气

木星和土星是气态巨行星，主要成分是氢和氦，其大气环流运动能量来自太阳辐射和气态行星内部的热能。天王星和海王星是冰巨星，外层是氢和氦组成的大气，内层是水、甲烷和氨组成的冰层。巨行星大气运动的重要特征是多急流和多涡旋，如木星和土星热带区域的超级旋转、木星上的大红斑和海王星上的大黑斑等。木星的磁场非常强，且大气中有放电现象，海王星上有持续的风暴现象。

关于巨行星，其关键科学问题是：大气中的急流延伸到行星内部多深的地方？是否由行星深部对流过程造成？另外，气态巨行星的大气组分对我们理解太阳系的演化有重要意义。

4. 冰卫星等天体的大气和海洋

太阳系内富含水分的冰质星体包括矮行星（冥王星）、小行星（谷神星）、卫星（木卫二、木卫三、土卫二、土卫六等）以及其他小星体等。在极低温度条件下，水冰异常坚硬，是这些星体壳层的主要组分。对冰星体的研究有

---

① 1atm=1.01325×10^5Pa。

助于我们了解太阳系的演化和地球水分的来源。另外，这些冰壳隔离或联结了冰壳下的环境与宇宙环境，冰壳层的结构和动力学特征反映了冰壳与在其下方的海洋或者岩石地幔之间的相互作用，并有利于揭示是否存在类似于地球板块运动的动力学过程，为冰壳下海洋中产生并保存有机物乃至地外生命提供了可能性。

冰卫星冰壳之下的海洋是太阳系中最有可能存在地外生命的地方之一，但相关研究甚少。迄今为止，我们还无法直接探测这些冰卫星深部的情况，但可以利用理论分析、实验室实验、数值模拟等研究方法，查明壳层之下海洋的深度、温度与压力，探究海水的成分和海洋环流的特征。

利用探测器就位观测（如次声探测技术）、望远镜观测、理论与数值模拟等手段，研究冰卫星和小行星上冰的成分，揭示冰壳中是否存在圈层结构、大尺度的物质运移和对流，是否存在类似于热柱和"岩浆房"等的构造，并解释其表面特征的成因。这些研究还将有助于提高对冰星体内部构造和演化历史的整体认知。

对于太阳系冰卫星及其海洋，其关键科学问题是：冰卫星中冰是什么样的成分？冰卫星的内部结构是什么样的，怎样产生的？冰壳形貌是由什么过程控制的？是否存在类似于地球的构造活动？壳层下的海洋中是否存在生命？

土卫六是一个特别值得关注的卫星，其表面大气压约是 1.8 bar，其中 96% 是氮气，其余是甲烷，其高层大气含有有机气溶胶，具有反温室效应。土卫六表面有甲烷等碳水化合物形成的湖泊和河流，并且存在对流运动和甲烷雨等天气现象。土卫六是目前发现的除地球以外唯一表面有液态物质的星球。

六、行星的磁场

除金星、火星外，太阳系内的行星都有全球偶极磁场。行星磁场是认识行星内部结构和动力学以及圈层耦合作用的重要窗口。地球磁场由液态外核导电流体对流运动产生，贯穿岩石圈、水圈、生物圈，延展到大气层和电离层空间,并与外部太阳风发生相互作用形成磁层空间。2035 年前,本领域重要研究方向如下。

1. 行星磁场探测技术

精确测量行星磁场是开展相关科学研究的基础。太阳系内各行星磁场环境迥异,这对行星磁场测量的量程和精度都提出了较高的需求。目前,行星主要通过飞船搭载的磁力仪进行在轨和着陆磁场测量。在过去几十年里,欧洲和美国的飞船绕飞探测已对月球、金星、水星、火星等行星的磁场进行了原位测量,获得了许多重要的研究成果。然而,对巨行星及其卫星磁场的观测仍很薄弱,其主要困难是距离遥远、空间环境恶劣。需自主研发新一代的行星磁测载荷。此外,需发展遥测技术和研发仪器来测量系外行星磁场,如无线电、远紫外极光或 H_3^+ 红外极光发射谱,并探究系外行星磁场发电机。

2. 揭示行星内部发电机物理机制

行星磁场是由行星内部发电机过程产生的。行星磁场的长期变化、极性倒转,以及其对行星内外部环境演化的作用都与行星内部发电机的动力学过程相关。当前对行星发电机的研究主要依赖于理论分析、数值模拟和磁流体实验。其中,依托高性能计算平台,采用数值方法求解行星发电机方程组是当前主流的研究路线。但是受到计算能力的制约,数值发电机模型远远无法达到真实行星内部的极端磁流体动力学参数条件。当前在国内仅有少数团队在开展行星发电机相关研究,诸多相关研究方向均存在空白,因而需要鼓励在理论、数值模拟与磁流体实验等方面的研究。

3. 理解行星磁场与太阳风、行星风的物理作用

行星磁场与外部太阳风、行星风等离子体发生相互作用。磁层是行星系统与外部系统进行能量和物质交换的主要场所。结合行星飞船观测,可开展以下几个方面的研究:①利用高性能计算机,从基本物理方程出发,采用单粒子、磁流体、混杂等多种模拟方式来模拟行星磁层与外部太阳风、行星风的大尺度相互作用过程,探究磁层动力学的物理机制;②搭建行星空间物理模拟实验室平台,模拟行星磁层的空间等离子体活动现象并开展相关物理分

析研究；③开展行星磁层的比较研究，由于每个行星磁场的大小、方向、分布不相同，提供了不同行星磁层的天然实验室。开展行星磁层比较研究工作，有助于认识太阳风、行星风与行星磁场相互作用的长期演化过程。

4.分析行星磁场在多圈层耦合中的作用

行星磁场是贯穿行星多圈层系统的重要物理链条，也是影响圈层间耦合的关键因素。对于行星磁场如何影响行星大气圈、电离层等存在诸多未知。此外，对于土星、木星等含有多卫星系统的巨行星而言，磁场在行星和其子卫星圈层系统之间的能量与物质交换也扮演着非常重要的作用，需要开展行星磁场在多圈层耦合作用方面的研究。

5.行星磁场的多样性及演化

已知许多行星的内禀磁场特征存在显著差异，预示着内部发电机过程的不同。月球、火星和一些小行星在其演化早期可能存在过内禀磁场，这些古磁场信息以剩磁的形式记录在岩石中。解读行星古磁场信息对于研究行星各圈层环境的演化具有非常重要的意义。例如，开展陨石样品、行星探测任务返回样品的行星古磁场研究，约束行星磁场的演化。为避免采集样品遭受磁污染，需要建立专业的行星古地磁样品保存和测试实验室。利用我国未来火星、月球和小行星表面的着陆器或巡视器携带的磁强计获得就位磁场探测数据，研究行星表面和浅表层中不同地质单元的剩磁特征。

七、行星宜居环境的起源和演化

宜居环境指具有适宜任何生命形式出现或生存的环境。在行星宜居环境研究中，除了考虑空间尺度外，还要在时间尺度上以演化的视角进行探讨。生命起源的环境与其繁盛的环境可能截然不同，当前宜居的环境过去不一定适宜生命的出现，而现在不宜居的环境过去可能可以支持生命起源和演化（Sasselov et al.，2020）。因此，从空间和时间两个维度来研究宜居环境的起源与演化是行星宜居环境研究的发展方向。本领域重点研究内容包括宜居环境的物理化学判据、地球宜居环境的形成和演化、地外宜居天体的宜居环境探测和研究等。2035年前，本领域重点研究方向如下。

1. 行星宜居环境的判据

宜居环境是一个宽泛的概念。一般认为，液态水是生命存在的首要条件。因此，在过去的研究中，是否支持液态水的存在是衡量环境是否宜居的一个重要指标，其他判据还包括能量和生物要素的存在等，但目前尚缺乏对宜居环境准确的物理和化学判据。行星地球物理场（如磁场）、板块运动、气候系统、是否具有卫星、碳酸盐－硅酸盐循环、温室气体和温室效应等对行星尺度宜居环境的建立与维持的作用需要进行深入研究。与地球环境的类比研究也是未来可能突破的方向。其研究内容包括地球生命（特别是微生物）生存的物理化学极限、不同空间尺度宜居环境的界定、非宜居环境如何演化成宜居环境、行星宜居环境的破坏和消失、宜居带的再定义、生命系统在宜居环境维持和演化中的作用。

2. 地球宜居环境的起源和演化

地球是目前唯一已知存在生命的星球，是研究行星宜居环境的起源和演化的重要参照系。关于地球宜居环境的起源和演化，研究内容包括地球最初的宜居环境是如何形成的、哪些宜居环境产生了生命、生命又是在哪些环境中得以存活并一直演化至今。早期地球的环境与现在的环境差别巨大，地球地质历史时期经历的多种环境表明同一个天体在不同演化阶段可以具有截然不同的宜居环境，因此从行星演化的视角研究行星宜居环境是未来的研究方向。地球地质历史时期的一些环境也可以类比地外天体的环境，如"雪球地球"可以在一定程度上类比木星和土星的冰卫星环境，这些地质历史环境的类比研究也是未来的突破方向。其他研究内容还包括超级温室期地球宜居环境特征和演化、地球生命对宜居环境的改造和适应、环境对生命的作用和反馈、地球宜居环境的未来等。

3. 金星和火星的宜居环境

金星目前的地表温度是 730 K 左右。但是，早期金星有可能是宜居的，甚至有可能有液态海洋存在。金星气候与宜居性的演化涉及太阳辐射强度变化、行星内部过程、水汽反馈、大气逃逸、碳循环等。金星大气成分及其同位素含量保留了一些早期金星大气的信息，对金星大气和气候的探测与研究可以帮助我们理解地球的未来演化，预测地球未来的宜居寿命。

火星是除地球以外研究最为深入的行星。早期火星具有大量液态水甚至海洋，具有全球磁场，表明火星可能一度具有类似于早期地球的宜居环境。现代火星地表环境恶劣，但其地下可能具有支持类似于地球微生物等生命形式生存的条件，对火星宜居环境和生命的探索已逐渐从地表转入地下。其研究内容包括火星宜居环境的形成和破坏、早期火星的环境和气候、现代火星是否具有区域尺度的宜居环境、火星是否曾经具有生命、现在火星是否支持生命的存在、地球极端环境生物（特别是微生物）能否在火星表面或地下生存、火星宜居环境的改造（火星地球化）。

4. 太阳系其他天体的潜在宜居环境

太阳系内的一些冰天体，如木卫二、木卫三、土卫二、土卫六等，在其表面冰层以下可能存在液态海洋，它们是否可能具有宜居环境是未来的重要研究方向。其研究内容包括冰天体内部液体的组成成分和可能的地质活动、冰天体的主要能源来源、冰天体的大气和深部物质的化学循环对宜居环境起源的作用等。

5. 太阳系外天体的潜在宜居环境

系外宜居环境的行星探测是未来行星宜居环境研究的一个重要方向。系外行星与地球及太阳系的其他行星有显著的差异，它们可能具有的宜居环境也多种多样，目前对系外行星宜居环境的基本定义主要是其星球表面的温度等物理环境，未来如何更准确地界定系外行星的宜居环境是关键（胡永云，2013）。其研究方向包括新的系外行星宜居环境的物理化学参数和其他信号、系外行星探测（地基、天基）的新技术和新方法等。

八、行星的有机物与生命探测

以太阳系起源和宇宙演化的理论框架为基础，以天体生物学、行星地质学和行星化学为主要支柱，融合陨石学、有机化学、行星科学、沉积学、生物化学、分子生物学、微生物学和生态学等多学科的研究方法，探究太阳系内天体以及系外行星上有机物和生命的起源、分布、演化。2035年前，本领域研究的主要科学问题如下。

1. 太阳系有机物的来源、分布和演化规律

研究生命元素的起源，有机物的合成、分布和迁移及其在母体上的演化等问题，揭示太阳系有机物的来源、分布和演化规律。主要研究方向包括：太阳系早期生命元素的合成及其同位素组成；生命元素在星际环境下的物理化学反应；非生命过程下有机小分子的产生及形成复杂大分子的机制；有机物在太阳系和星云间的分布与迁移机制；有机物在母体行星上的演化规律；地外其他天体曾发生过或正在发生的前生命化学演化过程；太阳系演化初期的冰天体（如彗星和小行星等）在前生命化学演化过程中的作用；通过模拟星际环境对前述问题进行实验室研究等。

2. 地球有机物来源与地球生命起源

根据现有对地球生命的认识，推测在生命出现之前，很可能存在一个从化学反应向生命反应过渡的演化阶段，随后与生命相关的主要分子（核酸、蛋白、脂类、多糖等）合成并形成了彼此间信息的传递机制，直至生命形式的出现。主要研究方向包括：地球生命元素的起源；地球演化早期生命元素的组成；生命元素在早期地球环境下的物理化学反应；地球演化初期生命出现之前有机分子的来源；早期地球环境下核酸、蛋白、脂类、多糖等生物分子的起源及演化规律；构成生命体的核酸和蛋白质分子的单手性如何起源；生物分子间自组织模式的形成过程；找寻地球早期最可能出现生命的生态环境；找寻地球上最早的生命记录；地球演化早期板块构造对生命出现的影响；地球早期大气圈层的物质构成和演变规律对生命出现的影响；通过模拟早期地球环境对前述问题进行实验研究；地球生命是否来自太空等。

3. 地外生命探测

地外生命探测聚焦行星、冰卫星、小行星、彗星、系外行星等天体的原位探测和返回样品的实验室研究，探索地外有机物和生命。主要研究方向包括：①生命探测的基础理论研究。生命信号必须是由生命造成的，可以是一种物体、物质和／或模式，如生物成因的有机物，厘清地外有机物的生物和非生物成因；与生命代谢过程或者生物的氧化还原作用相关的化学分子及其动态变化模式；与生命过程相关的分子稳定同位素丰度模式；生命过程产生的矿物；与生命形态相关的细胞、生物膜、叠层石等；高等生命的技术特征。

②依托我国未来空间站运营规划以及月球、火星、小行星、木星等深空探测任务，研发有机物和生命探测的载荷及地基与天基等观测设备，支撑地外和系外有机物与生命的探测任务。③地外返回样品的实验室分析，地外有机物和生命的微观结构、元素含量、同位素组成及其成因研究。④行星保护研究。地外有机物和生命的保存与采样技术，主要包括彗星、冰卫星、小行星和行星等地外样品的无污染采样与保存技术，以及地球实验室保存地外有机分子、有机物和潜在生命的无污染储存与分析技术，地外有机物对地球的潜在威胁。⑤生命探测的类比研究。生命信号的产生和保存机制，包括地质早期的生命信号研究、极端环境微生物的研究、地球前生命化学反应的理论和模拟研究等。

九、太阳系外行星探测

2019 年，两位行星探测的先驱被授予诺贝尔物理学奖，他们的获奖理由是首次发现围绕类太阳恒星运行的系外行星，简称系外行星。这标志着系外行星的研究已经成为行星科学研究的前沿。系外行星探索只是近30年的事情，但是截至 2020 年初已发现了 4000 多颗系外行星。系外行星探测的快速发展是因为探测技术的巨大提升，如地面大视场测光和高精度光谱巡天。目前，探测系外行星的主要方法有视向速度法、掩星法、直接成像法、微引力透镜法和脉冲星计时法。最早发现的行星是通过视向速度法获得的，但是目前观测到最多系外行星的方法是掩星法。预期在 2035 年前，掩星法仍将是最有效的观测方法。对于测量系外行星的大气和气候信息，尤其是类地行星，最好的方法是直接成像法，该方法将成为未来最有潜力的观测方法。

已发现的系外行星可大致分为五类：表面温度高于 2000 K 的熔岩行星；大小与木星相当、温度却接近 1000～3000 K 的热木星；距离恒星比较远、大小和木星接近的冷巨星；半径比地球大、质量是地球 1～10 倍的超级地球、海洋行星或者冰巨星；大小和地球接近、质量与地球相当的类地岩石行星。当然，人们最关心的是适宜生命存在与繁衍的宜居行星。系外行星的多样性对传统的太阳系形成模型是一个巨大的挑战，系外行星的多样性使得我们能够以更宽广的视角来认知行星的形成、行星大气、行星宜居性、系外生命等一系列重要而基础的科学问题。

理论上，通过行星的光变曲线、发射谱、透射谱和反射谱，可以测量系外行星的大气与温度分布。但是，由于技术的限制，目前只得到一些褐矮星、热木星和超级地球的大气成分与温度观测数据，还无法测量地球大小行星的大气与温度。已经观测到的各类系外行星和褐矮星的大气成分有 Na、K、Si、Mg、H_2、O_3、TiO、VO、FeH 等。在热木星和超级地球的大气中，还观测到了云、气溶胶、水汽等成分。对于热木星和热的超级地球，光变曲线观测还确定了系外行星上的大气逃逸、超级旋转和晨昏线附近的云凝结等现象。

2035 年前，系外行星观测研究领域的重点方向如下。

1. 超级地球和系外生命探测

系外宜居行星和系外生命探测是系外行星科学的核心问题之一。最近已在一颗超级地球上发现了液态水及以氢和氦为主的大气。目前，还难以确定超级地球上是否存在类似地球的板块构造运动，这需要更精准地观测超级地球和理解内部的热状态等。行星是否能够维持液态水的存在，主要取决于地表温度。以太阳系为例，金星太热，火星太冷，均不适合类地生命存在。只有地球的地表温度适中，适合生命生存与演化。探测系外生命，目前唯一的办法是通过天文观测，搜索行星表面或大气中生命本身的信号，如有机分子，或者生命存在和生命活动的证据。这样的探测难度极高。目前，行星大气的探测主要靠光学、紫外波段和近红外波段。行星大气中与生命活动相关且相对容易探测的分子包括 O_2、O_3、CO_2、CH_4、N_2O 等，但因为它们也可以通过非生物过程产生，所以仅仅探测到其中一种气体，并不能确定生命的存在。另外，如果能够探测到行星表面的反射谱，发现叶绿素的反射特征，则至少可以说明该行星存在植物。

2. 系外行星宜居环境探测

地球上所有生命存在和生存的三个要素是能量、基本元素（C、H、N、O、P 和 S）与液态水。前两个要素在宇宙中普遍存在，因此第三个要素成为约束行星宜居与否的关键，也是系外宜居行星搜寻中最为重要的参考指标。决定一颗行星的表面是否可以长期存在液态水主要有三大类因素：行星本身的性质、恒星的性质、行星系统的性质。行星本身的性质包括行星的大小、质量、形成初期的成分、行星内部结构、地质活动（火山、板块运动等）、行星磁场、行星轨道（半长轴、偏心率、倾角）、行星自转速率、大气成分和质量、云、气溶胶等。恒星的性质主要包括恒星的大小、温度、活跃度、金属丰度、自转速率、发光强度等。行星系统的性质主要包括行星与行星之间的相互作用、恒星对行星的引力与潮汐作用、银河系其他天体对行星系统的影响等。这些因素中的大部分尚处于初步研究阶段，亟须更多的理论、模拟、实验和观测研究，也需要不同学科之间的深入合作与交流。

恒星持续喷发大量高能带电粒子风（也被称为恒星风），是影响星球宜居性的重要外部条件。行星磁场被认为是抵御恒星风破坏的关键要素，因此一颗行星的磁场在行星宜居环境演化中是至关重要的。近期，天文学家通过遥感观测手段直接确认了系外热木星的磁场强度甚至超过木星的磁场强度，证明了系外行星可以有足够的磁场来从空间环境角度给行星宜居环境提供保护作用，其他候选的宜居系外行星是否都存在磁场目前依然是个未解之谜，将需要更多的观测来进一步确认。未来的系外行星宜居环境探测需要将行星磁场抵御恒星风的特征作为空间宜居性的一个关键制约因素。

3. 从系外行星一般规律理解太阳系行星

系外行星分布样式和多样性的发现，从根本上改变了我们对行星形成、运动轨道、构成成分和演化过程的认识，并严重地挑战了传统的太阳系形成模型。例如，众多热木星的发现，说明行星轨道迁移可能是恒星系统演化中的普遍现象；与太阳系行星轨道的小偏心率不同，系外行星的偏心率跨越很大的范围，从 0 到 1；通过对行星大小的统计发现半径为地球 1.6 倍左右的系外行星罕见，这一现象被称为富尔顿缺口，其形成原因可能与行星形成过程中的大气逃逸有关。因此，系外行星的一般规律认知对于理解太阳系行星的形成和演化，甚至地球生命起源都有关键启示意义。

未来，探测项目的建议如下：

系外行星已是最热门的研究课题之一，其核心目标是结合空间技术、天文探测方法和生物学信息，探索宜居行星，搜寻生命信号。我国应统筹空间、行星、天文、生物等方面的科技力量，抓住这个国际前沿课题，集中力量开展大尺寸、高精度空间望远镜的研制，推动系外行星和系外生命探测，这将是我国在系外行星领域追赶甚至超越欧美的绝好机会。我国近年提出了几项行星研究领域的空间项目，包括以天测方法搜寻太阳邻域宜居带的类地行星搜寻项目（Closeby Habitable Exoplanet Survey，CHES），利用大视场、小口径阵列搜寻地球 2.0 的超级 Kepler 项目，1.2m 系外行星光谱望远镜 EXIST，4～6m 级空间专用于宜居带行星性质研究和系外生命搜索的望远镜项目"天邻"，以及利用空间干涉方法对宜居带类地行星进行搜寻和直接成像的大型空间望远镜"觅音"项目。这些项目倘若可以顺利进行，将在极大程度上推进系外行星的探索与研究。

哈勃太空望远镜被认为是划时代的天文学观测手段，同时这一天文学领域的观测仪器也在木星极光的观测上做出了开创性的贡献。其他天文领域的大型 X-射线波段观测站，如 XMM-牛顿望远镜和钱德拉望远镜，也在行星观测上做出了极为关键的贡献。美国国家航空航天局已发射的詹姆斯·韦伯太空望远镜（预算高达 100 亿美元）也将木星和土星的极光作为重要的研究目标，表明国际最前沿的天文学望远镜部署充分考虑了行星科学的应用。考虑到常规的天文学手段在太阳系行星研究中能够做出突出贡献，同时由天文学研究所驱动的各类大型望远镜用于太阳系行星科学研究逐渐成为国际共识，因此我国在未来部署空间和地基望远镜平台时，需要考虑太阳系行星科学研究的观测需求，建立天文学与行星科学共同使用的观测平台。

十、行星资源开发利用

拓展人类生存空间与和平开发利用太空资源已成为各国博弈的新疆域。行星资源研究是行星科学的重要组成部分，调查月球、类地行星、小行星、彗星等太阳系天体上可供人类利用的矿产、能源、环境和旅游资源及其分布，开展成因、勘查技术和开采利用先期研究，是行星科学不可或缺的一环。2035 年前，本领域重点研究方向如下。

1. 行星资源形成理论和预测

地外天体都经历了复杂的内生地质过程、外生地质过程和表生地质过程，包括地幔柱上涌、小天体撞击、风化-沉积作用等，这些改造过程形成了贵金属矿产（如 PGE、Au）、大宗金属矿产（如 Fe、Ti、Al）和支撑人类太空活动所需的生命依赖元素及能源矿产（如 K、Na、P、3He、水）。结合深空探测获取的科学数据和样品，未来可重点解决的科学问题有：①行星初始物质组成和物理特征对资源形成的影响规律，利用新发展起来的高精度原位分析技术对地外返回样品进行分析，获取元素、同位素组成特征，结合行星物理特征和资源分布，厘清初始物质组成和物理特征对资源形成的影响规律；②元素的迁移富集规律研究，在厘定地外天体各类地质过程中控制元素分配的关键物理化学条件的基础上，通过实验及模拟手段刻画不同地质过程中元素的迁移富集规律；③资源预测和富集区预测，根据资源形成理论，充分考虑各类关键影响因素，通过机器学习与人工智能等技术系统分析不同行星及其地质演化过程，预测资源的类型特征及其分布。

2. 行星资源分布与综合评价

建立行星资源分类体系，明确行星资源的范畴；评估行星资源储量，并对开采成本、经济效益、环境治理等进行综合评价。主要涉及如下关键科学问题：①分类体系及分类标准。行星资源按照空间位置和应用途径主要分为三种：行星资源的原位利用，服务于地外行星基地建设和运行；应用于地外空间系统，如地球和月球之间的太空站；运回地球，满足人类可持续发展的资源和能源需求。②勘查规范。勘查规范是开展行星资源勘查的基本依据。行星资源勘查规范包括勘查阶段的划分和各阶段勘查内容、勘查工程设计、储量评估、选冶技术、可行性评价等内容。③资源综合评价。依据行星勘查规范逐步实施勘查流程，查清资源的分布，并对储量、开采技术、成本等进行综合评估。

3. 行星地质工程理论与方法

行星地质工程是行星资源开发与人类移居的实施途径，行星地质工程的核心是研究行星工程地质体的物理力学特性，进行行星工程地质调查、评价与预测，解决行星工程中的各类地质问题，研发行星地质资源开发利用工程技术，为行星地质资源开发与人类工程活动提供工程地质理论和关键技术方法。未来可重点解决的科学问题有：①行星工程地质体特性原位测试与多尺度分析方法。由于深空探测工程实施和样品采集返回的高昂代价，亟须发展行星工程特性原位测试载荷，研究高／低温、高／低压、高辐照、低／微重力环境条件下的多尺度物理力学测试理论与方法，研究地外天体岩石和土壤的特性。②行星科研实验站工程地质选址与建设方法。行星科研实验站是未来太空开发利用的据点，进行行星工程地质结构探测与调查，建立行星科研实验站工程地质适宜性评价方法，进行行星工程地质场址评价，提出实验站场址选择建议，服务于月球科研实验站选址与建设。③行星资源智能开发理论与技术。由于外太空辐照及信号传输等条件限制，智能机器人成为行星资源开发利用的首选，建立行星资源智能开发理论与方法框架，研究闭环控制与人工智能算法，研发行星资源钻采工具，实现智能机器人自主控制与决策，服务于行星资源高效可持续开发。

第六节　国际合作与交流

国际合作与交流是我国行星科学发展的重要步骤。

一、国际合作现状分析

"嫦娥"探月工程开启了我国深空探测进入国际合作的新阶段，标志性的事件就是在2019年开始探月的嫦娥四号月球车上搭载了来自荷兰、德国、瑞典等多个国家的科学仪器。为了给我国嫦娥五号返回样品研究做准备，中国国家航天局和欧洲空间局2018年正式成立了中欧地外样品研究工作组，开启了政府主导的国际合作，现双方科学家团队已开始实质性的合作研究。中国正在进行的火星探测计划和正在探讨的外行星探测计划也再次吸引了国际社会的普遍关注。除了项目上的国际合作，高校研究团队的合作、学生联合培养、研究人员国际交流等也都变得越来越频繁，这极大地促进了我国在行星科学领域上的人才队伍建设。

我们也注意到，当前美国不断对中国实行技术封堵，严格限制中美在太空领域的合作，因此未来中国在行星科学领域的国际合作可能面临比现在更大的挑战。为了应对未来多变的国际形势，我国在行星科学领域的国际合作选择对象与策略至关重要。同时，这种复杂多变的国际局势也驱动我们提升在关键科学技术上面的核心竞争力。

二、加强国际合作与交流的必要性

现代行星科学研究很大程度上依赖于深空探测，而深空探测往往耗资巨大，且探测技术与科学结果分析都极其复杂。以卡西尼 - 惠更斯土星探测任务为例，从 1997 年发射到 2017 年结束，共耗资 32.7 亿美元。如此高昂的费用，是由美国国家航空航天局、欧洲空间局和意大利航天局共同承担的。在这 20 年，卡西尼 - 惠更斯土星探测任务从遥远的土星轨道返回了多达 635 GB 的科学数据。这些数据由来自 27 个国家的科学家合作研究，迄今已产出了近 4000 篇学术论文。这些研究深化了人类对行星演化的认识，显著地拓展了人类对行星理解的知识边界。而这一伟大成就离不开多个国家、多个航天机构、许多名科学家的通力合作与深入交流。

迄今人类曾掀起了两次深空探测热潮，美国在此期间成为深空探测强国和行星科学强国，而曾经领先的苏联却一蹶不振。美国和苏联两个深空探测强国，一兴一衰，给我国在深空探测和行星科学的发展带来了很多启示，其中极为重要的一个因素就是美国从一开始就确立了科学引领的思路。一个好的科学目标是行星探测项目成功的前提，而好的科学目标的建立离不开合作与交流。与美国、欧盟、日本等国家和地区相比，我国的行星科学正处于萌芽阶段。在未来我国行星科学的发展中，需要以史为鉴，通过广泛的国际合作与交流，学习行星科学大国、强国的经验，推进我国行星科学的健康和快速发展，引领国家深空探测。

三、未来合作的主要方向

随着综合国力的提升，我国在深空探测等代表国家最高技术水平的领域也稳步前进，行星科学发展已进入关键的发展时期。2035 年前，国际合作的方向也需要与时俱进,建议加强下面三个方面的国际合作与交流。

1. 在深空探测项目方面的合作

当今世界,美国国家航空航天局和欧洲空间局毫无疑问代表行星探测的最高水平,在卫星平台、火箭运载、仪器性能等方面几乎都领先于世界其他地区。因此,从中短期(2030年前)发展来看,与美国和欧洲在行星探测领域开展合作仍是最优选择。在中短期,我们应该加深与欧洲和美国在以下几个方面合作:①卫星仪器的联合研发领域;②仪器研发过程中的技术支持,如建立海外研发中心、聘请外国技术专家等;③探测仪器与卫星平台互补,如在我国的卫星平台搭载国际科学仪器。当然,考虑到目前国际形势多变,以上合作内容和方式在不同国家应有不同的侧重,如在共同研制仪器方面,由于美国消极的合作政策,侧重与欧洲国家之间的合作。

近年来,国际行星探测快速发展,越来越多的国家表现出对行星探测的兴趣,如日本、印度、加拿大、韩国、阿联酋、以色列,近期都将开展探测任务。这些国家在行星科学领域的发展也值得期待。中长期(2031~2035年)阶段,我们可以与这些新兴的行星探测国家充分合作,并且力争由追赶国际先进探测仪器转入引领新型仪器的开发。因此,应在未来中长期的深空卫星探测国际合作中注重以下三方面:①利用掌握的核心技术引领下一代新型探测器的开发;②实现对新兴国家行星探测的技术支持;③赶超欧美水平联合探测项目,主导或者共同主导欧美部署的旗舰级探测项目。

2. 在科学研究方面的合作

随着我国多项深空探测计划的实施,行星科学研究也正在进入一个快速发展阶段。行星科学研究的合作既迅速提高了我国科学队伍的水平,又为探测项目提供了科学保障。但总体而言,我国行星科学研究基础还相对薄弱,因此合作可以是全方位的,同时包括国内、国外各个机构之间的合作。

行星科学研究应重视与欧美及日本等国家和地区之间的合作与交流,这些国家和地区的相关研究无论是在研究水平、人才储备还是在技术力量等方面都相对领先。同时,重视我国深空探测和行星科学领域的国际人才培养与引进。其具体体现在以下几个方面:①以我国"嫦娥"探月工程返回样品为契机,建立国际合作团队,推动所有地外样品的合作研究,开发新的地外样品分析技术；②利用我国深空探测数据，建立符合国际规范的共享平台，提高我国深空探测数据的利用效率，通过合作获得更多重大成果和更广泛的国际影响力；③利用国际合作机会，我国科学家有机会参与国际深空探测目标的规划，与国外科学家共同制订科学目标，合作解决重要行星科学前沿问题，这将有利于我国深空探测和行星科学的发展。

3. 在人才培养方面的国际合作与交流

在发达国家或地区（如美国、欧洲、日本等），行星科学早已成为一门独立的学科和研究领域。目前，我国行星科学无论是在教育还是在研究方面都才刚刚起步，然而随着我国经济的发展和深空探测的推进，我国对行星科学人才的需求会越来越大，因此在培养相关人才和基础研究方面我们需要做好充分准备，在一些高校成立行星学科、在一些研究机构成立专门的研究组织是一项刻不容缓的任务。通过国际合作的方式能够让我们在发展行星科学队伍的过程中少走弯路。对于人才队伍的建设，应从不同层次来思考人才培养方案，具体如下。

设计针对团队领导者的国际联合项目。通过双边在一些有针对性的国际联合探测项目或者关键科学攻关项目的合作，让双方团队领导者熟悉双方各有特色的科研项目管理形式，既可以帮助我们改善设计科研项目的某些环节，又有助于双方互相了解既存的差异，有利于未来开展大型项目的国际合作。

青年科研人才是未来走向行星强国的关键，因此青年科研人才的格局影响着未来我国行星科学的高度。针对年轻科研人员的交流合作，应注重中短期国际访问；我国与国际青年学者互相参与对方的研究团队；青年科研人才参与并组织国际学术研讨会。

中国在行星科学领域的国际合作，不仅对于中国走向行星强国有重大意义，对于世界来说，中国的贡献也是不可或缺的。基于行星科学与探测的高度复杂特性，全球合作是这项人类共同的工程能够走到更高高度的重要前提。中国的国际合作策略应与时俱进，实现"以我为主"。要实现这个目标，我们需要在合作的过程中建成开放的合作平台和规范的合作框架，如制订相关的项目合作协议框架、人才培养协议等。2035 年前，我国应逐步发展行星科学研究的世界级探测与分析装置平台，实现"筑巢引凤"的目标，吸引国际人才。

我们同时也应该注重国内合作，尤其要有机结合行星科学研究和深空探测工程，一方面科学目标的引领可以推动探测工程技术的进步，另一方面工程技术的进步又有助于推动并产生新的科学成果。当前，我国行星科学研究人才队伍还较小。增强行星科学人才队伍的建设需推进高校和科研院所之间的合作，而行星科学学科的发展也可以快速提高我国行星科学研究的水平。行星科学研究属于前沿交叉学科，需联系行星科学相关科学研究，特别是与应用数学、天文学和物理学等交叉领域的研究。

本章参考文献

白春礼 . 2019. 行星科学引领深空探测 . 中国科学院院刊，34（7）：739-740.

胡永云 . 2013. 太阳系外行星大气与气候 . 大气科学，37（2）：451-466.

胡永云，杨军，魏强 . 2020. 地球之外的冰雪世界——行星冰冻圈研究综述 . 中国科学院院刊，35（4）：494-503.

惠鹤九，秦礼萍 . 2019. 我国行星化学学科发展现状与展望 . 中国科学院院刊，34（7）：769-775.

李春来，刘建军，耿言，等 . 2018. 中国首次火星探测任务科学目标与有效载荷配置 . 深空探测学报，5（5）：406-413.

李雄耀，林巍，肖智勇，等 . 2019. 行星地质学：地质学的"地外"模式 . 中国科学院院刊，34（7）：776-784.

林巍，李一良，王高鸿，等 . 2020. 天体生物学研究进展和发展趋势 . 科学通报，65（5）：380-391.

戎昭金，崔峻，何飞，等 . 2019. 我国行星物理学的发展现状与展望 . 中国科学院院刊，34（7）：760-768.

万卫星，魏勇，郭正堂，等 . 2019. 从深空探测大国迈向行星科学强国 . 中国科学院院刊，34（7）：748-755.

魏勇，朱日祥 . 2019. 行星科学：科学前沿与国家战略 . 中国科学院院刊，34（7）：756-759.

吴福元，魏勇，宋玉环，等 . 2019. 从科教融合到科学引领 . 中国科学院院刊，34（7）：741-747.

吴伟仁，于登云 . 2014. 深空探测发展与未来关键技术 . 深空探测学报，1（1）：5-17.

张荣桥，黄江川，赫荣伟，等 . 2019. 小行星探测发展综述 . 深空探测学报，6（5）：417-423.

Bonnand P，Halliday A. 2018. Oxidized conditions in iron meteorite parent bodies. Nature Geoscience，11（6）：401-404.

Budde G，Burkhardt C，Kleine T. 2019. Molybdenum isotopic evidence for the late accretion of outer Solar System material to Earth. Nature Astronomy，3（8）：736-741.

Chan Q H S，Stroud R，Martins Z，et al. 2020. Concerns of organic contamination for sample return space missions. Space Science Reviews，216（4）：1-40.

Cockell C S，Bush T，Bryce C，et al. 2016. Habitability：A review. Astrobiology，16（1）：89-117.

Elkins-Tanton L T. 2012. Magma oceans in the inner Solar System. Annual Review of Earth and Planetary Sciences，40（1）：113-139.

Giardini D，Lognonné P，Banerdt W B，et al. 2020. The seismicity of Mars. Nature Geoscience，13（3）：205-212.

Herwartz D，Pack A，Friedrichs B，et al. 2014. Identification of the giant impactor Theia in lunar rocks. Science，344（6188）：1146-1150.

Kruijer T S，Kleine T，Borg L E. 2020. The great isotopic dichotomy of the early Solar System. Nature Astronomy，4（1）：32-40.

Lapotre M G A，O'Rourke J G，Schaefer L K，et al. 2020. Probing space to understand Earth. Nature，1：170-181.

Sasselov D D，Grotzinger J P，Sutherland J D. 2020. The origin of life as a planetary phenomenon. Science Advances，6（6）：eaax3419 .

Wan W，Wang C，Li C L，et al. 2020. China's first mission to Mars. Nature Astronomy，4（7）：721.

Wei Y，Yao Z H，Wan W X. 2018. China's roadmap for planetary exploration. Nature Astronomy，4（2）：346-348.

Ye P J，Sun Z Z，Zhang H，et al. 2017. An overview of the mission and technical characteristics of Change'4 lunar probe. Science China Technological Sciences，60（5）：658-667.

关键词索引

Q

R

S

T